建筑施工现场监护人员安全培训教材

太原化学工业集团有限公司职工大学　组织编写

梁昌春　主编

中国石化出版社

·北京·

内 容 提 要

本书根据建筑施工现场监护人员培训特点，结合企业生产工作实际而编写。全书包括十四章，内容涵盖现场监护人员相关知识、建设工程安全法律法规及制度、建筑施工安全管理、建筑施工双重预防控制机制建设与实施、职业防护及消防设施、有限空间作业、脚手架、基坑工程、模板支护、高处作业、施工用电安全管理与技术、起重机械与吊装、施工机具和新工艺及新设备等。本书在每章开头设有“本章学习要点”，在章尾设有“复习思考题”，既便于教师把握教学重点，又便于学员学习和备考。

本书内容力求深入浅出、通俗易懂，具有较强的针对性和实用性，突出了建筑施工现场监护人员的实际需要，可作为建筑施工现场监护人员的培训教材，也可供建筑施工企业管理人员学习参考。

图书在版编目(CIP)数据

建筑施工现场监护人员安全培训教材 / 太原化学工业集团有限公司职工大学组织编写．—北京：中国石化出版社，2024.4
ISBN 978-7-5114-7306-6

Ⅰ.①建… Ⅱ.①太… Ⅲ.①建筑工程-施工现场-安全生产-安全培训-教材 Ⅳ.①TU714

中国国家版本馆 CIP 数据核字(2024)第 056868 号

中国石化出版社出版发行
地址：北京市东城区安定门外大街 58 号
邮编：100011　电话：(010)57512500
发行部电话：(010)57512575
http://www.sinopec-press.com
E-mail：press@sinopec.com
北京科信印刷有限公司印刷
全国各地新华书店经销
*
787 毫米×1092 毫米 16 开本 15.5 印张 378 千字
2024 年 4 月第 1 版　2024 年 4 月第 1 次印刷
定价：69.00 元

《建筑施工现场监护人员安全培训教材》

编 委 会

目 录

第一章　现场监护人员相关知识

本章学习要点

1. 掌握现场监护人员的定义及基本条件；
2. 掌握现场监护人的职责和权利。

我国对建筑企业施工安全评估主要由政府安全检查执法部门采用“安全检查评分表”打分的方法进行。这种安全检查的方式具有被动性和一定的偶然性，只能静态地反映某一特定时刻的安全施工状况。在国家开展安全大检查的年份(或月份)，安全形势往往明显好转，一旦风声过去，安全事故极易反弹。那么怎样做到安全生产呢？安全工作不是一朝一夕的事情，也不是一个人的能力所能解决的，它受到多种因素的制约。只有加强生产过程监督，下大力气规范现场安全措施，加强对人员违章现场处理，不断规范现场作业行为，推行标准化作业，将安全工作真正从事后分析转移到过程监督中，实现安全管理关口前移，才能扭转不安全局面。参与执行过程监督的人员为现场监护人员。

一、现场监护人员的定义

现场监护人员也叫安全监护人员，是指对进行现场直接作业的人员负有安全监督和保护责任的人，现场监护人员要统筹兼顾整个项目所有作业的安全管理。现场监护人员的工作特点是全程、不间断地进行专项作业，其安全监护工作针对性强；每一项特殊作业都应该有一名现场监护人员。

现场监护人员必须能够及时发现作业现场环境发生的变化，当出现危险时及时告知作业人员停止作业，撤离现场，及时制止、纠正作业人员的违章或不当行为，当发生意外事件时应及时组织救助。现场监护人员是现场直接作业的最后一道防线。

现场监护人员工作涉及建筑工程从场地准备到竣工验收通过的全过程。现场监护人员对以上作业负有安全监督管理责任，对现场作业全过程实行监护与检查，对作业人员的行为进行安全监督与检查，负责安全协调与联系。

现场监护人员必须取得监护资格，持证后方可上岗。那么，哪些人需要取得现场监护人员资格证呢？可分为以下三类：

（1）项目经理、项目副经理；

（2）技术负责人；

（3）施工员、质量员、材料员、机械员、劳务员、安全员、班组长等。

二、现场监护人员需具备的基本条件

（1）熟悉有关安全生产方针政策、法律法规、部门规章、标准及有关规范性文件及企业的安全规章制度。

(2) 熟悉作业区域环境和工艺设备情况，掌握相关安全技术基础知识，有一定的安全管理经验。

(3) 有一定的沟通能力，有判断和处理异常情况的能力。

(4) 懂急救知识，有较强的应急处理和现场处置能力。

(5) 有较强的安全生产责任心。

三、现场监护人员的职责

现场监护人员是危险作业的现场把关者，是事故救援的第一实施人，也是安全施工最后把关者，其角色至关重要，具有监督、监控、检查、督促、看护、保护等职责。具体工作职责如下：

一是参与施工作业前的相关工作。

二是负责确认作业前安全条件是否符合施工要求，安全措施是否到位。

三是负责全程监督施工组织和管理，制止违章指挥和纠正管理缺陷。

四是负责全程监督，看护作业操作行为，及时发现和制止违章操作。

五是密切关注作业过程的异常情况和隐患，督促消除不安全因素。

六是负责协助做好施工安全管理，维护好正常的作业安全秩序。

七是负责协助做好施工安全事故的调查、处理及善后工作。

八是负责做好作业安全监护资料的收集、整理和归档。

四、现场监护人员的权利

(1) 有权参与图纸会审、技术交底会、施工例会等会议。

(2) 有权参与施工前安全教育等施工前期工作。

(3) 有权制止作业过程中现场所有的"三违"行为。

(4) 发现安全隐患时，有权指挥停止作业。

(5) 当施工作业人员有违规行为且不听劝阻时，有权收回作业许可证。

(6) 有对违规行为进行处罚处理的建议权。

复习思考题

1. 什么是现场监护人员？
2. 请简述现场监护人员的基本条件有哪些。
3. 现场监护人员的职责和权利是什么？

第二章 建设工程安全法律法规及制度

本章学习要点

1. 掌握关于建设工程的相关法律规定；
2. 熟悉关于建设工程的相关法规及标准。

第一节 安全生产相关法律

一、《中华人民共和国建筑法》（摘录）

第三十八条 建筑施工企业在编制施工组织设计时，应当根据建筑工程的特点制定相应的安全技术措施；对专业性较强的工程项目，应当编制专项安全施工组织设计，并采取安全技术措施。

第三十九条 建筑施工企业应当在施工现场采取维护安全、防范危险、预防火灾等措施；有条件的，应当对施工现场实行封闭管理。

施工现场对毗邻的建筑物、构筑物和特殊作业环境可能造成损害的，建筑施工企业应当采取安全防护措施。

第四十条 建设单位应当向建筑施工企业提供与施工现场相关的地下管线资料，建筑施工企业应当采取措施加以保护。

第四十一条 建筑施工企业应当遵守有关环境保护和安全生产的法律、法规的规定，采取控制和处理施工现场的各种粉尘、废气、废水、固体废物以及噪声、振动对环境的污染和危害的措施。

第四十四条 建筑施工企业必须依法加强对建筑安全生产的管理，执行安全生产责任制度，采取有效措施，防止伤亡和其他安全生产事故的发生。

建筑施工企业的法定代表人对本企业的安全生产负责。

第四十五条 施工现场安全由建筑施工企业负责。实行施工总承包的，由总承包单位负责。分包单位向总承包单位负责，服从总承包单位对施工现场的安全生产管理。

第四十六条 建筑施工企业应当建立健全劳动安全生产教育培训制度，加强对职工安全生产的教育培训；未经安全生产教育培训的人员，不得上岗作业。

第四十七条 建筑施工企业和作业人员在施工过程中，应当遵守有关安全生产的法律、法规和建筑行业安全规章、规程，不得违章指挥或者违章作业。作业人员有权对影响人身健康的作业程序和作业条件提出改进意见，有权获得安全生产所需的防护用品。作业人员对危及生命安全和人身健康的行为有权提出批评、检举和控告。

第四十八条 建筑施工企业应当依法为职工参加工伤保险缴纳工伤保险费。鼓励企业为从事危险作业的职工办理意外伤害保险，支付保险费。

第五十条 房屋拆除应当由具备保证安全条件的建筑施工单位承担，由建筑施工单位负责人对安全负责。

第五十一条 施工中发生事故时，建筑施工企业应当采取紧急措施减少人员伤亡和事故损失，并按照国家有关规定及时向有关部门报告。

第七十一条 建筑施工企业违反本法规定，对建筑安全事故隐患不采取措施予以消除的，责令改正，可以处以罚款；情节严重的，责令停业整顿，降低资质等级或者吊销资质证书；构成犯罪的，依法追究刑事责任。

建筑施工企业的管理人员违章指挥、强令职工冒险作业，因而发生重大伤亡事故或者造成其他严重后果的，依法追究刑事责任。

二、《中华人民共和国安全生产法》（摘录）

第三条 安全生产工作坚持中国共产党的领导。

安全生产工作应当以人为本，坚持人民至上、生命至上，把保护人民生命安全摆在首位，树牢安全发展理念，坚持安全第一、预防为主、综合治理的方针，从源头上防范化解重大安全风险。

安全生产工作实行管行业必须管安全、管业务必须管安全、管生产经营必须管安全，强化和落实生产经营单位主体责任与政府监管责任，建立生产经营单位负责、职工参与、政府监管、行业自律和社会监督的机制。

第四条 生产经营单位必须遵守本法和其他有关安全生产的法律、法规，加强安全生产管理，建立健全全员安全生产责任制和安全生产规章制度，加大对安全生产资金、物资、技术、人员的投入保障力度，改善安全生产条件，加强安全生产标准化、信息化建设，构建安全风险分级管控和隐患排查治理双重预防机制，健全风险防范化解机制，提高安全生产水平，确保安全生产。

第五条 生产经营单位的主要负责人是本单位安全生产第一责任人，对本单位的安全生产工作全面负责。其他负责人对职责范围内的安全生产工作负责。

第六条 生产经营单位的从业人员有依法获得安全生产保障的权利，并应当依法履行安全生产方面的义务。

第七条 工会依法对安全生产工作进行监督。

生产经营单位的工会依法组织职工参加本单位安全生产工作的民主管理和民主监督，维护职工在安全生产方面的合法权益。生产经营单位制定或者修改有关安全生产的规章制度，应当听取工会的意见。

第十六条 国家实行生产安全事故责任追究制度，依照本法和有关法律、法规的规定，追究生产安全事故责任单位和责任人员的法律责任。

第十八条 国家鼓励和支持安全生产科学技术研究和安全生产先进技术的推广应用，提高安全生产水平。

第二十条 生产经营单位应当具备本法和有关法律、行政法规和国家标准或者行业标准规定的安全生产条件；不具备安全生产条件的，不得从事生产经营活动。

第二十二条 生产经营单位的全员安全生产责任制应当明确各岗位的责任人员、责任范围和考核标准等内容。

生产经营单位应当建立相应的机制，加强对全员安全生产责任制落实情况的监督考核，保证全员安全生产责任制的落实。

第二十三条　生产经营单位应当具备的安全生产条件所必需的资金投入，由生产经营单位的决策机构、主要负责人或者个人经营的投资人予以保证，并对由于安全生产所必需的资金投入不足导致的后果承担责任。

有关生产经营单位应当按照规定提取和使用安全生产费用，专门用于改善安全生产条件。安全生产费用在成本中据实列支。安全生产费用提取、使用和监督管理的具体办法由国务院财政部门会同国务院应急管理部门征求国务院有关部门意见后制定。

第二十四条　矿山、金属冶炼、建筑施工、运输单位和危险物品的生产、经营、储存、装卸单位，应当设置安全生产管理机构或者配备专职安全生产管理人员。

第二十五条　生产经营单位的安全生产管理机构以及安全生产管理人员履行下列职责：

（一）组织或者参与拟订本单位安全生产规章制度、操作规程和生产安全事故应急救援预案；

（二）组织或者参与本单位安全生产教育和培训，如实记录安全生产教育和培训情况；

（三）组织开展危险源辨识和评估，督促落实本单位重大危险源的安全管理措施；

（四）组织或者参与本单位应急救援演练；

（五）检查本单位的安全生产状况，及时排查生产安全事故隐患，提出改进安全生产管理的建议；

（六）制止和纠正违章指挥、强令冒险作业、违反操作规程的行为；

（七）督促落实本单位安全生产整改措施。

生产经营单位可以设置专职安全生产分管负责人，协助本单位主要负责人履行安全生产管理职责。

第二十七条　生产经营单位的主要负责人和安全生产管理人员必须具备与本单位所从事的生产经营活动相应的安全生产知识和管理能力。

危险物品的生产、经营、储存、装卸单位以及矿山、金属冶炼、建筑施工、运输单位的主要负责人和安全生产管理人员，应当由主管的负有安全生产监督管理职责的部门对其安全生产知识和管理能力考核合格。考核不得收费。

第三十条　生产经营单位的特种作业人员必须按照国家有关规定经专门的安全作业培训，取得相应资格，方可上岗作业。

第三十一条　生产经营单位新建、改建、扩建工程项目（以下统称建设项目）的安全设施，必须与主体工程同时设计、同时施工、同时投入生产和使用。安全设施投资应当纳入建设项目概算。

第四十一条　生产经营单位应当建立安全风险分级管控制度，按照安全风险分级采取相应的管控措施。

生产经营单位应当建立健全并落实生产安全事故隐患排查治理制度，采取技术、管理措施，及时发现并消除事故隐患。事故隐患排查治理情况应当如实记录，并通过职工大会或者职工代表大会、信息公示栏等方式向从业人员通报。其中，重大事故隐患排查治理情况应当及时向负有安全生产监督管理职责的部门和职工大会或者职工代表大会报告。

县级以上地方各级人民政府负有安全生产监督管理职责的部门应当将重大事故隐患纳入相关信息系统，建立健全重大事故隐患治理督办制度，督促生产经营单位消除重大事故隐患。

三、《中华人民共和国消防法》(摘录)

第二十一条 禁止在具有火灾、爆炸危险的场所吸烟、使用明火。因施工等特殊情况需要使用明火作业的，应当按照规定事先办理审批手续，采取相应的消防安全措施；作业人员应当遵守消防安全规定。

进行电焊、气焊等具有火灾危险作业的人员和自动消防系统的操作人员，必须持证上岗，并遵守消防安全操作规程。

第二十六条 建筑构件、建筑材料和室内装修、装饰材料的防火性能必须符合国家标准；没有国家标准的，必须符合行业标准。

人员密集场所室内装修、装饰，应当按照消防技术标准的要求，使用不燃、难燃材料。

第二十八条 任何单位、个人不得损坏、挪用或者擅自拆除、停用消防设施、器材，不得埋压、圈占、遮挡消火栓或者占用防火间距，不得占用、堵塞、封闭疏散通道、安全出口、消防车通道。人员密集场所的门窗不得设置影响逃生和灭火救援的障碍物。

第五十八条 违反本法规定，有下列行为之一的，由住房和城乡建设主管部门、消防救援机构按照各自职权责令停止施工、停止使用或者停产停业，并处三万元以上三十万元以下罚款：

(一) 依法应当进行消防设计审查的建设工程，未经依法审查或者审查不合格，擅自施工的；

(二) 依法应当进行消防验收的建设工程，未经消防验收或者消防验收不合格，擅自投入使用的；

(三) 本法第十三条规定的其他建设工程验收后经依法抽查不合格，不停止使用的；

(四) 公众聚集场所未经消防救援机构许可，擅自投入使用、营业的，或者经核查发现场所使用、营业情况与承诺内容不符的。核查发现公众聚集场所使用、营业情况与承诺内容不符，经责令限期改正，逾期不整改或者整改后仍达不到要求的，依法撤销相应许可。

建设单位未依照本法规定在验收后报住房和城乡建设主管部门备案的，由住房和城乡建设主管部门责令改正，处五千元以下罚款。

第七十二条 违反本法规定，构成犯罪的，依法追究刑事责任。

四、《中华人民共和国刑法》(摘录)

第一百三十四条 【重大责任事故罪】在生产、作业中违反有关安全管理的规定，因而发生重大伤亡事故或者造成其他严重后果的，处三年以下有期徒刑或者拘役；情节特别恶劣的，处三年以上七年以下有期徒刑。

【强令、组织他人违章冒险作业罪】强令他人违章冒险作业，或者明知存在重大事故隐患而不排除，仍冒险组织作业，因而发生重大伤亡事故或者造成其他严重后果的，处五年以下有期徒刑或者拘役；情节特别恶劣的，处五年以上有期徒刑。

第一百三十四条之一 【危险作业罪】在生产、作业中违反有关安全管理的规定，有下列情形之一，具有发生重大伤亡事故或者其他严重后果的现实危险的，处一年以下有期徒刑、拘役或者管制：

（一）关闭、破坏直接关系生产安全的监控、报警、防护、救生设备、设施，或者篡改、隐瞒、销毁其相关数据、信息的；

（二）因存在重大事故隐患被依法责令停产停业、停止施工、停止使用有关设备、设施、场所或者立即采取排除危险的整改措施，而拒不执行的；

（三）涉及安全生产的事项未经依法批准或者许可，擅自从事矿山开采、金属冶炼、建筑施工，以及危险物品生产、经营、储存等高度危险的生产作业活动的。

第一百三十五条 【重大劳动安全事故罪】安全生产设施或者安全生产条件不符合国家规定，因而发生重大伤亡事故或者造成其他严重后果的，对直接负责的主管人员和其他直接责任人员，处三年以下有期徒刑或者拘役；情节特别恶劣的，处三年以上七年以下有期徒刑。

第一百三十七条 【工程重大安全事故罪】建设单位、设计单位、施工单位、工程监理单位违反国家规定，降低工程质量标准，造成重大安全事故的，对直接责任人员，处五年以下有期徒刑或者拘役，并处罚金；后果特别严重的，处五年以上十年以下有期徒刑，并处罚金。

第一百三十九条之一 【不报、谎报安全事故罪】在安全事故发生后，负有报告职责的人员不报或者谎报事故情况，贻误事故抢救，情节严重的，处三年以下有期徒刑或者拘役；情节特别严重的，处三年以上七年以下有期徒刑。

五、《中华人民共和国特种设备安全法》(摘录)

第二条 特种设备的生产(包括设计、制造、安装、改造、修理)、经营、使用、检验、检测和特种设备安全的监督管理，适用本法。

本法所称特种设备，是指对人身和财产安全有较大危险性的锅炉、压力容器(含气瓶)、压力管道、电梯、起重机械、客运索道、大型游乐设施、场(厂)内专用机动车辆，以及法律、行政法规规定适用本法的其他特种设备。

国家对特种设备实行目录管理。特种设备目录由国务院负责特种设备安全监督管理的部门制定，报国务院批准后执行。

第三条 特种设备安全工作应当坚持安全第一、预防为主、节能环保、综合治理的原则。

第二节 安全生产相关法规

一、《建设工程安全生产管理条例》(摘录)

第六条 建设单位应当向施工单位提供施工现场及毗邻区域内供水、排水、供电、供气、供热、通信、广播电视等地下管线资料，气象和水文观测资料，相邻建筑物和构筑物、地下工程的有关资料，并保证资料的真实、准确、完整。

建设单位因建设工程需要，向有关部门或者单位查询前款规定的资料时，有关部门或者单位应当及时提供。

第八条 建设单位在编制工程概算时，应当确定建设工程安全作业环境及安全施工措施所需费用。

第二十条 施工单位从事建设工程的新建、扩建、改建和拆除等活动，应当具备国家规定的注册资本、专业技术人员、技术装备和安全生产等条件，依法取得相应等级的资质证书，并在其资质等级许可的范围内承揽工程。

第二十四条 建设工程实行施工总承包的，由总承包单位对施工现场的安全生产负总责。

总承包单位应当自行完成建设工程主体结构的施工。

总承包单位依法将建设工程分包给其他单位的，分包合同中应当明确各自的安全生产方面的权利、义务。总承包单位和分包单位对分包工程的安全生产承担连带责任。

分包单位应当服从总承包单位的安全生产管理，分包单位不服从管理导致生产安全事故的，由分包单位承担主要责任。

第三十三条 作业人员应当遵守安全施工的强制性标准、规章制度和操作规程，正确使用安全防护用具、机械设备等。

第三十六条 施工单位的主要负责人、项目负责人、专职安全生产管理人员应当经建设行政主管部门或者其他有关部门考核合格后方可任职。

施工单位应当对管理人员和作业人员每年至少进行一次安全生产教育培训，其教育培训情况记入个人工作档案。安全生产教育培训考核不合格的人员，不得上岗。

第四十九条 施工单位应当根据建设工程施工的特点、范围，对施工现场易发生重大事故的部位、环节进行监控，制定施工现场生产安全事故应急救援预案。实行施工总承包的，由总承包单位统一组织编制建设工程生产安全事故应急救援预案，工程总承包单位和分包单位按照应急救援预案，各自建立应急救援组织或者配备应急救援人员，配备救援器材、设备，并定期组织演练。

第五十八条 注册执业人员未执行法律、法规和工程建设强制性标准的，责令停止执业3个月以上1年以下；情节严重的，吊销执业资格证书，5年内不予注册；造成重大安全事故的，终身不予注册；构成犯罪的，依照刑法有关规定追究刑事责任。

第六十七条 施工单位取得资质证书后，降低安全生产条件的，责令限期改正；经整改仍未达到与其资质等级相适应的安全生产条件的，责令停业整顿，降低其资质等级直至吊销资质证书。

二、《生产安全事故报告和调查处理条例》(摘录)

第三条 根据生产安全事故(以下简称事故)造成的人员伤亡或者直接经济损失，事故一般分为以下等级：

(一) 特别重大事故，是指造成30人以上死亡或者100人以上重伤(包括急性工业中毒，下同)或者1亿元以上直接经济损失的事故；

(二) 重大事故，是指造成10人以上30人以下死亡，或者50人以上100人以下重伤，或者5000万元以上1亿元以下直接经济损失的事故；

(三) 较大事故，是指造成3人以上10人以下死亡，或者10人以上50人以下重伤或者1000万元以上5000万元以下直接经济损失的事故；

（四）一般事故，是指造成3人以下死亡，或者10人以下重伤，或者1000万元以下直接经济损失的事故。

第十条 安全生产监督管理部门和负有安全生产监督管理职责的有关部门接到事故报告后，应当依照下列规定上报事故情况，并通知公安机关、劳动保障行政部门、工会和人民检察院：

（一）特别重大事故、重大事故逐级上报至国务院安全生产监督管理部门和负有安全生产监督管理职责的有关部门；

（二）较大事故逐级上报至省、自治区、直辖市人民政府安全生产监督管理部门和负有安全生产监督管理职责的有关部门；

（三）一般事故上报至设区的市级人民政府安全生产监督管理部门和负有安全生产监督管理职责的有关部门。

安全生产监督管理部门和负有安全生产监督管理职责的有关部门依照前款规定上报事故情况，应当同时报告本级人民政府。国务院安全生产监督管理部门和负有安全生产监督管理职责的有关部门以及省级人民政府接到发生特别重大事故、重大事故的报告后，应当立即报告国务院。

必要时，安全生产监督管理部门和负有安全生产监督管理职责的有关部门可以越级上报事故情况。

第十一条 安全生产监督管理部门和负有安全生产监督管理职责的有关部门逐级上报事故情况，每级上报的时间不得超过2小时。

第三节 安全生产相关部门规章

一、《建筑施工企业主要负责人、项目负责人和专职安全生产管理人员安全生产管理规定》(摘录)

第三条 企业主要负责人，是指对本企业生产经营活动和安全生产工作具有决策权的领导人员。

项目负责人，是指取得相应注册执业资格，由企业法定代表人授权，负责具体工程项目管理的人员。

专职安全生产管理人员，是指在企业专职从事安全生产管理工作的人员，包括企业安全生产管理机构的人员和工程项目专职从事安全生产管理工作的人员。

第七条 安全生产考核包括安全生产知识考核和管理能力考核。

安全生产知识考核内容包括：建筑施工安全的法律法规、规章制度、标准规范，建筑施工安全管理基本理论等。

安全生产管理能力考核内容包括：建立和落实安全生产管理制度、辨识和监控危险性较大的分部分项工程、发现和消除安全事故隐患、报告和处置生产安全事故等方面的能力。

第九条 安全生产考核合格证书有效期为3年，证书在全国范围内有效。

证书式样由国务院住房城乡建设主管部门统一规定。

第十条 安全生产考核合格证书有效期届满需要延续的，“安管人员”应当在有效期届满前 3 个月内，由本人通过受聘企业向原考核机关申请证书延续。准予证书延续的，证书有效期延续 3 年。

对证书有效期内未因生产安全事故或者违反本规定受到行政处罚，信用档案中无不良行为记录，且已按规定参加企业和县级以上人民政府住房城乡建设主管部门组织的安全生产教育培训的，考核机关应当在受理延续申请之日起 20 个工作日内，准予证书延续。

第十五条 主要负责人应当与项目负责人签订安全生产责任书，确定项目安全生产考核目标、奖惩措施，以及企业为项目提供的安全管理和技术保障措施。

工程项目实行总承包的，总承包企业应当与分包企业签订安全生产协议，明确双方安全生产责任。

第十六条 主要负责人应当按规定检查企业所承担的工程项目，考核项目负责人安全生产管理能力。发现项目负责人履职不到位的，应当责令其改正；必要时，调整项目负责人。检查情况应当记入企业和项目安全管理档案。

第十七条 项目负责人对本项目安全生产管理全面负责，应当建立项目安全生产管理体系，明确项目管理人员安全职责，落实安全生产管理制度，确保项目安全生产费用有效使用。

第十八条 项目负责人应当按规定实施项目安全生产管理，监控危险性较大分部分项工程，及时排查处理施工现场安全事故隐患，隐患排查处理情况应当记入项目安全管理档案；发生事故时，应当按规定及时报告并开展现场救援。

工程项目实行总承包的，总承包企业项目负责人应当定期考核分包企业安全生产管理情况。

第十九条 企业安全生产管理机构专职安全生产管理人员应当检查在建项目安全生产管理情况，重点检查项目负责人、项目专职安全生产管理人员履责情况，处理在建项目违规违章行为，并记入企业安全管理档案。

第二十条 项目专职安全生产管理人员应当每天在施工现场开展安全检查，现场监督危险性较大的分部分项工程安全专项施工方案实施。对检查中发现的安全事故隐患，应当立即处理；不能处理的，应当及时报告项目负责人和企业安全生产管理机构。项目负责人应当及时处理。检查及处理情况应当记入项目安全管理档案。

第二十一条 建筑施工企业应当建立安全生产教育培训制度，制定年度培训计划，每年对“安管人员”进行培训和考核，考核不合格的，不得上岗。培训情况应当记入企业安全生产教育培训档案。

第二十二条 建筑施工企业安全生产管理机构和工程项目应当按规定配备相应数量和相关专业的专职安全生产管理人员。危险性较大的分部分项工程施工时，应当安排专职安全生产管理人员现场监督。

第二十三条 县级以上人民政府住房城乡建设主管部门应当依照有关法律法规和本规定，对“安管人员”持证上岗、教育培训和履行职责等情况进行监督检查。

第二十六条 考核机关应当建立本行政区域内“安管人员”的信用档案。违法违规行为、被投诉举报处理、行政处罚等情况应当作为不良行为记入信用档案，并按规定向社会公开。

“安管人员”及其受聘企业应当按规定向考核机关提供相关信息。

第二十七条 “安管人员”隐瞒有关情况或者提供虚假材料申请安全生产考核的，考核机关不予考核，并给予警告；“安管人员”1 年内不得再次申请考核。

“安管人员”以欺骗、贿赂等不正当手段取得安全生产考核合格证书的，由原考核机关撤销安全生产考核合格证书；“安管人员”3年内不得再次申请考核。

二、《建筑施工企业负责人及项目负责人施工现场带班暂行办法》(摘录)

第四条 施工现场带班包括企业负责人带班检查和项目负责人带班生产。

企业负责人带班检查是指由建筑施工企业负责人带队实施对工程项目质量安全生产状况及项目负责人带班生产情况的检查。

项目负责人带班生产是指项目负责人在施工现场组织协调工程项目的质量安全生产活动。

第五条 建筑施工企业法定代表人是落实企业负责人及项目负责人施工现场带班制度的第一责任人，对落实带班制度全面负责。

第六条 建筑施工企业负责人要定期带班检查，每月检查时间不少于其工作日的25%。

建筑施工企业负责人带班检查时，应认真做好检查记录，并分别在企业和工程项目存档备查。

第七条 工程项目进行超过一定规模的危险性较大的分部分项工程施工时，建筑施工企业负责人应到施工现场进行带班检查。对于有分公司(非独立法人)的企业集团，集团负责人因故不能到现场的，可书面委托工程所在地的分公司负责人对施工现场进行带班检查。

本条所称“超过一定规模的危险性较大的分部分项工程”详见《关于印发〈危险性较大的分部分项工程安全管理办法〉的通知》(建质〔2009〕87号)的规定。

第九条 项目负责人是工程项目质量安全管理的第一责任人，应对工程项目落实带班制度负责。

项目负责人在同一时期只能承担一个工程项目的管理工作。

第十条 项目负责人带班生产时，要全面掌握工程项目质量安全生产状况，加强对重点部位、关键环节的控制，及时消除隐患。要认真做好带班生产记录并签字存档备查。

第十一条 项目负责人每月带班生产时间不得少于本月施工时间的80%。因其他事务需离开施工现场时，应向工程项目的建设单位请假，经批准后方可离开。离开期间应委托项目相关负责人负责其外出时的日常工作。

三、《危险性较大的分部分项工程安全管理规定》(摘录)

第二条 本规定适用于房屋建筑和市政基础设施工程中危险性较大的分部分项工程安全管理。

第三条 本规定所称危险性较大的分部分项工程(以下简称“危大工程”)，是指房屋建筑和市政基础设施工程在施工过程中，容易导致人员群死群伤或者造成重大经济损失的分部分项工程。

第十条 施工单位应当在危大工程施工前组织工程技术人员编制专项施工方案。

实行施工总承包的，专项施工方案应当由施工总承包单位组织编制。危大工程实行分包的，专项施工方案可以由相关专业分包单位组织编制。

第十一条 专项施工方案应当由施工单位技术负责人审核签字、加盖单位公章，并由总监理工程师审查签字、加盖执业印章后方可实施。

危大工程实行分包并由分包单位编制专项施工方案的，专项施工方案应当由总承包单位技术负责人及分包单位技术负责人共同审核签字并加盖单位公章。

第十二条 对于超过一定规模的危大工程，施工单位应当组织召开专家论证会对专项施工方案进行论证。实行施工总承包的，由施工总承包单位组织召开专家论证会。专家论证前专项施工方案应当通过施工单位审核和总监理工程师审查。

第十四条 施工单位应当在施工现场显著位置公告危大工程名称、施工时间和具体责任人员，并在危险区域设置安全警示标志。

第十五条 专项施工方案实施前，编制人员或者项目技术负责人应当向施工现场管理人员进行方案交底。

施工现场管理人员应当向作业人员进行安全技术交底，并由双方和项目专职安全生产管理人员共同签字确认。

第十六条 施工单位应当严格按照专项施工方案组织施工，不得擅自修改专项施工方案。

第十七条 施工单位应当对危大工程施工作业人员进行登记，项目负责人应当在施工现场履职。

第十九条 监理单位发现施工单位未按照专项施工方案施工的，应当要求其进行整改；情节严重的，应当要求其暂停施工，并及时报告建设单位。施工单位拒不整改或者不停止施工的，监理单位应当及时报告建设单位和工程所在地住房城乡建设主管部门。

第二十一条 对于按照规定需要验收的危大工程，施工单位、监理单位应当组织相关人员进行验收。验收合格的，经施工单位项目技术负责人及总监理工程师签字确认后，方可进入下一道工序。

第二十二条 危大工程发生险情或者事故时，施工单位应当立即采取应急处置措施，并报告工程所在地住房城乡建设主管部门。建设、勘察、设计、监理等单位应当配合施工单位开展应急抢险工作。

第二十九条 建设单位有下列行为之一的，责令限期改正，并处1万元以上3万元以下的罚款；对直接负责的主管人员和其他直接责任人员处1000元以上5000元以下的罚款：

（一）未按照本规定提供工程周边环境等资料的；

（二）未按照本规定在招标文件中列出危大工程清单的；

（三）未按照施工合同约定及时支付危大工程施工技术措施费或者相应的安全防护文明施工措施费的；

（四）未按照本规定委托具有相应勘察资质的单位进行第三方监测的；

（五）未对第三方监测单位报告的异常情况组织采取处置措施的。

四、《生产安全事故应急预案管理办法》（摘录）

第六条 生产经营单位应急预案分为综合应急预案、专项应急预案和现场处置方案。

综合应急预案，是指生产经营单位为应对各种生产安全事故而制定的综合性工作方案，是本单位应对生产安全事故的总体工作程序、措施和应急预案体系的总纲。

专项应急预案，是指生产经营单位为应对某一种或者多种类型生产安全事故，或者针对重要生产设施、重大危险源、重大活动防止生产安全事故而制定的专项性工作方案。

现场处置方案，是指生产经营单位根据不同生产安全事故类型，针对具体场所、装置或者设施所制定的应急处置措施。

第十二条 生产经营单位应当根据有关法律、法规、规章和相关标准，结合本单位组织管理体系、生产规模和可能发生的事故特点，与相关预案保持衔接，确立本单位的应急预案体系，编制相应的应急预案，并体现自救互救和先期处置等特点。

第十三条 生产经营单位风险种类多、可能发生多种类型事故的，应当组织编制综合应急预案。

综合应急预案应当规定应急组织机构及其职责、应急预案体系、事故风险描述、预警及信息报告、应急响应、保障措施、应急预案管理等内容。

第十四条 对于某一种或者多种类型的事故风险，生产经营单位可以编制相应的专项应急预案，或将专项应急预案并入综合应急预案。

专项应急预案应当规定应急指挥机构与职责、处置程序和措施等内容。

第十五条 对于危险性较大的场所、装置或者设施，生产经营单位应当编制现场处置方案。

现场处置方案应当规定应急工作职责、应急处置措施和注意事项等内容。

事故风险单一、危险性小的生产经营单位，可以只编制现场处置方案。

第十六条 生产经营单位应急预案应当包括向上级应急管理机构报告的内容、应急组织机构和人员的联系方式、应急物资储备清单等附件信息。附件信息发生变化时，应当及时更新，确保准确有效。

第二十四条 生产经营单位的应急预案经评审或者论证后，由本单位主要负责人签署，向本单位从业人员公布，并及时发放到本单位有关部门、岗位和相关应急救援队伍。

事故风险可能影响周边其他单位、人员的，生产经营单位应当将有关事故风险的性质、影响范围和应急防范措施告知周边的其他单位和人员。

第三十一条 各级人民政府应急管理部门应当将本部门应急预案的培训纳入安全生产培训工作计划，并组织实施本行政区域内重点生产经营单位的应急预案培训工作。

生产经营单位应当组织开展本单位的应急预案、应急知识、自救互救和避险逃生技能的培训活动，使有关人员了解应急预案内容，熟悉应急职责、应急处置程序和措施。

应急培训的时间、地点、内容、师资、参加人员和考核结果等情况应当如实记入本单位的安全生产教育和培训档案。

第三十八条 生产经营单位应当按照应急预案的规定，落实应急指挥体系、应急救援队伍、应急物资及装备，建立应急物资、装备配备及其使用档案，并对应急物资、装备进行定期检测和维护，使其处于适用状态。

第三十九条 生产经营单位发生事故时，应当第一时间启动应急响应，组织有关力量进行救援，并按照规定将事故信息及应急响应启动情况报告事故发生地县级以上人民政府应急管理部门和其他负有安全生产监督管理职责的部门。

第四十条 生产安全事故应急处置和应急救援结束后，事故发生单位应当对应急预案实施情况进行总结评估。

五、《建筑起重机械安全监督管理规定》(摘录)

第九条 出租单位、自购建筑起重机械的使用单位，应当建立建筑起重机械安全技术档案。

建筑起重机械安全技术档案应当包括以下资料：

(一) 购销合同、制造许可证、产品合格证、制造监督检验证明、安装使用说明书、备案证明等原始资料。

(二) 定期检验报告、定期自行检查记录、定期维护保养记录、维修和技术改造记录、运行故障和生产安全事故记录、累计运转记录等运行资料。

(三) 历次安装验收资料。

第十五条 安装单位应当建立建筑起重机械安装、拆卸工程档案。

建筑起重机械安装、拆卸工程档案应当包括以下资料：

(一) 安装、拆卸合同及安全协议书；

(二) 安装、拆卸工程专项施工方案；

(三) 安全施工技术交底的有关资料；

(四) 安装工程验收资料；

(五) 安装、拆卸工程生产安全事故应急救援预案。

第二十五条 建筑起重机械安装拆卸工、起重信号工、起重司机、司索工等特种作业人员应当经建设主管部门考核合格，并取得特种作业操作资格证书后，方可上岗作业。

省、自治区、直辖市人民政府建设主管部门负责组织实施建筑施工企业特种作业人员的考核。

特种作业人员的特种作业操作资格证书由国务院建设主管部门规定统一的样式。

六、《房屋市政工程生产安全重大事故隐患判定标准》(2022版)

第一条 为准确认定、及时消除房屋建筑和市政基础设施工程生产安全重大事故隐患，有效防范和遏制群死群伤事故发生，根据《中华人民共和国建筑法》《中华人民共和国安全生产法》《建设工程安全生产管理条例》等法律和行政法规，制定本标准。

第二条 本标准所称重大事故隐患，是指在房屋建筑和市政基础设施工程(以下简称房屋市政工程)施工过程中，存在的危害程度较大、可能导致群死群伤或造成重大经济损失的生产安全事故隐患。

第三条 本标准适用于判定新建、扩建、改建、拆除房屋市政工程的生产安全重大事故隐患。

县级及以上人民政府住房和城乡建设主管部门和施工安全监督机构在监督检查过程中可依照本标准判定房屋市政工程生产安全重大事故隐患。

第四条 施工安全管理有下列情形之一的，应判定为重大事故隐患：

(一) 建筑施工企业未取得安全生产许可证擅自从事建筑施工活动；

(二) 施工单位的主要负责人、项目负责人、专职安全生产管理人员未取得安全生产考核合格证书从事相关工作；

(三) 建筑施工特种作业人员未取得特种作业人员操作资格证书上岗作业；

(四) 危险性较大的分部分项工程未编制、未审核专项施工方案，或未按规定组织专家对“超过一定规模的危险性较大的分部分项工程范围”的专项施工方案进行论证。

第五条 基坑工程有下列情形之一的，应判定为重大事故隐患：

(一) 对因基坑工程施工可能造成损害的毗邻重要建筑物、构筑物和地下管线等，未采取专项防护措施；

（二）基坑土方超挖且未采取有效措施；

（三）深基坑施工未进行第三方监测；

（四）有下列基坑坍塌风险预兆之一，且未及时处理：

（1）支护结构或周边建筑物变形值超过设计变形控制值；

（2）基坑侧壁出现大量漏水、流土；

（3）基坑底部出现管涌；

（4）桩间土流失孔洞深度超过桩径。

第六条 模板支护有下列情形之一的，应判定为重大事故隐患：

（一）模板支护的地基基础承载力和变形不满足设计要求；

（二）模板支架承受的施工荷载超过设计值；

（三）模板支架拆除及滑模、爬模爬升时，混凝土强度未达到设计或规范要求。

第七条 脚手架工程有下列情形之一的，应判定为重大事故隐患：

（一）脚手架工程的地基基础承载力和变形不满足设计要求；

（二）未设置连墙件或连墙件整层缺失；

（三）附着式升降脚手架未经验收合格即投入使用；

（四）附着式升降脚手架的防倾覆、防坠落或同步升降控制装置不符合设计要求、失效、被人为拆除破坏；

（五）附着式升降脚手架使用过程中架体悬臂高度大于架体高度的 2/5 或大于 6 米。

第八条 起重机械及吊装工程有下列情形之一的，应判定为重大事故隐患：

（一）塔式起重机、施工升降机、物料提升机等起重机械设备未经验收合格即投入使用，或未按规定办理使用登记；

（二）塔式起重机独立起升高度、附着间距和最高附着以上的最大悬高及垂直度不符合规范要求；

（三）施工升降机附着间距和最高附着以上的最大悬高及垂直度不符合规范要求；

（四）起重机械安装、拆卸、顶升加节以及附着前未对结构件、顶升机构和附着装置以及高强度螺栓、销轴、定位板等连接件及安全装置进行检查；

（五）建筑起重机械的安全装置不齐全、失效或者被违规拆除、破坏；

（六）施工升降机防坠安全器超过定期检验有效期，标准节连接螺栓缺失或失效；

（七）建筑起重机械的地基基础承载力和变形不满足设计要求。

第九条 高处作业有下列情形之一的，应判定为重大事故隐患：

（一）钢结构、网架安装用支撑结构地基基础承载力和变形不满足设计要求，钢结构、网架安装用支撑结构未按设计要求设置防倾覆装置；

（二）单榀钢桁架(屋架)安装时未采取防失稳措施；

（三）悬挑式操作平台的搁置点、拉结点、支撑点未设置在稳定的主体结构上，且未做可靠连接。

第十条 施工临时用电方面，特殊作业环境(隧道、人防工程，高温、有导电灰尘、比较潮湿等作业环境)照明未按规定使用安全电压的，应判定为重大事故隐患。

第十一条 有限空间作业有下列情形之一的，应判定为重大事故隐患：

（一）有限空间作业未履行“作业审批制度”，未对施工人员进行专项安全教育培训，未执行“先通风、再检测、后作业”原则；

（二）有限空间作业时现场未有专人负责监护工作。

第十二条 拆除工程方面，拆除施工作业顺序不符合规范和施工方案要求的，应判定为重大事故隐患。

第十三条 暗挖工程有下列情形之一的，应判定为重大事故隐患：

（一）作业面带水施工未采取相关措施，或地下水控制措施失效且继续施工；

（二）施工时出现涌水、涌沙、局部坍塌，支护结构扭曲变形或出现裂缝，且有不断增大趋势，未及时采取措施。

第十四条 使用危害程度较大、可能导致群死群伤或造成重大经济损失的施工工艺、设备和材料，应判定为重大事故隐患。

第十五条 其他严重违反房屋市政工程安全生产法律法规、部门规章及强制性标准，且存在危害程度较大、可能导致群死群伤或造成重大经济损失的现实危险，应判定为重大事故隐患。

第十六条 本标准自发布之日起执行。

第四节 安全生产相关地方性法规

一、《山西省安全生产条例》（摘录）

第三条 生产经营单位应当依法履行安全生产主体责任，加强安全生产管理，建立健全并落实全员安全生产责任制和安全生产规章制度，加大对安全生产资金、物资、技术、人员的保障力度，加强安全生产标准化、信息化建设，持续改善安全生产条件，构建安全风险分级管控和隐患排查治理双重预防机制，健全风险防范化解机制，提高安全生产水平，确保安全生产。

生产经营单位主要负责人是本单位安全生产工作的第一责任人，对安全生产工作全面负责；分管安全生产的负责人协助本单位主要负责人履行安全生产管理职责，负责本单位安全生产综合管理工作；其他负责人履行各自职责范围内安全生产工作管理职责。

平台经济等新兴行业、领域的生产经营单位应当根据本行业、领域的特点建立健全并落实全员安全生产责任制，履行本条例和其他法律、法规规定的有关安全生产义务。

第十二条 生产经营单位的主要负责人、管理人员应当履行安全生产职责，不得有下列行为：

（一）指挥、强令或者放任从业人员违章、冒险作业；

（二）超过核定的生产能力、生产强度或者生产定员组织生产；

（三）违反操作规程、生产工艺、技术标准或者安全管理规定组织作业；

（四）法律、法规禁止的其他行为。

第十三条 生产经营单位的主要负责人应当每年依法向职工代表大会或者职工大会报告本单位的安全生产工作以及个人安全生产履职情况，并接受从业人员的监督。

第二十条 生产经营单位应当及时排查治理事故隐患，如实记录排查、治理、评估、验收等内容。

重大事故隐患排除前或者排除过程中无法保证安全的，应当从危险区域内撤出人员，暂时停产停业或者停止使用相关设施、设备。

重大事故隐患的治理方案和验收结果应当及时在本单位公示。

第二十一条 安全风险分级管控和隐患排查治理情况应当及时向从业人员通报。

重大安全风险管控措施清单和重大事故隐患排查治理情况应当向生产经营单位的职工大会或者职工代表大会报告，并向负有安全生产监督管理职责的部门报告。

第四十八条 生产经营单位从业人员依法享有下列权利：

（一）与生产经营单位依法签订劳动合同，合同中载明有关保障劳动安全、防止职业危害、办理工伤保险等事项；

（二）享有工作所需的符合国家标准或者行业标准的安全工作环境、设施和劳动防护用品；

（三）参加安全生产教育和培训，掌握工作岗位所必需的安全生产知识和技能；

（四）了解作业场所、工作岗位存在的危险因素、防范措施以及事故应急措施；

（五）对本单位安全生产提出建议，对存在的问题提出意见、检举和控告；

（六）发现直接危及人身安全的紧急情况，停止作业或者采取可能的应急措施后撤离作业现场；

（七）因生产安全事故受到损害的，依法享有工伤保险并有依照有关法律获得赔偿的权利；

（八）拒绝违章指挥或者强令冒险作业；

（九）法律、行政法规规定的其他权利。

第五十四条 当班生产活动结束后，从业人员应当对本岗位负责的设备、设施、作业场地、安全防护设施、物品存放等进行安全检查，清理现场。在交接班时，从业人员应当做好生产设备、设施以及安全设施运行情况的确认工作，做好交接班记录。

二、《山西省建筑工程质量和建筑安全生产管理条例》（摘录）

第五条 县级以上人民政府住房和城乡建设行政主管部门负责本行政区域内房屋建筑工程和市政基础设施工程建筑安全生产的监督管理。其他专业建筑工程的建筑安全生产由开工批准机关负责监督管理。

第六条 建设单位应当按照合同约定与勘察、设计、施工图审查、施工、工程监理、检测及其他与工程建设有关的单位和机构签订工程质量和安全生产责任书建设单位应当按照工程质量和安全生产责任书的约定。对勘察、设计、施工图审查、施工、工程监理、检测等单位和机构实施检查。并组织协调解决工程质量和安全生产管理中的有关重大问题建设单位应当将安全防护文明施工措施费计入工程造价。安全防护文明施工措施费应当在开工前一次性足额支付施工单位，施工单位不得挪作他用。建设单位不得随意改变工程造价或者合理工期。

第十条 建设单位应当按照合同约定与勘察、设计、施工图审查、施工、工程监理、检测及其他与工程建设有关的单位和机构签订工程质量和安全生产责任书。

建设单位应当按照工程质量和安全生产责任书的约定，对勘察、设计、施工图审查、施工、工程监检测等单位和机构实施检查，并组织协调解决工程质量和安全生产管理中的有关重大问题。

建设单位应当依法向施工单位提供工程款支付担保，保证按期支付工程款。

第十一条 建设单位应当依法将建筑工程施工图设计文件委托具有相应资质的施工图审查机构进行审查；未经审查或者审查不合格的，不得使用。

任何单位或者个人不得擅自修改经审查合格的施工图。确需修改的，由原勘察设计单位进行修改并由建设单位将修改后的施工图送原施工图审查机构审查。

第十二条 建设单位应当将安全防护文明施工措施费计入工程造价。安全防护文明施工措施费应当在开工前一次性足额支付施工单位，施工单位不得挪作他用。

建设单位不得随意改变工程造价或者合理工期。

第十三条 建设单位应当根据建筑工程的特点和技术要求，组织勘察、设计、施工、工程监理等与工程建设有关的单位和机构进行设计图纸会审；未经会审的，不得开工建设。

第二十七条 施工单位项目负责人对工程项目的质量和安全生产负责，项目负责人的变更应当经建设单位书面同意，报工程项目所在地住房和城乡建设行政主管部门备案。

项目负责人不得同时承担二个以上的建筑工程项目，不得委托他人代行职责。

第二十九条 施工单位应当按照国家和省有关规定，建立健全企业内部教育培训制度，对管理人员和作业人员每年进行不少于两次的工程质量和安全培训。

第三十七条 工程基本完工、大型机具和作业人员撤场后，建设单位应当向工程项目所在地住房和城乡建设行政主管部门提出申请，由住房和城乡建设行政主管部门进行安全生产评价。

第五节 安全生产相关标准规范

一、《施工企业安全生产管理规范》(GB 50656—2011)(摘录)

3.0.9 施工企业严禁使用国家明令淘汰的安全技术、工艺、设备、设施和材料。

6.0.1 建筑施工企业应以安全生产责任制为核心，建立健全安全生产管理制度。

10.0.6 施工企业应根据施工组织设计、专项安全施工方案(措施)编制和审批权限的设置，分级进行安全技术交底，编制人员应参与安全技术交底、验收和检查。

15.0.4 施工企业安全检查应配备必要的检查、测试器具，对存在的问题和隐患，应定人、定时间、定措施组织整改，并应跟踪复查直至整改完毕。

二、《建设工程施工现场环境与卫生标准》(JGJ 146—2013)(摘录)

4.2.1 施工现场的主要道路应进行硬化处理。裸露的场地和堆放的土方应采取覆盖、固化和绿化等措施。

4.2.5 建筑物内垃圾应采用容器或搭设专用封闭式垃圾道的方法清运，严禁凌空抛掷。

4.2.6 施工现场严禁焚烧各类废弃物。

5.1.6 施工现场生活区宿舍、休息室必须设置可开启式外窗，床铺不应超过2层，不得使用通铺。

三、《房屋建筑和市政基础设施工程危及生产安全施工工艺、设备和材料淘汰目录(第一批)》(摘录)

2021年12月30日，住房和城乡建设部正式发布《房屋建筑和市政基础设施工程危及生产安全施工工艺、设备和材料淘汰目录(第一批)》的公告。目录共淘汰22项施工工艺、设备和材料，其中，竹(木)脚手架和现场简易制作钢筋保护层垫块工艺被禁止，门式钢管支撑架被限制。并提出：

(1) 发布之日起9个月后，全面停止在新开工项目中使用本《目录》所列禁止类施工工艺、设备和材料。

(2) 发布之日起6个月后，新开工项目不得在限制条件和范围内使用本《目录》所列限制类施工工艺、设备和材料。

本次淘汰目录里，在房屋建筑工程方面：

1. 禁止使用的施工工艺、设备、材料

(1) 现场简易制作钢筋保护层垫块工艺。

(2) 卷扬机钢筋调直工艺。

(3) 饰面砖水泥沙浆粘贴工艺。

(4) 竹(木)脚手架。

(5) 有碱速凝剂。

2. 限制使用的施工工艺、设备

(1) 钢筋闪光对焊工艺。

(2) 基桩人工挖孔工艺。

(3) 沥青类防水卷材热熔工艺(明火施工)。

(4) 门式钢管支撑架(不得用于搭设满堂承重支撑架体系)。

(5) 白炽灯、碘钨灯、卤素灯。

(6) 龙门架、井架物料提升机。

四、《消防设施通用规范》(GB 55036—2022)(摘录)

2.0.2　消防给水与灭火设施应具有在火灾时可靠动作，并按照设定要求持续运行的性能；与火灾自动报警系统联动的灭火设施，其火灾探测与联动控制系统应能联动灭火设施及时启动。

2.0.6　消防给水与灭火设施中的供水管道及其他灭火剂输送管道，在安装后应进行强度试验、严密性试验和冲洗。

2.0.10　消防设施上或附近应设置区别于环境的明显标识，说明文字应准确、清楚且易于识别，颜色、符号或标志应规范。手动操作按钮等装置处应采取防止误操作或被损坏的防护措施。

五、《建筑与市政地基基础通用规范》(GB 55003—2021)(摘录)

1.0.1　为在地基基础工程建设中贯彻落实建筑方针，保障地基基础与上部结构安全，满足建设项目正常使用需要，保护生态环境，促进绿色发展，制定本规范。

1.0.2　地基基础工程必须执行本规范。

1.0.3　工程建设所采用的技术方法和措施是否符合本规范要求由相关责任主体判定。其中，创新性的技术方法和措施，应进行论证并符合本规范中有关性能的要求。

六、《建筑与市政施工现场安全卫生与职业健康通用规范》(GB 55034—2022)(摘录)

1.0.1　为在建筑与市政工程施工中保障人身健康和生命财产安全、生态环境安全，满足经济社会管理基本需要，制定本规范卫生与职业健康。

1.0.2　建筑与市政工程施工现场安全、环境、卫生与职业健康管理必须执行本规范。

1.0.3　建筑与市政工程施工应符合国家施工现场安全、环保、防灾减灾、应急管理、卫生及职业健康等方面的政策，实现人身健康和生命财产安全、生态环境安全。

1.0.4　工程建设所采用的技术方法和措施是否符合本规范要求，由相关责任主体判定。其中，创新性的技术方法和措施，应进行论证并符合本规范中有关性能的要求。

复习思考题

1. 请简述《中华人民共和国建筑法》中施工现场安全责任。
2.《中华人民共和国安全生产法》中“三管三必须”原则是什么？
3.《中华人民共和国刑法》中新增的危险作业罪包括哪些内容。

第三章 建筑施工安全管理

本章学习要点

1. 了解建筑施工安全生产制度；
2. 熟悉建筑施工安全检查的形式和内容；
3. 掌握一般生产安全事故应急预案和事故现场处置。

第一节 施工安全生产制度

施工安全生产责任制和安全生产教育培训制度是建设工程施工活动中重要的法律制度。

一、安全生产责任制度

项目管理责任制度应作为项目管理的基本制度。项目建设相关责任方应在各自的实施阶段和环节，明确工作责任，实施目标管理，确保项目正常运行。项目各相关责任方应建立协同工作机制，宜采用例会、交底及其他沟通方式，避免项目运行中的障碍和冲突。

（一）施工安全生产管理的方针

安全生产关系到人民群众生命和财产安全，关系到社会稳定和经济健康发展，《安全生产法》规定，安全生产工作应当以人为本，坚持安全发展，坚持“安全第一、预防为主、综合治理”的方针。

（二）施工单位的安全生产责任制度

《安全生产法》规定，生产经营单位的安全生产责任制应当明确各岗位的责任人员、责任范围和考核标准等内容。生产经营单位应当建立相应的机制，加强对安全生产责任制落实情况的监督考核，保证安全生产责任制的落实。

施工单位应当具备国家规定的注册资本、专业技术人员、技术装备和安全生产等条件，依法取得相应等级的资质证书，并在其资质等级许可的范围内承揽工程。工程项目部应建立以项目经理为第一责任人的各级管理人员安全生产责任制，安全生产责任制应经责任人签字确认。

1. 专职安全生产管理人员的配备

应满足下列要求，并应根据企业经营规模、设备管理和生产需要予以增加。

（1）建筑施工总承包资质序列企业：特级资质不少于6人；一级资质不少于4人；二级和二级以下资质企业不少于3人。

（2）建筑施工专业承包资质序列企业：一级资质不少于3人；二级和二级以下资质企业不少于2人。

（3）建筑施工劳务分包资质序列企业：不少于2人。

(4) 建筑施工企业的分公司、区域公司等较大的分支机构(以下简称分支机构)应依据实际生产情况配备不少于2人的专职安全生产管理人员。

2. 总承包单位项目专职安全生产管理人员的配备

(1) 建筑工程、装修工程按照建筑面积配备：10000m^2以下的工程不少于1人；10000~50000m^2的工程不少于2人；50000m^2及以上的工程不少于3人，且按专业配备专职安全生产管理人员。

(2) 土木工程、线路管道、设备安装工程按照工程合同价配备：5000万元以下的工程不少于1人；5000万~1亿元的工程不少于2人；1亿元及以上的工程不少于3人，且按专业配备专职安全生产管理人员。

(三) 岗位职责

生产经营单位的全员安全生产责任制应当明确各岗位的责任人员、责任范围和考核标准等内容。

生产经营单位应当建立相应的机制，加强对全员安全生产责任制落实情况的监督考核，保证全员安全生产责任制的落实。

1. 生产经营单位主要负责人岗位职责

(1) 建立健全并落实本单位全员安全生产责任制，加强安全生产标准化建设。

(2) 组织制定并实施本单位安全生产规章制度和操作规程。

(3) 组织制定并实施本单位安全生产教育和培训计划。

(4) 保证本单位安全生产投入的有效实施。

(5) 组织建立并落实安全风险分级管控和隐患排查治理双重预防工作机制，督促、检查本单位的安全生产工作，及时消除生产安全事故隐患。

(6) 组织制定并实施本单位的生产安全事故应急救援预案。

(7) 及时、如实报告生产安全事故。

2. 项目负责人工作职责

(1) 负责工程项目开发的启动、计划、执行、控制过程中的质量监控、进度监控、安全文明施工管理、成本监管。

(2) 负责工程项目工作目标、工作计划、管理制度的组织制订和实施。

(3) 参与研讨设计方案，熟知开发项目总体方案，落实各分项施工方案及实施计划。

3. 项目专职安全生产管理人员工作职责

(1) 负责施工现场安全生产日常检查并做好检查记录。

(2) 现场监督危险性较大工程安全专项施工方案实施情况。

(3) 对作业人员违规违章行为有权予以纠正或查处。

(4) 对施工现场存在的安全隐患有权责令立即整改。

(5) 对于发现的重大安全隐患，有权向企业安全生产管理机构报告。

(6) 依法报告生产安全事故情况。

二、安全生产教育培训制度

(一) 安全教育培训人员

包括企业主要负责人、项目负责人、安全管理人员、特种作业操作人员、企业其他管理人员和技术人员、待岗、转岗、换岗人员、进场新工人。

（二）安全教育培训的形式

安全教育培训可采取多种形式，包括安全形势报告会、事故案例分析会、安全法治教育、安全技术交底、安全竞赛、师傅带徒弟等。主要包括：参加国家主办各类培训教育活动；参加上级部门主办各类安全教育和技能培训；公司主办各级、各类安全教育；项目主办各类安全、技能教育培训。

根据《国务院安委会关于进一步加强安全培训工作的决定》（安委〔2012〕10号）的要求，严格落实企业职工先培训后上岗制度。建筑企业要对新职工进行至少32学时的安全培训，每年进行至少20学时的再培训。

（三）安全教育培训的类型

包括：上岗证书的初审、复审培训；三级安全教育（企业、项目、班组）；岗前教育；日常教育；年度继续教育。

（四）安全教育培训的内容

安全教育培训的内容主要包括安全生产思想教育、安全知识教育、安全技能教育、事故案例教育、法治教育等。

1. 项目负责人安全教育培训

（1）建筑施工安全生产的方针政策、法律法规和标准规范。

（2）建筑施工安全生产管理、工程项目施工安全生产管理的基本理论和基础知识。

（3）工程建设各方主体的安全生产法律义务与法律责任。

（4）企业、工程项目安全生产责任制和安全生产管理制度。

（5）安全生产保证体系、资质资格、费用保险、教育培训、机械设备、防护用品、评价考核等管理。

（6）危险性较大的分部分项工程、危险源辨识、安全技术交底和安全技术资料等安全技术管理。

（7）安全检查、隐患排查与安全生产标准化。

（8）场地管理与文明施工。

（9）脚手架工程、土方基坑工程、起重吊装工程，以及建筑起重与升降机械设备使用、施工临时用电、高处作业、电气焊（割）作业、现场防火和季节性施工等安全技术要点。

（10）事故应急救援和事故报告、调查与处理。

（11）国内外安全生产管理经验。

2. 施工安全员安全教育培训

（1）建筑施工安全生产的方针政策、法律法规、规章制度和标准规范。

（2）建筑施工安全生产管理、工程项目施工安全生产管理的基本理论和基础知识。

（3）工程建设各方主体的安全生产法律义务与法律责任。

（4）工程项目安全机械、建筑起重与升降机械设备，以及混凝土、木工、钢筋和桩工机械等安全技术要点；模板支撑工程、脚手架工程、土方基坑工程、施工临时用电、高处作业、电气焊（割）作业、现场防火和季节性施工等安全技术要点。

（5）生产责任制和安全生产管理制度，安全生产保证体系、资质资格、费用保险、教育培训、机械设备、防护用品、评价考核等管理。

(6) 危险性较大的分部分项工程、危险源辨识、安全技术交底和安全技术资料等安全技术管理。

(7) 施工现场安全检查、隐患排查与安全生产标准化。

(8) 场地管理与文明施工。

(9) 事故应急救援和事故报告、调查与处理。

(10) 国内外安全生产管理经验。

(11) 典型事故案例分析。

3. 特种作业人员安全教育培训

建筑施工特种作业人员是指在房屋建筑和市政工程施工活动中，从事可能对本人、他人及周围设备设施的安全造成重大危害作业的人员，包括：

(1) 建筑电工；

(2) 建筑架子工；

(3) 建筑起重信号司索工；

(4) 建筑起重机械司机；

(5) 建筑起重机械安装拆卸工；

(6) 高处作业吊篮安装拆卸工；

(7) 经省级以上人民政府建设主管部门认定的其他特种作业。

从事特种作业的人员，必须经国家规定的有关部门专门的安全教育技术培训，并经考核合格取得操作证者，方可上岗作业，同时，特种作业人员实行定期复审、考核制度，无证上岗者，属违章行为，坚决杜绝，发现将严肃处理。

离开本岗位一年以上的特种作业人员，从事原岗位特种作业，应重新对其进行实际操作考核。特种作业人员操作证逾期未审的，按作废处理。

4. 专业分包单位安全教育与培训

对专业分包单位以及对民工的安全教育，其内容主要包括：

(1) 施工单位使用的劳务作业人员，必须接受三级安全教育，经考试合格后方可上岗作业，未经安全教育或考试不合格者，严禁上岗作业。

(2) 劳务作业人员上岗作业前的安全教育，由项目经理部(现场)、班组(劳务作业人员)负责组织实施，总学时不得少于2学时。

(3) 劳务作业人员上岗前须由用工单位劳务部门负责将劳务作业人员名单提供给安全部门，由用工单位或项目安全部门负责组织安全生产教育，授课时间不得少于8学时，具体内容包括：

① 安全生产的方针、政策和法规制度。

② 安全生产的重要意义和必要性。

③ 建筑安装工程施工中安全生产的特点。

④ 建筑施工中因工伤亡事故的典型案例和控制事故发生的措施。

(4) 项目经理部(现场)必须在劳务作业人员进场后，由负责劳务的人员组织并及时将注册名单提交给现场安全管理人员，由安全管理人员负责对劳务作业人员进行安全生产教育，时间不得少于8学时，具体内容包括：

① 项目施工现场的概况。

② 项目工程施工现场安全生产和文明施工的制度、规定。

③ 建筑施工中高处坠落、触电、物体打击、机械(起重)伤害、坍塌等五大伤害事故的控制预防措施。

④ 建筑施工中常用的有害化学材料的用途和预防中毒的知识。

(5) 劳务作业人员上岗作业前，必须由劳务作业人员长(或班组长)负责组织学习本工种的安全操作和一般安全生产知识，具体内容包括：

① 有关“危险预知训练”的知识。

② 有关建筑施工人员安全生产须知。

③ 班组安全生产教育。

(6) 对劳务作业人员进行三级安全教育时，必须分级进行考试。

(7) 劳务作业人员中的特种作业人员，如电工、起重工(塔式起重机、外用电梯、龙门吊、桥吊、履带吊、汽车吊、卷扬机和信号指挥)、锅炉压力容器工、电焊工、气焊工、场内机动车司机、架子工等，必须经培训考核合格，取得《建筑施工特种作业操作资格证》，方可上岗从事相应特种作业。

(8) 在向劳务作业人员(班组)下达生产任务的时候，必须向全体作业人员进行详细的书面安全技术交底，否则劳务作业人员(班组)有权拒绝接受任务。

(9) 每日上班前，劳务作业人员(班组)负责人，必召集所辖全体人员，针对当前任务，结合安全技术交底内容和作业环境、设施、设备状况及本队人员技术素质、安全意识、自我保护意识以及思想状态，有针对性地进行班前安全活动，提出具体注意事项，跟踪落实，并做好活动记录。

三、安全措施计划制度

安全措施计划制度是指企业进行生产活动时，必须编制安全措施计划，它是企业有计划地改善劳动条件和安全卫生设施，防止工伤事故和职业病的重要措施之一，对企业加强劳动保护，改善劳动条件，保障职工的安全和健康，促进企业生产经营的发展都起着积极作用。

安全措施计划的范围应包括改善劳动条件、防止事故发生、预防职业病和职业中毒等内容，具体包括：

1. 安全技术措施

安全技术措施是预防企业员工在工作过程中发生工伤事故的各项措施，包括防护装置、保险装置、信号装置和防爆炸装置等。

2. 职业卫生措施

职业卫生措施是预防职业病和改善职业卫生环境的必要措施，包括防尘、防毒、防噪声、通风、照明、取暖、降温等措施。

3. 辅助用房间及设施

辅助用房间及设施是为了保证生产过程安全卫生所必需的房间及一切设施，包括更衣室、休息室、淋浴室、消毒室、妇女卫生室、厕所和冬期作业取暖室等。

4. 安全宣传教育措施

安全宣传教育措施是为了宣传普及有关安全生产法律、法规、基本知识所需要的措施，其主要内容包括安全生产教材、图书、资料，安全生产展览，安全生产规章制度，安全操作方法训练设施，劳动保护和安全技术的研究与实验等。

四、专项施工方案专家论证制度

《危险性较大的分部分项工程安全管理规定》第十二条规定，对于超过一定规模的危大工程，施工单位应当组织召开专家论证会对专项施工方案进行论证。实行施工总承包的，由施工总承包单位组织召开专家论证会。专家论证前专项施工方案应当通过施工单位审核和总监理工程师审查。

专家应当从地方人民政府住房城乡建设主管部门建立的专家库中选取，符合专业要求且人数不得少于5名。与本工程有利害关系的人员不得以专家身份参加专家论证会。

《危险性较大的分部分项工程安全管理规定》第十三条规定，专家论证会后，应当形成论证报告，对专项施工方案提出通过、修改后通过或者不通过的一致意见。专家对论证报告负责并签字确认。

专项施工方案经论证需修改后通过的，施工单位应当根据论证报告修改完善后，重新履行本规定第十一条的程序。

专项施工方案经论证不通过的，施工单位修改后应当按照本规定的要求重新组织专家论证。

第二节　安全检查

为了对施工中存在的不安全因素进行预测、预报和预防生产安全事故的发生，不断改善施工条件和作业环境，确保公司建筑工程的施工安全，使施工现场达到最佳安全状态，保障从业人员的安全、健康和财产安全，实现安全生产，施工企业应根据《中华人民共和国安全生产法》《中华人民共和国建筑法》《建筑施工安全检查标准》（JGJ 59—2011）等法律法规制定符合要求的安全检查制度。

安全检查应由项目负责人组织，专职安全员及相关专业人员参加，定期进行并填写检查记录，对检查中发现的事故隐患应下达隐患整改通知单，定人、定时间、定措施进行整改。重大事故隐患整改后，应由相关部门组织复查。

一、安全检查的主要形式

安全检查的具体方式方法很多，建筑施工现场通常主要进行以下几种安全检查。

（一）企业定期安全大检查

企业定期安全大检查由行政领导带队，工会、安全、保卫、卫生等部门派员参加。按照安全检查表项目、内容，对管理、设备、措施、装置、违章行为等进行全面的安全大检查。

（二）验收性的安全检查

对塔式起重设备、井架、龙门架、脚手架、电气设备、吊篮、现浇混凝土模板及支撑等设施设备在安装搭设完成后进行安全验收、检查，发现问题及时纠正，确认合格后验收签字，并在安全技术交底后批准投入使用。

（三）专业性安全检查

组织由专职安全员和专业技术人员及安全管理小组和职能部门人员进行的电气安全检查、锅炉安全检查、架子工程安全检查等，还可以组织进行对机械设备、脚手架、登高设施等专项设施设备、用电安全、消防保卫等进行专项安全检查。

（四）季节性安全检查

季节更换前由安全生产管理小组和安全专职人员、安全值日人员等组织的检查，例如雨季主要检查防雨防洪、排水设施；暑期的防暑降温工作；冬季主要检查防冻、防滑、防坠落、防火、防煤气中毒的各项措施；大风天气检查有无坍塌危险、塔吊安全措施等。

（五）日常安全检查

各级领导和专职安全员以及工会劳动保护监督检察员等，应经常深入施工现场，生产车间、库房，对各种设施、安全装置、机电设备、起重设备运行状况、施工工程周围防护情况、“三宝、四口、五临边”的防护情况，以及干部有无违章指挥、工人有无违章作业行为等，进行随时随地的检查。

（六）班前班后安全检查

生产施工组每天上班前由班组长和安全值日人员组织班前班后安全检查，重点检查班组使用的架子和设备，手动工具、电动工具、安全帽、安全带等工具用品和作业三违行为，发现问题及时制止并指导更换维修或改正，确保作业安全。

二、安全检查的内容

对建筑施工中易发生伤亡事故的主要环节、部位和工艺等的完成情况做安全检查评价时，应采用检查评分表的形式，分为安全管理、文明工地、脚手架、基坑支护与模板工程、“三宝、四口、五临边”防护、施工用电、物料提升机与外用电梯、塔吊、起重吊装和施工机具等项目。

（一）安全管理

安全管理检查评定应符合国家现行有关安全生产的法律、法规、标准的规定。

安全管理检查评定保证项目应包括安全生产责任制、施工组织设计及专项施工方案、安全技术交底、安全检查、安全教育、应急救援。一般项目应包括分包单位安全管理、持证上岗、生产安全事故处理、安全标志。

（二）文明施工

文明施工检查评定应符合现行国家标准《建设工程施工现场消防安全技术规范》（GB 50720—2011）和《建设工程施工现场环境与卫生标准》（JGJ 146—2013）、《施工现场临时建筑物技术规范》（JGJ/T 188—2009）的规定。

文明施工检查评定保证项目应包括现场围挡、封闭管理、施工场地、材料管理、现场办公与住宿、现场防火。一般项目应包括综合治理、公示标牌、生活设施、社区服务。

（三）扣件式钢管脚手架

扣件式钢管脚手架检查评定应符合现行行业标准《建筑施工扣件式钢管脚手架安全技术规范》（JGJ 130—2011）的规定。

检查评定保证项目包括施工方案、立杆基础、架体与建筑物结构拉结、杆件间距与剪刀撑、脚手板与防护栏杆、交底与验收。一般项目包括横向水平杆设置、杆件搭接、架体防护、脚手架材质、通道。

（四）门式钢管脚手架

门式钢管脚手架检查评定应符合现行行业标准《建筑施工门式钢管脚手架安全技术规范》(JGJ/T 128—2019)的规定。门式钢管脚手架要进行限制使用，不得用于搭设满堂承重支撑架体系。

检查评定保证项目包括施工方案、架体基础、架体稳定、杆件锁件、脚手板、交底与验收。一般项目包括架体防护、材质、荷载、通道。

（五）碗扣式钢管脚手架

碗扣式钢管脚手架检查评定应符合现行行业标准《建筑施工碗扣式钢管脚手架安全技术规范》(JGJ 166—2016)的规定。

检查评定保证项目包括施工方案、架体基础、架体稳定、杆件锁件、脚手板、交底与防护验收。一般项目包括架体防护、材质、荷载、通道。

（六）承插型盘扣式钢管脚手架

承插型盘扣式钢管脚手架检查评定应符合现行行业标准《建筑施工承插型盘扣式钢管脚手架安全技术标准》(JGJ/T 231—2021)的规定。

检查评定保证项目包括施工方案、架体基础、架体稳定、杆件、脚手板、交底与防护验收。一般项目包括架体防护、杆件接长、架体内封闭、材质、通道。

（七）满堂式脚手架

满堂式脚手架检查评定除符合现行行业标准《建筑施工扣件式钢管脚手架安全技术规范》(JGJ 130—2011)的规定外，尚应符合其他现行脚手架安全技术规范。

检查评定保证项目包括施工方案、架体基础、架体稳定、杆件锁件、脚手板、交底与验收。一般项目包括架体防护、材质、荷载、通道。

（八）悬挑式脚手架

悬挑式脚手架检查评定应符合现行行业标准《建筑施工扣件式钢管脚手架安全技术规范》(JGJ 130—2011)和《建筑施工门式钢管脚手架安全技术规范》(JGJ/T 128—2019)的规定。

检查评定保证项目包括施工方案、悬挑钢梁、架体稳定、脚手板、荷载、交底与验收。一般项目包括杆件间距、架体防护、层间防护、脚手架材质。

（九）附着式升降脚手架

附着式升降脚手架检查评定应符合现行行业标准《建筑施工工具式脚手架安全技术规范》(JGJ 202—2010)的规定。

检查评定保证项目包括施工方案、安全装置、架体构造、附着支座、架体安装、架体升降。一般项目包括检查验收、脚手板、防护、操作。

（十）高处作业吊篮

高处作业吊篮检查评定应符合现行行业标准《建筑施工工具式脚手架安全技术规范》(JGJ 202—2010)的规定。

高处作业吊篮检查评定保证项目应包括施工方案、安全装置、悬挂机构、钢丝绳、安装作业、升降作业。一般项目应包括交底与验收、安全防护、吊篮稳定、荷载。

（十一）基坑工程

基坑工程安全检查评定应符合现行国家标准《建筑基坑工程监测技术标准》（GB 50497—2019）和现行行业标准《建筑基坑支护技术规程》（JGJ/T 120—2012）、《建筑施工土石方工程安全技术规范》（JGJ 180—2009）的规定。

基坑工程检查评定保证项目应包括施工方案、基坑支护、降排水、基坑开挖、坑边荷载、安全防护。一般项目应包括基坑监测、支撑拆除、作业环境、应急预案。

（十二）模板支架

模板支架安全检查评定应符合现行行业标准《建筑施工模板安全技术规程》（JGJ 162—2008）、《建筑施工扣件式钢管脚手架安全技术规程》（JGJ 130—2011）、《建筑施工承插型盘扣式钢管脚手架安全技术标准》（JGJ/T 231—2021）、《建筑施工碗扣式钢管脚手架安全技术规范》（JGJ 166—2016）等的规定。

检查评定保证项目包括施工方案、立杆基础、支架稳定、施工荷载、交底与验收。一般项目包括立杆设置、水平杆设置、支架拆除、支架材质。

（十三）高处作业

高处作业检查评定应符合现行国家标准《安全网》（GB 5725—2009）、《头部防护 安全帽》（GB 2811—2019）、《坠落防护 安全带》（GB 6095—2021）和现行行业标准《建筑施工高处作业安全技术规范》（JGJ 80—2016）的规定。

高处作业检查评定项目应包括安全帽、安全网、安全带、临边防护、洞口防护、通道口防护、攀登作业、悬空作业、移动式操作平台、悬挑式物料钢平台。

（十四）施工用电

施工用电检查评定应符合现行国家标准《建设工程施工现场供用电安全规范》（GB 50194—2014）和《施工现场临时用电安全技术规范》（JGJ 46—2005）的规定。

施工用电检查评定的保证项目应包括外电防护、接地与接零保护系统、配电线路、配电箱与开关箱。一般项目应包括配电室与配电装置、现场照明、用电档案。

（十五）物料提升机

物料提升机检查评定应符合现行行业标准《龙门架及井架物料提升机安全技术规范》（JGJ 88—2010）的规定。

物料提升机检查评定保证项目应包括安全装置、防护设施、附墙架与缆风绳、钢丝绳、安拆、验收与使用。一般项目应包括基础与导轨架、动力与传动、通信装置、卷扬机操作棚、避雷装置。

（十六）施工升降机

施工升降机检查评定应符合现行国家标准《施工升降机安全规程》（GB 10055—2007）和《建筑施工升降机安装、使用、拆卸安全技术规程》（JGJ 215—2010）的规定。

施工升降机检查评定保证项目应包括安全装置、限位装置、防护设施、附墙架、钢丝绳、滑轮与对重、安拆、验收与使用。一般项目应包括导轨架、基础、电气安全、通信装置。

（十七）塔式起重机

塔式起重机检查评定应符合现行国家标准《塔式起重机安全规程》（GB 5144—2006）和现行行业标准《建筑施工塔式起重机安装、使用、拆卸安全技术规程》（JGJ 196—2010）的规定。

塔式起重机检查评定保证项目应包括载荷限制装置、行程限位装置、保护装置、吊钩、滑轮、卷筒与钢丝绳、多塔作业、安拆、验收与使用。一般项目应包括附着、基础与轨道、结构设施、电气安全。

（十八）起重吊装

起重吊装检查评定应符合现行国家标准《起重机械安全规程》（GB 6067—2010）的规定。

起重吊装检查评定保证项目应包括施工方案、起重机械、钢丝绳与地锚、索具、作业环境、作业人员。一般项目应包括起重吊装、高处作业、构件码放、警戒监护。

（十九）施工机具

施工机具检查评定应符合现行行业标准《建筑机械使用安全技术规程》（JGJ 33—2012）和《施工现场机械设备检查技术规范》（JGJ 160—2016）的规定。

施工机具检查评定项目应包括平刨、圆盘锯、手持电动工具、钢筋机械、电焊机、搅拌机、气瓶、翻斗车、潜水泵、振捣器、桩工机械。

对检查出的安全隐患，要立即整改，不能立即整改的，要制定整改计划，定人、定措施、定经费、定完成日期。在未消除安全隐患前，必须采取可靠的防范措施，如有危及人身安全的紧急险情，应立即停工，并按照“登记—整改—复查—销案”的程序处理安全隐患。

第三节 安全色和安全标志

为了保证施工现场人员的安全和健康，提醒现场人员注意安全，国家以《安全色》（GB 2893—2008）和《安全标志及其使用导则》（GB 2894—2008）分别颁布了安全色和安全标志的标准，并在建筑施工现场中广泛采用安全色和安全标志。因此，每一位现场施工人员及其他施工相关人员都必须熟悉安全色和安全标志。

一、安全色

国家标准《安全色》（GB 2893—2008）规定红、蓝、黄、绿四种颜色为安全色。其含义和用途见表 3-1。

表 3-1 安全色及其含义与用途

颜色	相应的对比色	含义	用途
红色	白色	禁止、停止	禁止标志；停止信号：机器、车辆的紧急停止手柄或按钮，以及禁止人们触动的部位；防火
黄色	黑色	警告、注意	警告标志、警戒标志：如场内危险机器和坑池周围的警戒线；行车道中线；机械上齿轮箱内部；安全帽
蓝色	白色	指令、必须遵守的规定	指令标志：如必须佩戴个人防护用具，道路上指引车辆和行人行驶方向的指令
绿色	白色	提示、安全状态、通行	提示标志；车间内的安全通道；行人和车辆的通行标志；消防设备和其他安全防护设备的位置

二、安全标志及现场设置

安全标志是用以表达特定安全信息的标志，由图形符号、安全色、几何形状(边框)或文字构成。通过颜色和几何形状的组合表达通用的安全信息，并且通过附加图形符号表达特定安全信息的标志。见表 3-2。

表 3-2　安全标志及其含义与用途

标志类型	基本形式	例图	含　义
禁止标志	带斜杠的圆边框		表示“禁止”或“不允许”的含义
警告标志	正三角形边框		警告人们注意可能发生的各种各样的危险
指令标志	圆形边框		提醒人员必须做出某种动作或采取防范措施
提示标志	正方形边框		向人员提供某种信息

第四节　安全技术交底

一、安全技术交底分类

安全技术交底主要包括建筑工程施工现场各岗位工种安全技术交底、各分项(部)工程施工操作安全技术交底、施工机械(具)操作安全技术交底等。针对采用新工艺、新技术、新设备、新材料施工的特殊项目，需要结合建筑施工有关的安全防护技术进行单独的交底。对于安全技术交底内容，除了操作人员及各个施工流程的常规防护措施之外，还应当包括照明及小型电动手动工具防触电措施、立体交叉作业安全防护措施等。

二、安全技术交底内容

(1) 工程开工前，施工项目部技术负责人负责向施工项目部管理人员进行安全技术交底。

① 国家和地方有关安全生产的方针、政策、法律法规、标准、规范、规程和企业的安全规章制度。

② 建设项目安全管理目标、伤亡控制指标、安全达标和文明施工目标。

③ 危险性较大的分部分项工程及危险源的控制、专项施工方案清单和方案编制的指导、要求。

④ 施工现场安全质量标准化管理的一般要求。

⑤ 公司业务部门对建设项目安全生产管理的具体措施要求。

（2）施工项目部负责向各施工队长或者班组长进行书面安全技术交底。

① 项目各项安全管理制度、办法、注意事项、安全技术操作规程、安全控制要点。

② 每一分部、分项工程施工安全技术措施、施工生产中可能存在的不安全因素以及防范措施等，确保施工生产安全。

③ 特殊工种的作业、起重机械设备的安拆与使用，安全防护设施的搭设等项目技术负责人均要对各建设项目操作班组做安全技术交底。

④ 两个以上工种配合施工时，项目技术负责人要按工程进度定期或不定期地向有关班组长进行交叉作业的安全交底。

（3）各施工队长或班组长要根据交底要求，对操作工人进行针对性的班前作业安全交底，操作人员必须严格执行安全交底的要求。

① 本工种安全操作规程。

② 现场作业环境要求本工种操作的注意事项。

③ 作业人员安全防护措施等。

安全技术交底要全面、有针对性，符合有关安全技术操作规程的规定，内容要全面准确。安全技术交底要经交底人与接受交底人签字方能生效。交底字迹要清晰，必须本人签字，不得代签。

安全交底后，技术负责人、安全员、班组长等要对安全交底的落实情况进行检查和监督、督促操作工人严格按照交底要求施工，制止和杜绝违章作业现象的发生。

三、安全技术交底记录

（一）签字确认

安全交底人员进行书面交底之后，应当保存安全技术交底记录和交底人员与所有接受交底人员的签字确认记录。

（二）管理归档

安全技术交底记录应一式三份，分别由交底人、安全员、接受交底人留存。安全技术交底完成之后，将交底记录交到项目安全员处，由安全员负责管理归档。

（三）检查监督

交底人员及安全员在施工过程中随时对安全技术交底的落实情况进行监督检查，如发现违章作业应当立即采取相应措施。

第五节　消防安全管理

施工单位应针对施工现场可能导致火灾发生的施工作业及其他活动制定消防安全管理制度。

一、消防安全职责

（一）机构建设

施工企业的消防保卫工作必须按照“谁主管，谁负责”的原则，确定一名主要领导负责此项工作，实行施工总承包的，由总承包负责，分包企业向总包企业负责，接受总承包企业的统一领导和监督检查。在施工现场建立消防安全管理组织机构及义务消防组织，并应确定消防安全责任人及消防安全管理人员，同时应落实消防安全管理责任。

（二）消防安全职责

单位的主要负责人是本单位的消防安全责任人。具体职责如下：

（1）落实消防安全责任制，制定本单位的消防安全制度、消防安全操作规程，制定灭火和应急疏散预案。

（2）按照国家标准、行业标准配置消防设施、器材，设置消防安全标志，并定期组织检验、维修，确保完好有效。

（3）对建筑消防设施每年至少进行一次全面检测，确保完好有效，检测记录应当完整准确，存档备查。

（4）保障疏散通道、安全出口、消防车通道畅通，保证防火防烟分区、防火间距符合消防技术标准。

（5）组织防火检查，及时消除火灾隐患。

（6）组织进行有针对性的消防演练。

（7）法律、法规规定的其他消防安全职责。

消防安全重点单位除应当履行以上的职责外，还应当履行下列消防安全职责：确定消防安全管理人，组织实施本单位的消防安全管理工作；建立消防档案，确定消防安全重点部位，设置防火标志，实行严格管理；实行每日防火巡查，并建立巡查记录；对职工进行岗前消防安全培训，定期组织消防安全培训和消防演练。

二、防火管理基本规定

（一）一般规定

（1）施工现场的消防安全管理应由施工单位负责。实行施工总承包时，应由总承包单位负责；分包单位应向总承包单位负责，并应服从总承包单位的管理，同时应承担国家法律、法规规定的消防责任和义务。

（2）监理单位应对施工现场的消防安全管理实施监理。

（3）施工单位应根据建设项目规模、现场消防安全管理的重点，在施工现场建立消防安全管理组织机构及义务消防组织，并应确定消防安全负责人和消防安全管理人员，同时应落实相关人员的消防安全管理责任。

（4）施工单位应针对施工现场可能导致火灾发生的施工作业及其他活动，制定消防安全管理制度。消防安全管理制度应包括下列主要内容：

① 消防安全教育与培训制度。

② 可燃及易燃易爆危险品管理制度。

③ 用火、用电、用气管理制度。

④ 消防安全检查制度。

⑤ 应急预案演练制度。

(5) 施工单位应编制施工现场防火技术方案，并应根据现场情况变化及时对其修改、完善。防火技术方案应包括下列主要内容：

① 施工现场重大火灾危险源辨识。

② 施工现场防火技术措施。

③ 临时消防设施，临时疏散设施配备。

④ 临时消防设施和消防警示标识布置图。

(6) 施工单位应编制施工现场灭火及应急疏散预案。灭火及应急疏散预案应包括下列主要内容：

① 应急灭火处置机构及各级人员应急处置职责。

② 报警、接警处置的程序和通信联络的方式。

③ 扑救初起火灾的程序和措施。

④ 应急疏散及救援的程序和措施。

(7) 施工人员进场时，施工现场的消防安全管理人员应向施工人员进行消防安全教育和培训。消防安全教育和培训应包括下列内容：

① 施工现场消防安全管理制度、防火技术方案、灭火及应急疏散预案的主要内容。

② 施工现场临时消防设施的性能及使用、维护方法。

③ 扑灭初起火灾及自救逃生的知识和技能。

④ 报警、接警的程序和方法。

(8) 施工作业前，施工现场的施工管理人员应向作业人员进行消防安全技术交底。消防安全技术交底应包括下列主要内容：

① 施工过程可能发生火灾的部位或环节。

② 施工过程应采取的防火措施及应配备的临时消防设施。

③ 初起火灾的扑救方法及注意事项。

④ 逃生方法及路线。

(9) 施工过程中，施工现场的消防安全负责人应定期组织消防安全管理人员对施工现场的消防安全进行检查。消防安全检查应包括下列主要内容：

① 可燃物及易燃易爆危险品的管理是否落实。

② 动火作业的防火措施是否落实。

③ 用火、用电、用气是否存在违章操作，电、气焊及保温防水施工是否执行操作规程。

④ 临时消防设施是否完好有效。

⑤ 临时消防车道及临时疏散设施是否畅通。

(10) 施工单位应依据灭火及应急疏散预案，定期开展灭火及应急疏散的演练。

(11) 施工单位应做好并保存施工现场消防安全管理的相关文种和记录，并应建立现场消防安全管理档案。

(二) 消防安全技术交底

(1) 施工作业前，施工现场的施工管理人员应向作业人员进行消防安全技术交底。消防安全技术交底应包括下列主要内容：

① 施工过程中可能发生火灾的部位或环节。

② 施工过程应采取的防火措施及应配备的临时消防设施。

③ 初起火灾的扑救方法及注意事项。

④ 逃生方法及路线。

（2）施工过程中，施工现场的消防安全负责人应定期组织消防安全管理人员对施工现场的消防安全进行检查。消防安全检查应包括下列主要内容：

① 可燃物及易燃易爆危险品的管理是否落实。

② 动火作业的防火措施是否落实。

③ 用火、用电、用气是否存在违章操作，电、气焊及保温防水施工是否执行操作规程。

④ 临时消防设施是否完好有效。

⑤ 临时消防车道及临时疏散设施是否畅通。

（3）施工单位应依据灭火及应急疏散预案，定期开展灭火及应急疏散的演练。

施工单位应做好并保存施工现场消防安全管理的相关文件和记录，并应建立现场消防安全管理档案。

（三）可燃物及易燃易爆危险品管理

（1）用于在建工程的保温、防水、装饰及防腐等材料的燃烧性能等级应符合设计要求。

（2）可燃材料及易燃易爆危险品应按计划限量进场。进场后，可燃材料宜存放于库房内，露天存放时，应分类成垛堆放，垛高不应超过 2m，单垛体积不应超过 $50m^3$，垛与垛之间的最小间距不应小于 2m，且应采用不燃或难燃材料覆盖；易燃易爆危险品应分类专库储存，库房内应通风良好，并应设置严禁明火标志。

（3）室内使用油漆及其有机溶剂、乙二胺、冷底子油等易挥发产生易燃气体的物资作业时，应保持良好通风，作业场所严禁明火并应避免产生静电。

（4）施工产生的可燃、易燃建筑垃圾或余料，应及时清理。

（四）用火、用电、用气管理

1. 施工现场用火规定

（1）动火作业应办理《动火安全作业证》；《动火安全作业证》的签发人收到动火申请后，应前往现场查验并确认动火作业的防火措施落实后，再签发《动火安全作业证》。

（2）动火操作人员应具有相应资格。

（3）焊接、切割、烘烤或加热等动火作业前，应对作业现场的可燃物进行清理；作业现场及其附近无法移走的可燃物应采用不燃材料对其覆盖或隔离。

（4）施工作业安排时，宜将动火作业安排在使用可燃建筑材料的施工作业前进行。确需在使用可燃建筑材料的施工作业之后进行动火作业时，应采取可靠的防火措施。

（5）裸露的可燃材料上严禁直接进行动火作业。

（6）焊接、切割、烘烤或加热等动火作业应配备灭火器材，并应设置动火监护人进行现场监护，每个动火作业点均应设置 1 个监护人。

（7）五级（含五级）以上风力时，应停止焊接、切割等室外动火作业；确需动火作业时，应采取可靠的挡风措施。

（8）动火作业后，应对现场进行检查，并应在确认无火灾危险后，动火操作人员再离开。

(9) 具有火灾、爆炸危险的场所严禁明火。

(10) 施工现场不应采用明火取暖。

(11) 厨房操作间炉灶使用完毕后，应将炉火熄灭，排油烟机及油烟管道应定期清理油垢。

2. 施工现场用电规定

(1) 施工现场供用电设施的设计、施工、运行和维护应符合现行国家标准《建设工程施工现场供用电安全规范》(GB 50194—2014)的有关规定。

(2) 电气线路应具有相应的绝缘强度和机械强度，严禁使用绝缘老化或失去绝缘性能的电气线路，严禁在电气线路上悬挂物品。破损、烧焦的插座、插头应及时更换。

(3) 电气设备与可燃、易燃易爆危险品和腐蚀性物品应保持一定的安全距离。

(4) 有爆炸和火灾危险的场所，应按危险场所等级选用相应的电气设备。

(5) 配电屏上每个电气回路应设置漏电保护器、过载保护器，距配电屏 2m 范围内不应堆放可燃物，5m 范围内不应设置可能产生较多易燃、易爆气体、粉尘的作业区。

(6) 可燃材料库房不应使用高热灯具，易燃易爆危险品库房内应使用防爆灯具。

(7) 普通灯具与易燃物的距离不宜小于 300mm，聚光灯、碘钨灯等高热灯具与易燃物的距离不宜小于 500mm。

(8) 电气设备不应超负荷运行或带故障使用。

(9) 严禁私自改装现场供用电设施。

(10) 应定期对电气设备和线路的运行及维护情况进行检查。

3. 施工现场用气规定

(1) 储装气体的罐瓶及其附件应合格、完好和有效；严禁使用减压器及其他附件缺损的氧气瓶，严禁使用乙炔专用减压器、回火防止器及其他附件缺损的乙炔瓶。

(2) 气瓶运输、存放、使用时，应符合的规定：

① 气瓶应保持直立状态，并采取防倾倒措施，乙炔瓶严禁横躺卧放。

② 严禁碰撞、敲打、抛掷、滚动气瓶。

③ 气瓶应远离火源，与火源的距离不应小于 10m，并应采取避免高温和防止暴晒的措施。

④ 燃气储装瓶罐应设置防静电装置。

(3) 气瓶应分类储存，库房内应通风良好；空瓶和实瓶同库存放时，应分开放置，空瓶和实瓶的间距不应小于 1.5m。

(4) 气瓶使用规定：

① 使用前，应检查气瓶及气瓶附件的完好性，检查连接气路，检查连接气路的气密性，并采取避免气体泄漏的措施，严禁使用已老化的橡皮气管。

② 氧气瓶与乙炔瓶的工作间距不应小于 5m，气瓶与明火作业点的距离不应小于 10m。

③ 冬季使用气瓶，气瓶的瓶阀、减压器等发生冻结时，严禁用火烘烤或用铁器敲击瓶阀，严禁猛拧减压器的调节螺丝。

④ 氧气瓶内剩余气体的压力不应小于 0.1MPa。

⑤ 气瓶用后应及时归库。

(五) 其他防火管理

(1) 施工现场的重点防火部位或区域应设置防火警示标识。

（2）施工单位应做好施工现场临时消防设施的日常维护工作，对已失效、损坏或丢失的消防设施应及时更换、修复或补充。

（3）临时消防车道、临时疏散通道、安全出口应保持畅通，不得遮挡、挪动疏散指示标识，不得挪用消防设施。

（4）施工期间，不应拆除临时消防设施及临时疏散设施。

（5）施工现场严禁吸烟。

三、消防教育和培训制度

（1）施工单位应开展下列消防安全教育工作：

① 施工单位应定期开展形式多样的消防安全宣传教育。

② 建设工程施工前应对施工人员进行消防安全教育。

③ 在建设工地醒目位置、施工人员集中住宿场所设置消防安全宣传栏，悬挂消防安全挂图和消防安全警示标识；对新上岗和进入新岗位的职工（施工人员）进行上岗前消防安全培训。

④ 对在岗的职工（施工人员）至少每年进行一次消防安全培训。

⑤ 施工单位至少每半年组织一次灭火和应急疏散演练。

⑥ 对明火作业人员进行经常性的消防安全教育。

（2）总承包单位要组织分包单位管理人员、保安、成品保护人员以及施工人员等进行全员消防安全教育培训。教育培训应包括如下内容：

① 有关消防法规、消防安全制度和保障消防安全的操作规程。

② 本岗位的火灾危险性和防火措施。

③ 有关消防设施的性能、灭火器材的使用方法。

④ 报火警、扑救初起火灾以及自救逃生的知识和技能。

（3）施工单位应落实电焊、气焊、电工等特殊工种作业人员持证上岗制度。电焊、气焊等危险作业前，应对作业人员进行消防安全教育，强化消防安全意识，落实危险作业施工安全措施。

（4）通过消防宣传，职工要做到"三知三会"：即知道本岗位的火灾危险性、知道消防安全措施、知道灭火方法；会正确报火警、会扑救初期火灾、会组织疏散人员。

第六节 分包单位的管理要求

一、工程项目质量总承包负责制度

建筑工程总包单位将工程中的部分工程（除主体工程外）分包，其分包单位应有相应资质条件。但是，除总承包合同中约定的分包外，必须经建设单位认可。单位工程不得层层转包，施工总承包中的建筑工程主体结构的施工由总包单位自行完成。

建筑工程实行总承包的，工程质量由工程总承包单位负责，总承包单位将建筑工程分包给其他单位的应当对分包工程的质量与分包单位承担连带责任，分包单位必须接受总承包单位的质量管理。

总包单位应监督管理各分包单位认真遵照现行有关规范进行施工，并按照《建筑工程施工质量验收统一标准》(GB 50300—2013)对所承建的检验批、(子)分部工程的质量进行验收，其验收结果和资料统交总包单位。

总包单位应组织各分包单位认真学习，了解总包单位的各项管理规章制度。总承包单位有权对违反质量管理制度的分包单位进行处罚。各分包单位对总包单位定期召开的项目部例会不得无故缺席。为便于质量及安全管理，各分包单位的施工进度计划均应考虑交叉施工的配合问题，如出现异议，应由总包单位统筹安排。各分包单位应认真配合总包单位做好成品、半成品保护。如分包单位需在结构上打洞、开槽、预埋铁件一定要经过结构施工总包单位的技术负责人认可，重要部位要报设计单位认可。

二、工程分包的管理规定

1. 分包商

工程分包包括专业工程分包和劳务作业分包。

专业工程分包：指公司作为施工总承包企业将其所承包工程中的专业工程依法分包给具有相应资质企业(以下称专业分包商)完成的活动。

劳务作业分包：指施工总承包企业或者专业分包商将承包工程中的劳务作业部分依法分包给具有相应资质企业(以下称劳务分包商)完成的活动。

2. 分包管理的内容

分包管理内容主要包括分包策划、资质审核、分包选录(包括招投标和竞争性谈判)、合同管理、履约过程管理、结算管理、分包商考核评价等。

3. 分包商的考核评价

(1) 分包商分为AA级、A级、B级、C级、D级，通过新增入网、优胜劣汰及黑名单制度等动态调整等级。

(2) 分包商考核分为月度考核、季度考核和年度考核，从工程质量、进度评价、安全管理、综合能力、合同履约等方面进行考核评价。

月度考核评价由基层单位开展，填报月度考评表。

季度考核评价由分包管理工作领导小组进行考核。季度考核对所抽查项目分包商的年度考核结果有等级调整权及否决权。

年度考核由基层单位及分包管理工作领导小组共同完成，其考评分值占比分别为60%和40%。

各考核责任部门于每年初按照各业务系统范围内制定的考核标准对分包商进行评价，公司每年初发布合格分包商名录，并将年度考评结果向上推荐。

(3) 分包商考核采用百分制，见表3-3。

表3-3 考核标准

年度定级标准	考核得分	年度定级标准	考核得分
A级	90分 $\leqslant X \leqslant$ 100分	C级	60分 $\leqslant X <$ 75分
B级	75分 $\leqslant X <$ 90分	D级	$X <$ 60分

AA级评定规则：一个评价期内仅参与一个项目施工任务，连续2个评价期被评为A级的；参与多个项目施工任务，在一个或以上评价期连续评定结果有4个及以上A级，且全部项目评定等级均为A级的。

A级及以上分包商实行总量控制，AA级分包商数量控制在年度参与评定分包商总数的10%以内，A级分包商数量控制在年度参与评定分包商总数的30%以内。

同一分包商同期参评多个项目，考核结果取平均分。

公司依据考评结果对分包商最终定级及黑名单的评定工作。

第七节 建筑施工项目的应急预案及现场处置方案

为了防止施工现场的安全生产事故发生，完善应急工作机制，提高在工程项目发生事故时快速反应能力，防止衍生事故，迅速有序地开展事故的应急抢救工作，将事故损失减少到最低限度，制定应急预案。

一、适用范围

此预案适用于本建筑工程企业施工现场所发生的各项安全事故的应急工作。

二、应急工作原则

坚持安全第一、以人为本、居安思危、预防为主，贯彻统一指挥、分级响应、单位自救和社会救援的原则。

三、应急预案体系

根据建筑行业施工现场管理体系及行业特点，本应急预案体系包括综合应急预案，高处坠落、触电、坍塌、车辆等专项应急预案和现场处置方案。

（1）综合应急预案：规定本企业应急组织机构和职责、应急响应原则、应急管理程序等内容。

（2）专项应急预案：主要是根据施工现场的安全特点，为应对几种类型事故。

（3）现场处置方案：是针对具体的突发事故制定的应急处置措施。

四、示例——高空坠落现场处置方案

1. 事故特征

（1）危险性分析

通过对施工全过程危险因素的辨识和评价，高空坠落事故发生概率较大，造成人身伤害和财产损失较严重，列为工程项目的重大危险因素。

（2）事故类型

依据高处坠落事故对人体伤害的坠落方式，把高处坠落事故大体分为如下类型：

洞口坠落(预留口、通道口、楼梯口、坠落等)；脚手架上坠落；悬空高处作业坠落；石棉瓦等轻型屋面坠落；拆除工程中发生的坠落；登高过程中坠落；梯子上作业坠落；屋面作业或桥面作业坠落；其他高处作业坠落(电杆上、设备上、构架上、树上以及其他各种物

体上坠落等）。

（3）事故发生的区域及地点

临边、洞口及2m以上高度处施工。

（4）事故发生的季节

该事故没有季节性，但在雨雪季或炎热的夏季更容易发生。

（5）危害程度

发生高处坠落事故后会造成人员伤亡或财产损失。

（6）事故前可能出现的征兆

① 高处作业人员不使用爬梯，未按要求系安全带、安全绳或者使用不当。

② 临边、洞口等坠落高度在2m以上，而无防护栏杆、安全网、挡板或防护不可靠。

③ 当发生大风、暴雨、暴雪等恶劣气候时，高处作业人员极有可能发生坠落事故。

2. 应急组织与职责

（1）应急自救领导小组组织机构

① 应急自救领导小组：由组长和副组长组成。

② 自救组：由副经理、各施工队队长及指定人员组成。

③ 救护组：由项目书记、办公室、各施工队工班长指定人员组成。

④ 疏导组：由项目副经理、安质部、测量室、各施工队值班人员组成。

⑤ 保障组：由项目总工、办公室、工程部、物资部、设备部、计划部、财务部、各施工队技术负责人及指定人员组成。

⑥ 善后组：由项目书记、办公室、计划部、财务部、各施工队指定人员组成。

⑦ 调查组：由项目副经理、总工、工程部、安质部、设备部、物资部、各施工队指定人员组成。

（2）应急领导小组岗位职责

① 组长职责

a. 执行国家、地方、行业、上级有关安全应急管理的法律法规、标准和应急预案；

b. 随时掌握项目现场事故灾害及险情，向项目事故应急救援指挥部报告有关情况；

c. 根据事故现场的情况，启动并组织实施项目现场处置方案；

d. 确保应急资源配备投入到位，组织项目应急演练，指挥项目应急行动。

② 副组长职责

a. 协助组长开展应急指挥工作，组长不在位时，代行其职责；

b. 组织编制现场处置方案，落实项目应急行动，组织搞好培训和演练；

c. 负责现场应急处置，根据险情发展，提出改进措施；

d. 组织落实现场善后恢复。

③ 自救组职责

实施现场处置，将人员和设备迅速撤离危险地点，根据现场情况，适时调整并调集人员、设备和物资搜救被困人员。

④ 救护组职责

负责现场伤员的医疗抢救工作，根据伤员受伤程度做好转运工作。

⑤ 疏导组职责

维护现场，将获救人员转至安全地带；对危险区域进行有效的隔离。

⑥ 保障组职责

提供技术保障，并保证应急处置的通信畅通，物资、设备和资金及时到位及后勤供给。

⑦ 善后组职责

妥善安置伤亡人员和安抚伤亡人员的家属，配合项目做好理赔工作。

⑧ 调查组职责

按要求提供事故情况和相关资料，参与评估事故影响程度和损失，提出防止事故重复发生的意见和建议。

3. 应急处置

（1）高空坠落事故应急处置程序

① 当发生险情时，值班人员立即组织危险区域施工人员撤离，迅速报告应急自救组长，自救组长迅速上报项目事故应急救援指挥部办公室。

② 报警方式采用警报器、喊话或其他方式疏散人员，并采用电话向值班室报警。

③ 当事故有扩大趋势时，应急自救组长向项目应急救援指挥部申请启动应急预案，及时与地方政府、应急救援队伍、公安、消防、医院等相关部门取得联系，确保24h联络畅通，联络方式采用电话、传真、电子邮件等。

④ 现场应急自救领导小组通过上述联络方式向有关部门报警，报警的内容主要是：事故发生的时间、地点、背景，造成的损失（包括人员伤亡情况、造成的直接经济损失等），已采取的处置措施和需要救助的内容。

（2）现场应急处置措施

① 出现征兆时处置措施

a. 高处作业人员未按要求系安全带、安全绳或者使用不当时，也有可能发生坠落事故，此时可以当场制止，必要时召开安全会议通报违章行为，按规章制度进行处罚。

b. 临边、洞口等坠落高度在2m以上，而无防护栏杆、安全网、挡板或防护不可靠时，极有可能发生坠落事故，应按要求完善上述防护设施。

c. 当发生大风、暴雨、暴雪等恶劣气候时，高处作业人员极有可能发生坠落事故，对此要加强对气象部门的联系，尽早掌握气象变化情况，提前停止高空作业，撤离人员，必要时加固高耸设备。

② 事故发生时处置措施

发生高空坠落事故时，立即启动现场处置方案，急救人员尽快赶往出事地点，并及时通知医疗部门，尽量当场施救，抢救的重点放在颅脑损伤、胸部骨折和出血处理。

4. 注意事项

（1）作业人员严禁穿易滑鞋、高跟鞋、拖鞋，要戴好安全帽、系好安全带。

（2）现场所有洞口、悬空、临边的地方要严格按安全技术要求设置防护栏杆、防护网。

（3）发生高空坠落事故，应马上组织抢救伤者，首先观察伤者的受伤情况，如遇呼吸，心跳停止者，应立即进行人工呼吸，胸外心脏按压。对休克者，应先处理休克。处于休克状态的伤员要保持安静、保暖、平卧、少动，并将下肢抬高约20°，尽快送医院进行抢救治疗。

（4）出现颅脑损伤，必须维持呼吸道通畅。昏迷者应平卧，面部转向一侧，以防舌根下坠或分泌物、呕吐物吸入，发生喉阻塞。有骨折者，应初步固定后再搬运。遇有凹陷骨折、严重的颅底骨折及严重的脑损伤症状出现，创伤处用消毒的纱布或清洁布等覆盖，用绷带或布条包扎后，及时送就近有条件的医院治疗。

（5）险情发生至现场恢复期间，应封锁现场，防止无关人员进入现场发生意外。

（6）救助人员要服从指挥，统一行动。

（7）及时将抢救进展情况报告应急自救组长。

第八节　文明施工

一、规范要求

根据《建筑与市政施工现场安全卫生与职业健康通用规范》，规定如下：

（1）施工现场规划、设计应根据场地情况、入驻队伍和人员数量、功能需求、工程所在地气候特点和地方管理要求等各项条件，采取满足施工生产、安全防护、消防、卫生防疫、环境保护、防范自然灾害和规范化管理等要求的措施。

（2）施工现场生活区应符合下列规定：

① 围挡应采用可循环、可拆卸、标准化的定型材料，且高度不得低于1.8m。

② 应设置门卫室、宿舍、厕所等临建房屋，配备满足人员管理和生活需要的场所和设施；场地应进行硬化和绿化，并应设置有效的排水设施。

③ 出入大门处应有专职门卫，并应实行封闭式管理。应制定法定传染病、食物中毒、急性职业中毒等突发疾病应急预案。

（3）应根据各工种的作业条件和劳动环境等为作业人员配备安全有效的劳动防护用品，并应及时开展劳动防护用品使用培训。

（4）进场材料应具备质量证明文件，其品种、规格、性能等应满足使用及安全卫生要求。

（5）各类设施、设备应具备制造许可证或其他质量证明文件。

（6）停缓建工程项目应做好停工期间的安全保障工作，复工前应进行检查，排除安全隐患。

二、安全管理的一般规定

（1）工程项目应根据工程特点制定各项安全生产管理制度，建立健全安全生产管理体系。

（2）施工现场应合理设置安全生产宣传标语和标牌，标牌设置应牢固可靠。应在主要施工部位、作业层面、危险区域以及主要通道口设置安全警示标识。

（3）施工现场应根据安全事故类型采取防护措施。对存在的安全问题和隐患，应定人、定时间、定措施组织整改。

（4）不得在外电架空线路正下方施工、吊装、搭设作业棚、建造生活设施或堆放构件、架具、材料及其他杂物等。

三、环境管理

（1）主要通道、进出道路、材料加工区及办公生活区地面应全部进行硬化处理；施工现场内裸露的场地和集中堆放的土方应采取覆盖、固化或绿化等防尘措施。易产生扬尘的物料应全部篷盖。

（2）施工现场出口应设冲洗池和沉淀池，运输车辆底盘和车轮全部冲洗干净后方可驶离施工现场。施工场地、道路应采取定期洒水抑尘措施。

（3）建筑垃圾应分类存放、按时处置。收集、储存、运输或装卸建筑垃圾时应采取封闭措施或其他防护措施。

（4）施工现场严禁熔融沥青及焚烧各类废弃物。

（5）严禁将有毒物质、易燃易爆物品、油类、酸碱类物质向城市排水管道或地表水体排放。

（6）施工现场应设置排水沟及沉淀池，施工污水应经沉淀处理后，方可排入市政污水管网。

（7）严禁将危险废物纳入建筑垃圾回填点、建筑垃圾填埋场，或送入建筑垃圾资源化处理厂处理。

（8）施工现场应编制噪声污染防治工作方案并积极落实，同时并应采用有效的隔声降噪设备、设施或施工工艺等，减少噪声排放，降低噪声影响。

（9）施工现场应在安全位置设置临时休息点。施工区域禁止吸烟。

四、卫生管理

（1）施工现场应根据工人数量合理设置临时饮水点。施工现场生活饮用水应符合卫生标准。

（2）饮用水系统与非饮用水系统之间不得存在直接或间接连接。

（3）施工现场食堂应设置独立的制作间、储藏间，配备必要的排风和冷藏设施；应制定食品留样制度并严格执行。

（4）食堂应有餐饮服务许可证和卫生许可证，炊事人员应持有身体健康证。

（5）施工现场应选择满足安全卫生标准的食品，且食品加工、准备、处理、清洗和储存过程应无污染、无毒害。

（6）施工现场应根据施工人员数量设置厕所，厕所应定期清扫、消毒，厕所粪便严禁直接排入雨水管网、河道或水沟内。

（7）施工现场和生活区应设置保障施工人员个人卫生需要的设施。

（8）施工现场生活区宿舍、休息室应根据人数合理确定使用面积、布置空间格局，且应设置足够的通风、采光、照明设施。

（9）办公区和生活区应采取灭鼠、灭蚊蝇、灭蟑螂及灭其他害虫的措施。

（10）办公区和生活区应定期消毒，当遇突发疫情时，应及时上报，并应按卫生防疫部门相关规定进行处理。

（11）办公区和生活区应设置封闭的生活垃圾箱，生活垃圾应分类投放，收集的垃圾应及时清运。

（12）施工现场应配备充足有效的医疗和急救用品，且应保障在需要时方便取用。

复习思考题

1. 简述建筑施工现场主要进行的几种安全检查。
2. 请问消防安全技术交底的内容有哪些？
3. 以高处坠落事故现场处置方案为例，编写物体打击现场处置方案。

第四章 建筑施工双重预防控制机制建设与实施

本章学习要点

1. 了解危险有害因素的分类；
2. 熟悉建筑施工事故类型；
3. 掌握建筑施工风险分级管控及隐患排查治理双重预防控制机制建设程序及实施要求。

第一节 危险有害因素及事故类型分类

一、危险有害因素分类

根据《生产过程危险和有害因素分类与代码》（GB/T 13861—2022），危险和有害因素指可对人造成伤亡、影响人的身体健康甚至导致疾病的因素，危险有害因素分为四类：人的因素、物的因素、环境因素、管理因素。

（一）人的因素

1. 心理、生理性危险和有害因素

（1）负荷超限（体力负荷超限、听力负荷超限、视力负荷超限、其他负荷超限）；

（2）健康状况异常；

（3）从事禁忌作业；

（4）心理异常（情绪异常、冒险心理、过度紧张、其他心理异常）；

（5）辨识功能缺陷（感知延迟、辨识错误、其他辨识功能缺陷）；

（6）其他心理、生理性危险和有害因素。

2. 行为性危险和有害因素

（1）指挥错误（指挥失误、违章指挥、其他指挥错误）；

（2）操作错误（误操作、违章作业、其他操作错误）；

（3）监护失误；

（4）其他行为性危险和有害因素。

（二）物的因素

1. 物理性危险和有害因素

（1）设备、设施、工具、附件缺陷（强度不够、刚度不够、稳定性差、密封不良、耐腐蚀性差、应力集中、外形缺陷、外露运动件、操纵器缺陷、制动器缺陷、控制器缺陷、设计缺陷、传感器缺陷以及设备、设施、工具、附件其他缺陷）。

（2）防护缺陷[无防护、防护装置和设施缺陷、防护不当、支撑（支护）不当、防护距离不够、其他防护缺陷]。

（3）电危害（带电部位裸露、漏电、静电和杂散电流、电火花、电弧、短路以及其他电危害）。

（4）噪声危害（机械性噪声、电磁性噪声、流体动力性噪声、其他噪声）。

（5）振动危害（机械性振动、电磁性振动、流体动力性振动、其他振动危害）。

（6）电离辐射（X 射线、γ 射线、α 粒子、β 粒子、中子、质子、高能电子束等）。

（7）非电离辐射（紫外、激光、微波辐射、超高频辐射、高频电磁场、工频电场，其他非电离辐射）。

（8）运动物危害［抛射物、飞溅物、坠落物、反弹物、土、岩滑动、料堆（垛）滑动、气流卷动、撞击、其他运动物危害］。

（9）明火。

（10）高温物质（高温气体、高温液体、高温固体、其他高温物质）。

（11）低温物质（低温气体、低温液体、低温固体、其他低温物质）。

（12）信号缺陷（无信号设施、信号选用不当、信号位置不当、信号不清、信号显示不准、其他信号缺陷）。

（13）标志标识缺陷（无标志标识、标志标识不清晰、标志标识不规范、标志标识选用不当、标志标识位置缺陷、标志标识设置顺序不规范、其他标志标识缺陷等）。

（14）有害光照。

（15）信息系统缺陷（数据传输缺陷、自供电装置电池寿命过短、防爆等级缺陷、等级保护缺陷、通信中断或延迟缺陷、数据采集缺陷、网络环境不良）。

（16）其他物理性危险和有害因素。

2. 化学性危险和有害因素

（1）理化危险。包括爆炸物、易燃气体、易燃气溶胶、氧化性气体、压力下气体、易燃液体、易燃固体、自反应物质或混合物、自燃液体、自燃固体、自热物质和混合物、遇水放出易燃气体的物质或混合物、氧化性液体、氧化性固体、有机过氧化物、金属腐蚀物。

（2）健康危险。包括急性毒性、皮肤腐蚀或刺激、严重眼损伤或眼刺激、呼吸或皮肤过敏、生殖细胞致突变性、致癌性、生殖毒性、特异性靶器官系统毒性（一次接触）、特异性靶器官系统毒性（反复接触），吸入危险。

（3）其他化学性危险有害因素。

3. 生物性因素

致病微生物（细菌、病毒、真菌、其他致病微生物）、传染病媒介物、致害动物、致害植物、其他生物性危险和有害因素。

（三）环境因素

1. 室内作业环境不良

室内地面滑，室内作业场所狭窄，室内作业场所杂乱，室内地面不平，室内楼梯缺陷，地面、墙和天花板上的开口缺陷，房屋基础下沉，室内安全通道缺陷，房屋安全出口缺陷，采光不良，作业场所空气不良，室内温度、湿度、气压不适，室内给、排水不良，室内涌水，其他室内作业场所环境不良。

2. 室外作业场地环境不良

恶劣气候与环境，作业场地和交通设施湿滑，作业场地狭窄，作业场地杂乱，作业场地不平，交通环境不良，脚手架、阶梯或活动梯架缺陷，地面及地面开口缺陷，建筑物和其他结构缺陷，门和围栏缺陷，作业场地基础下沉，作业场地安全通道缺陷，作业场地安全出口缺陷，作业场地光照不良，作业场地空气不良，作业场地温度、湿度、气压不适，作业场地涌水，排水系统故障，其他室外作业场地环境不良。

3. 地下(含水下)作业环境不良

隧道/矿井顶板或者巷帮缺陷、隧道/矿井作业面缺陷、隧道/矿井底板缺陷、地下作业面空气不良、地下火、冲击地压(岩爆)、地下水、水下作业供氧不足、其他地下作业环境不良。

4. 其他作业环境不良

强迫体位、综合性作业环境不良、以上未包括的其他作业环境不良。

（四）管理因素

（1）职业安全卫生管理机构设置和人员配备不健全。

（2）职业安全卫生责任制不完善或未落实。

（3）职业安全卫生管理制度不完善或未落实(包括建设项目“三同时”制度、安全风险分级管控、事故隐患排查治理、培训教育制度、操作规程、职业卫生管理制度、其他职业卫生安全管理规章制度不健全)。

（4）职业安全卫生投入不足。

（5）应急管理缺陷(包括应急资源调查不充分、应急能力、风险评估不全面、事故应急预案缺陷、应急预案培训不到位、应急预案演练不规范、应急演练评估不到位，其他应急管理缺陷)。

（6）其他管理因素缺陷。

二、建筑施工事故类型

参照《企业职工伤亡事故分类》(GB 6441—1986)综合考虑起因物、引起事故的诱导性原因、致害物、伤害方式等，将危险因素分为20类，其中建筑施工企业主要有以下几类。

1. 物体打击

指失控物体的惯性力造成的人身伤害事故。如落物、滚石、锤击、碎裂、崩块、砸伤等造成的伤害，不包括爆炸、主体机械设备、车辆、起重机械、坍塌等引发的物体打击。

2. 车辆伤害

指本企业机动车辆引起的机械伤害事故。如机动车辆在行驶中的挤、压、撞车或倾覆等事故，在行驶中上下车、搭乘矿车或放飞车所引起的事故，以及车辆运输挂钩、跑车事故。不包括起重设备提升、牵引车辆和车辆停驶时发生的事故。

3. 机械伤害

指机械设备与工具引起的绞、辗、碰、割、戳、切等伤害。如工件或刀具飞出伤人，切屑伤人，手或身体被卷入，手或其他部位被刀具碰伤，被转动的机构缠压住等。常见伤害人体的机械设备有：皮带运输机、球磨机、行车、卷扬机、干燥车、气锤、车床、辊筒机、混砂机、螺旋输送机、泵、压模机、破碎机、卸车机、离心机、搅拌机、轮碾机、滚筒筛等。但属于车辆、起重设备的情况除外。

4. 起重伤害

起重伤害事故是指在进行各种起重作业（包括吊运、安装、检修、试验）中发生的重物（包括吊具、吊重或吊臂）坠落、夹挤、物体打击、起重机倾翻、触电等事故。

5. 触电

指电流流经人体，造成生理伤害的事故。适用于触电、雷击伤害，如人体接触带电的设备金属外壳或裸露的临时线、漏电的手持电动工具、起重设备误触高压线或感应带电、雷击伤害、触电坠落等事故。

6. 淹溺

指因大量水经口、鼻进入肺内，造成呼吸道阻塞，发生急性缺氧而窒息死亡的事故。

7. 灼烫

指强酸、强碱溅到身体引起的灼伤，或因火焰引起的烧伤，高温物体引起的烫伤，放射线引起的皮肤损伤等事故。适用于烧伤、烫伤、化学灼伤、放射性皮肤损伤等伤害。不包括电烧伤以及火灾事故引起的烧伤。

8. 火灾

指造成人身伤亡的企业火灾事故。不适用于非企业原因造成的火灾，比如，居民火灾蔓延到企业。此类事故属于消防部门统计的事故。

9. 高处坠落

指由于危险重力势能差引起的伤害事故，适用于脚手架、平台、陡壁施工等高于地面的坠落，也适用于山地面踏空失足坠入洞、坑、沟、升降口、漏斗等情况。但排除以其他类别为诱发条件的坠落。如高处作业时，因触电失足坠落应定为触电事故，不能按高处坠落划分。

10. 坍塌

是指物体在外力或重力作用下，超过自身的强度极限或因结构稳定性破坏而造成的事故，如挖沟时的土石塌方、脚手架坍塌、堆置物倒塌等，不适用于矿山冒顶片帮和车辆、起重机械、爆破引起的坍塌。

11. 放炮

指施工时，放炮作业造成的伤亡事故。适用于各种爆破作业，如采石、采矿、采煤、开山、修路、拆除建筑物等工程进行的放炮作业引起的伤亡事故。

12. 容器爆炸

容器爆炸是压力容器破裂引起的气体爆炸，即物理性爆炸，包括容器内盛装的可燃性液化气在容器破裂后，立即蒸发，与周围的空气混合形成爆炸性气体混合物，遇到火源时产生的化学爆炸，也称容器的二次爆炸。例如，气瓶使用不当引发的爆炸。

13. 中毒和窒息

指人接触有毒物质，呼吸有毒气体引起的人体急性中毒事故；或在通风不良的地方作业因为缺乏氧气而引起的晕倒甚至死亡事故。不适用于病理变化导致的中毒和窒息，也不适用于慢性中毒的职业病导致的死亡。

14. 其他伤害

不属于上述伤害的事故均属于其他伤害。如扭伤、跌伤、冻伤、野兽咬伤、钉子扎伤等。

第二节 双重预防控制机制建设

一、工作程序

双重预防体系建设工作程序主要包括组织机构及制度建设、风险辨识、风险分级管控及隐患排查治理等闭环管理和持续改进内容。双重预防体系建设工作程序见图 4-1。

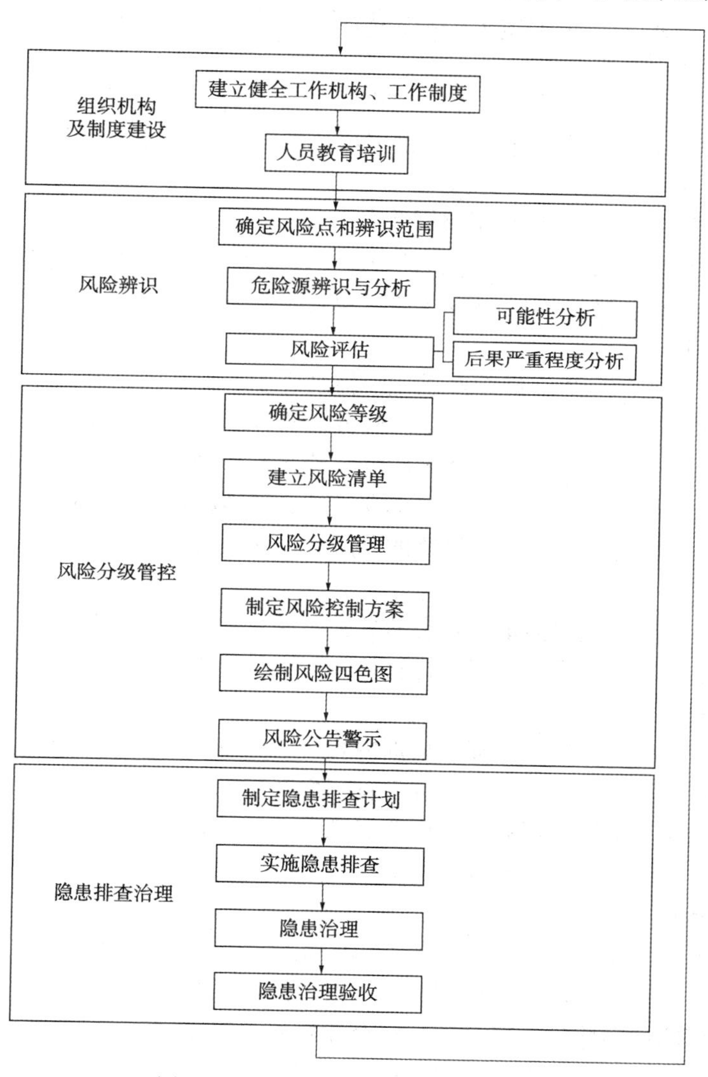

图 4-1 双重预防体系建设工作程序

二、工作方案

为切实做好双重预防体系建设工作，企业和项目部应结合本企业及项目实际，制定双重预防体系建设实施方案，明确工作目标、实施内容、责任部门、保障措施、工作进度和工作要求等相关内容。企业相关部门应根据双重预防体系建设实施方案，制定本部门的工作计划，层层分解、落实责任。

三、组织机构及制度建设

建筑施工企业应根据本单位实际开展双重预防工作，构建主要负责人组织、各部门实施、全员参与的工作机制，形成安全风险自辨、自评、自控和隐患自查、自改、自报的工作制度。

（一）组织机构

（1）建筑施工企业及其负有组织、指挥或者管理职权的实际控制人是双重预防机制建设和运行的责任主体及第一责任人。

（2）工程项目部是项目双重预防体系建设的责任主体，项目负责人作为项目第一责任人，应对双重预防体系运行情况评估，并根据项目进展情况，及时更新安全风险分级管控清单，做好事故隐患排查治理。

（3）施工班组（含分包单位）是班组日常双重预防的责任主体。班组长作为班组双重预防的第一责任人，应掌握班组的风险分布情况、可能后果、风险级别和控制措施；负责班组日常检查、事故隐患的治理及上报工作；组织开展班组安全风险评估，及时上报新的危险源。

（二）制度建设

企业应结合自身实际，建立健全双重预防体系建设工作制度，并以正式文件发布。双重预防体系建设工作制度应至少包含：安全风险分级管控制度；隐患排查治理制度；双重预防体系教育培训制度、运行管理制度、奖惩制度、档案管理制度等。

安全风险分级管控制度，应明确开展风险辨识、风险分析、风险评价的工作内容、程序、方法及工具等；同时，针对不同等级的风险制定相应的管控措施，明确管控层级、责任部门及责任人等。

隐患排查治理制度，应根据事故隐患的分类及层级，明确隐患排查治理的工作程序、方法和工具，以及排查范围、排查内容、排查频次、事故隐患判定与报告、治理措施、治理验收流程与标准要求等。

教育培训制度，应明确培训目标、培训内容、培训方式、培训学时、培训对象、考核方式及相应的奖惩措施等内容，并留存培训教育书面及影像资料。

双重预防体系建设考核奖惩制度，应明确双重预防体系建设考核奖惩的标准、方法及考核频次等，纳入安全绩效考核指标。

（三）人员培训

为提高全体人员安全生产认识和管理、落实能力，企业应对双重预防体系建设所需的相关知识分层次有针对性地开展教育培训，将双重预防体系建设工作内容纳入企业年度教育培训计划中。双重预防体系建设教育培训应结合建筑施工行业实际，与日常开展的三级安全教育培训、年度安全继续教育培训、应急救援知识培训等有机地结合起来，切实提高从业人员安全风险管控能力和事故防范意识。

四、经费保障

企业应建立经费保障机制，按照有关规定提取和使用安全生产费用，切实保障双重预防体系建设、运行和持续改进的经费投入，并建立使用台账。

第三节 双重预防控制机制实施

一、风险辨识

（一）确定风险点和辨识范围

企业应对工程项目施工全过程进行风险点的划分、排查、确认。

1. 风险点划分

风险点主要分为静态风险点和动态风险点，应遵守“大小适中、便于分类、功能独立、易于管理、范围清晰”的原则进行划分。

（1）静态风险点是指施工过程中有关设备、设施、部位、场所、区域的风险点，也称“设备设施风险点”。应至少包含《建筑施工安全检查标准》（JGJ 59—2011）所涉及的设备、设施、部位、场所、区域，主要有脚手架、模板支架、建筑起重设备、高处作业防护设施、临时设施、临时用电设施、专用施工设备、施工机具等。

（2）动态风险点是指生产经营全过程中所有常规和非常规状态的操作及作业活动的风险点，也称“作业活动风险点”。主要包括《建筑施工安全检查标准》（JGJ 59—2011）所涉及的设备操作活动（如起重机的使用等）、安拆活动（如塔式起重机的搭拆等），房屋建筑分部分项工程所涉及的作业活动（如进入有限空间的作业活动等），市政道路、桥梁工程的各分部工程所涉及的作业活动。

2. 风险点排查

风险点排查应对工程项目施工作业全过程中场地内部、外部因素和作业导致的风险和可能导致事故风险的物理实体、作业环境、作业空间、作业行为、气象分析、管理情况等进行排查。住建部《关于实施〈危险性较大的分部分项工程安全管理规定〉有关问题的通知》（建办质〔2018〕31 号）中明确的危大工程应全部纳入风险点排查内容。

企业应组织生产、技术、安全、质量、设备、材料等专业人员，按照施工工艺流程，从施工阶段、施工场所、设备设施、作业活动等方面可能存在的安全风险进行全方位、全过程的排查。

3. 风险点确认

企业应对排查出的风险点进行确认并汇总，形成《设备设施风险清单》（表 4-1）和《作业活动风险清单》（表 4-2），并根据工程项目施工进展情况，及时对新的作业活动或设备设施风险点进行风险排查，并纳入清单管理。

表 4-1 房屋建筑工程部分设备设施风险清单

序号	设备设施类别	设备设施名称	设备设施属性	型号	编号/所在位置	备注
1	临时设施	现场维护设施	通用设施		施工现场	
2		办公、生活区	通用设施		施工现场	
3		食堂	专用设施		施工现场	
4		仓库	专用设施		施工现场	
5		消防设施	专用设施		施工现场	
6		临时用电设施	专用设施		施工现场	

续表

序号	设备设施类别	设备设施名称	设备设施属性	型号	编号/所在位置	备注
7	高处作业防护设施	安全防护用品	通用设施		施工现场	
8		临时防护设施	专用设施		施工现场/作业楼层	
9		洞口防护设施	专用设施		作业楼层	
10		操作平台	专用设施		施工现场/作业楼层	
11		交叉作业防护设施	通用设施		施工现场	
12	塔式起重机	基础设施	特种设备		主体结构	
13		结构设施	特种设备		主体结构	
14		电气设施	特种设备		主体结构	
15		液压系统	特种设备		主体结构	
16		安全设施	特种设备		主体结构	
17	施工升降机	基础设施	特种设备		主体结构	
18		结构设施	特种设备		主体结构	
19		安全设施	特种设备		主体结构	
20		电气设施	特种设备		主体结构	
21	物料提升机	基础、附墙架	特种设备		主体结构	
22		动力与传动装置	特种设备		主体结构	
23		安全装置与防护措施	特种设备		主体结构	
24		电气设施	特种设备		主体结构	
25	模板支架	模板支架材料、构配件	专用设施		材料存放处	
26		模板支架基础	专用设施		作业楼层	
27		模板支架架体	专用设施		作业楼层	
28	脚手架工程	脚手架构配件	专用设施		施工现场材料堆放区	
29		脚手架基础	专用设施		施工现场脚手架作业区	
30		扣件式钢管脚手架架体	专用设施		施工现场脚手架作业区	
31		悬挑式脚手架架体	专用设施		施工现场脚手架作业区	
32		附着式升降脚手架架体	专用设施		施工现场脚手架作业区	
33		门式钢管脚手架架体	专用设施		施工现场脚手架作业区	
34		碗扣式钢管脚手架架体	专用设施		施工现场脚手架作业区	
35		承插型盘扣式钢管	专用设施		施工现场脚手架作业区	
36		满堂脚手架架体	专用设施		施工现场脚手架作业区	
37		高处作业吊篮	专用设施		施工现场脚手架作业区	
38		脚手架防护设施	专用设施		施工现场脚手架架体	
39		脚手架通道	专用设施		施工现场脚手架架体	
40	施工用电	外电防护设施	专用设施		施工现场	
41		接地与接零保护系统	通用设施		施工现场	
42		配电线路	通用设施		施工现场	

续表

序号	设备设施类别	设备设施名称	设备设施属性	型号	编号/所在位置	备注
43	施工用电	配电箱与开关箱	通用设施		施工现场	
44		配电室与配电装置	通用设施		施工现场	
45		现场照明	通用设施		作业楼层	
46	施工机具	平刨	通用设备		木工作业区	
47		圆盘锯	通用设备		木工作业区	
48		手持电动工具	通用设备		施工现场	
49		钢筋机械	通用设备		钢筋加工区	
50		电焊机	通用设备		施工现场	
51		搅拌机	通用设备		施工现场	
52		气瓶	通用设备		施工现场	
53		翻斗车	通用设备		施工现场	
54		潜水泵	通用设备		降排水作业区	
55		桩工机械	通用设备		基坑	
56		混凝土泵送设备	通用设备		基础、主体	
57		布料设备	通用设备		基础、主体	
58		振捣器具	通用设备		主体结构	

注：本清单只列举了市政工程部分设备设施的风险点，企业和项目部需根据所施工项目的具体情况，对此清单做进一步补充和完善。

表 4-2　房屋建筑工程部分作业活动风险清单

序号	分部分项工程名称/作业任务	作业活动名称	作业活动内容	区域部位	活动频率	备注
1	基坑工程	降排水	降水	基坑作业区	频繁进行	
			排水	基坑作业区	频繁进行	
2		基坑开挖	机械挖土	基坑作业区	频繁进行	
			人工修整	基坑作业区	特定时间进行	
3		基坑支护	预应力锚杆	基坑作业区	频繁进行	
			土层锚杆	基坑作业区	特定时间进行	
			注浆	基坑作业区	特定时间进行	
			混凝土面层施工	基坑作业区	频繁进行	
			泄水孔设置	基坑作业区	特定时间进行	
4		地基处理	换填垫层	基坑作业区	定期进行	
			强夯法	基坑作业区	定期进行	
5		基坑监测	监测项目	基坑作业区	定期进行	
			监测频率	基坑作业区	定期进行	
			检测值报警	基坑作业区	定期进行	

续表

序号	分部分项工程名称/作业任务	作业活动名称	作业活动内容	区域部位	活动频率	备注
6	基坑工程	支撑拆除	拆除顺序	基坑作业区	定期进行	
			机械拆除	基坑作业区	定期进行	
			人工拆除	基坑作业区	定期进行	
7	钢筋工程	钢筋加工	钢筋切断	钢筋加工区	频繁进行	
			钢筋调直	钢筋加工区	频繁进行	
			钢筋弯曲	钢筋加工区	频繁进行	
			钢筋套丝	钢筋加工区	频繁进行	
8		物料进场与放置	钢筋堆放	钢筋加工区	频繁进行	
			钢筋捆绑	钢筋加工区	频繁进行	
			钢筋起吊	钢筋加工区	频繁进行	
			钢筋安放	钢筋安装区	频繁进行	
9		钢筋安装	安装基础钢筋	钢筋安装区	频繁进行	
			安装墙柱钢筋	钢筋安装区	频繁进行	
			安装梁、板钢筋	钢筋安装区	频繁进行	
			套筒接头安装	钢筋安装区	频繁进行	
10	模板工程	模板加工	材料堆放	模板加工区	频繁进行	
			模板、木方下料	模板加工区	频繁进行	
11		模板运输	模板吊运	模板加工区	频繁进行	
			模板安放	模板作业区	频繁进行	
			构配件运输	模板作业区	频繁进行	
12		模板安装	墙柱模板安装	模板作业区	频繁进行	
			梁板模板安装	模板作业区	频繁进行	
13		模板拆除	墙柱模板拆除	模板作业区	频繁进行	
			梁板模板拆除	模板作业区	频繁进行	
14	脚手架工程	脚手架搭设	施工准备	施工现场办公区	特定时间进行	
			物品放置	脚手架作业区	特定时间进行	
			作业环境	脚手架作业区	特定时间进行	
			警戒区设置	脚手架作业区	特定时间进行	
			搭设抛撑	脚手架作业区	特定时间进行	
			搭设进度	脚手架作业区	特定时间进行	
			脚手架搭设完毕验收	脚手架作业区	特定时间进行	
15		脚手架拆除	拆除物料	脚手架作业区	特定时间拆除	
			隔离区设置	脚手架作业区	特定时间进行	
			拆除顺序	脚手架作业区	频繁进行	
			连墙件拆除顺序	脚手架作业区	特定时间进行	
			悬挑工字钢拆除	脚手架作业区	特定时间进行	

续表

序号	分部分项工程名称/作业任务	作业活动名称	作业活动内容	区域部位	活动频率	备注
16	砌体工程	砌体材料运送与放置	材料装卸	施工现场	频繁进行	
			材料运输	施工现场	频繁进行	
			材料放置	施工现场	频繁进行	
17		作业准备	作业条件	主体结构	特定时间进行	
			搭设操作平台	主体结构	频繁进行	
18		砌体作业	砌筑	主体结构	频繁进行	
			成品保护	主体结构	特定时间进行	
19	装饰装修工程	室内抹灰作业	搭设操作平台室内抹灰作业	主体结构内部	频繁进行	
20		外墙抹灰	使用外脚手架外墙抹灰作业	外墙作业区	频繁进行	
			使用吊篮外墙抹灰施工	外墙作业区	频繁进行	
21		外墙保温作业	使用外脚手架施工、使用吊篮施工	外墙作业区	频繁进行	
22		外墙涂饰作业	使用外脚手架施工、使用吊篮施工	外墙作业区	频繁进行	
23		地面工程	地面砖铺设施工	主体结构	频繁进行	
24		外墙幕墙作业	使用吊篮施工	外墙作业区	频繁进行	
25		门窗安装	内门窗安装、外窗安装	主体结构	频繁进行	
26	电气工程	配管、线槽、支架安装	预埋铁件或膨胀螺栓	电气施工作业区	频繁进行	
			支架制作与安装	电气施工作业区	频繁进行	
			线管或线槽安装	电气施工作业区	频繁进行	
27		电线、电缆穿管和线槽敷设	穿线扫管	电气施工作业区	特定时间进行	
			管内穿线/线槽放线敷设	电气施工作业区	频繁进行	
			绝缘测试	电气施工作业区	特定时间进行	
28		配电柜(箱、盘)安装、配线	柜、箱、盘安装	电气施工作业区	特定时间进行	
			柜、箱、盘配线	电气施工作业区	特定时间进行	
29		电气设备调试	电气设备调试前检查	电气施工作业区	特定时间进行	
			调试悬挂警示标志	电气施工作业区	特定时间进行	
			电气调试	电气施工作业区	特定时间进行	
30		防雷接地安装	接地装置安装	电气施工作业区	特定时间进行	
			接闪器安装	室外屋面	特定时间进行	
31	给排水及采暖工程	放坡	机械、人工作业	施工现场	特定时间进行	
			基坑防护	施工现场	特定时间进行	
32		管沟开挖	机械、人工作业	施工现场	特定时间进行	
			人员上下管沟	施工现场	特定时间进行	
33		管沟回填土	机械作业	施工现场	特定时间进行	

续表

序号	分部分项工程名称/作业任务	作业活动名称	作业活动内容	区域部位	活动频率	备注
34	给排水及采暖工程	支、吊架安装	机械作业	施工现场	特定时间进行	
			支架施工	管道施工作业区	频繁进行	
			高空作业	管道施工作业区	特定时间进行	
			焊接	管道施工作业区	频繁进行	
35		散热器安装	安装前试压	管道施工作业区	频繁进行	
			散热器试压	管道施工作业区	特定时间进行	
36		管道安装	管道施工	管道施工作业区	频繁进行	
			高处作业	管道施工作业区	特定时间进行	
			管沟内作业	管道施工作业区	频繁进行	
			PE、HDPE 管道安装	管道施工作业区	特定时间进行	
			警示标志	管道施工作业区	特定时间进行	
			施工用电	管道施工作业区	频繁进行	
			焊接	管道施工作业区	特定时间进行	
			杂物清理	管道施工作业区	频繁进行	
37		管道试验	压力试验	管道施工作业区	特定时间进行	
			设备调试	管道施工作业区	特定时间进行	
38		管道防腐	防腐作业	管道施工作业区	特定时间进行	
			高处作业	管道施工作业区	特定时间进行	
39		管道保温	保温作业	管道施工作业区	特定时间进行	
			高处作业	管道施工作业区	特定时间进行	
40	塔式起重机安拆	安装前准备	资料审批与备案	施工现场	特定时间进行	
			基础验收	施工现场	特定时间进行	
			检查安拆人员到场情况	施工现场	特定时间进行	
			技术交底	施工现场	特定时间进行	
			隔离警戒	施工现场	特定时间进行	
			构件、工具、辅助机械检查	施工现场	特定时间进行	
41		安装作业	人员防护	施工现场	特定时间进行	
			基础节与标准节安装	施工现场	特定时间进行	
			塔帽与驾驶室安装	施工现场	特定时间进行	
			大臂及平衡臂安装	施工现场	特定时间进行	
			附着安拆	施工现场	特定时间进行	
			过程控制	施工现场	特定时间进行	
42		拆除作业	方案审批	施工现场	特定时间进行	
			塔机检查	施工现场	特定时间进行	
			拆除作业	施工现场	特定时间进行	
43		升降作业	机况与液压系统检查	施工现场	特定时间进行	
			升降作业	施工现场	特定时间进行	

续表

序号	分部分项工程名称/作业任务	作业活动名称	作业活动内容	区域部位	活动频率	备注
44	施工升降机安拆	安拆前准备	资料审批与备案	施工现场	特定时间进行	
45		安拆作业	基础验收	施工现场	特定时间进行	
			检查安拆人员到场情况	施工现场	特定时间进行	
			技术交底	施工现场	特定时间进行	
			隔离警戒	施工现场	特定时间进行	
			构件、工具、辅助机械检查	施工现场	特定时间进行	
			人员防护	施工现场	特定时间进行	
			安拆施工	施工现场	特定时间进行	
46	起重设备使用	塔式起重机使用	使用前准备	施工现场	特定时间进行	
			吊装作业	施工现场	频繁进行	
			司机操作	施工现场	频繁进行	
			停止作业	施工现场	频繁进行	
47		施工升降机使用	使用前准备	施工现场	特定时间进行	
			施工作业	施工现场	频繁进行	
			停机使用	施工现场	频繁进行	
48	网架工程	构件加工	螺栓空心球制作加工	构件加工区	频繁进行	
			杆件的加工	构件加工区	频繁进行	
			附件的加工	构件加工区	频繁进行	
49		构件吊装	构件捆绑	钢结构现场拼装区	频繁进行	
			构件起吊	钢结构现场拼装区	频繁进行	
			构件安放	钢结构现场拼装区	频繁进行	
50		构件焊接	空心球与埋件焊接	钢结构作业区	频繁进行	
51		构件套筒连接	构件连接	钢结构作业区	频繁进行	
52		构件螺栓连接	杆件与空心球连接	钢结构作业区	频繁进行	
53	钢结构工程	钢构加工	切割下料	加工车间	频繁进行	
			组队拼接	加工车间	频繁进行	
			焊接	加工车间	频繁进行	
			矫正	加工车间	频繁进行	
			除锈喷漆	加工车间	频繁进行	
54		喷漆涂装	刷漆	施工现场	频繁进行	
55		结构吊装	钢柱安装	加工车间	频繁进行	
			钢梁安装	施工现场	频繁进行	
			气割	施工现场	频繁进行	
			螺栓连接	施工现场	频繁进行	

续表

序号	分部分项工程名称/作业任务	作业活动名称	作业活动内容	区域部位	活动频率	备注
56	装配式建筑工程	构件运输与堆放	构件运输	运输区域	特定时间进行	
			构件堆放	构件堆放区域	特定时间进行	
57		安装作业	构件吊装	吊装作业区域	特定时间进行	
			构件安装	安装作业区域	特定时间进行	
58	动火作业	动火准备	动火审批	动火作业区	特定时间进行	
			配备消防灭火器材	动火作业区	特定时间进行	
			动火现场勘察	动火作业区	特定时间进行	
59		动火施工	动火人员资格	动火作业区	特定时间进行	
			人员防护	动火作业区	特定时间进行	
			气瓶安全距离	动火作业区	特定时间进行	
			动火保护	动火作业区	特定时间进行	
			作业后现场清理	动火作业区	特定时间进行	
60	有限空间作业	作业准备	方案审批	有限空间作业区	特定时间进行	
			安全设施配备	有限空间作业区	特定时间进行	
			作业前通风检测	有限空间作业区	特定时间进行	
61		施工作业	人员资格与防护	有限空间作业区	特定时间进行	
			作业中通风、换气	有限空间作业区	特定时间进行	
			配合与监护	有限空间作业区	特定时间进行	

注：本清单只列举了房屋建筑工程部分作业活动的风险点，企业和项目部需根据所施工项目的具体情况，对此清单做进一步补充和完善。

（二）危险源辨识与分析

企业应对工程项目施工过程中存在的危险源进行辨识与分析。辨识时应依据《生产过程危险和有害因素分类与代码》(GB/T 13861—2022)的规定，对潜在的人的因素、物的因素、环境因素、管理因素等危害因素进行全面辨识。危险源辨识范围应覆盖已确认的工程项目《设备设施风险清单》和《作业活动风险清单》中各风险点所有的作业活动和设备、设施、部位、场所、区域。

依据《企业职工伤亡事故分类》(GB 6441—1986)，对已辨识出的危险源进行分析，确定其可能导致的事故类型及后果。

二、风险分级管控

（一）风险评价

风险评价是指企业在对危险源进行辨识和分析的基础上，运用风险评价方法对其主要危险有害因素进行风险分级，确定风险等级的过程。两种常用的风险评价方法：一是作业条件危险性评价法(LEC)；二是风险判定矩阵法(LS)。

1. 作业条件危险性评价法

作业条件危险性评价法(LEC)是用与系统风险有关的三种因素指标值的乘积来评价风险大小，即

$$D=L\times E\times C$$

式中 L——likelihood，事故发生的可能性；

E——exposure，人员暴露于危险环境中的频繁程度；

C——consequence，发生事故可能造成的后果；

D——danger，危险性。

D 的值越大，说明该作业活动危险性越大、风险越大。

① 根据事故发生的概率，将可能性(L)的值分为七个等级。见表4-3。

表4-3 事故发生的可能性(L)

L值	事故发生的可能性
10	完全可以预料
6	相当可能；或危害的发生不能被发现(没有监测系统)；或在现场没有采取防范、监测、保护、控制措施；或在正常情况下经常发生此类事故、事件或偏差
3	可能，但不经常；或危害的发生不容易被发现；现场没有检测系统或保护措施(如没有保护装置、没有个人防护用品等)，也未做过任何监测；或未严格按操作规程执行；或在现场有控制措施，但未有效执行或控制措施不当；或危害在预期情况下发生
1	可能性小，完全意外；或危害的发生容易被发现；现场有监测系统或曾经做过监测；或过去曾经发生类似事故、事件或偏差；或在异常情况下发生过类似事故、事件或偏差
0.5	很不可能，可以设想；危害一旦发生能及时发现，并能定期进行监测
0.2	极不可能；有充分、有效的防范、控制、监测、保护措施；或员工安全卫生意识相当高，严格执行操作规程
0.1	实际不可能

② 根据人员作业时暴露的频度，将人员暴露的频繁程度(E)的值分为六个等级。见表4-4。

表4-4 人员暴露的频繁程度(E)

E值	人员暴露的频繁度	E值	人员暴露的频繁度
10	连续暴露	2	每月一次暴露
6	每天工作时间内暴露	1	每年几次暴露
3	每周一次或偶然暴露	0.5	非常罕见暴露

③ 根据发生事故伤亡程度，将发生事故后果的严重性(C)的值分为六个等级。见表4-5。

表 4-5　发生事故后果的严重性(C)

C 值	法律法规及其他要求	人员伤亡	直接经济损失	停工	公司形象
100	严重违反法律法规和标准	10 人以上死亡，或 50 人以上重伤	5000 万元以上	公司停产	重大国际、国内影响
40	违反法律法规和标准	3 人以上 10 人以下死亡，或 10 人以上 50 人以下重伤	1000 万元以上	装置停工	行业内、省内影响
15	潜在违反法规和标准	3 人以下死亡，或 10 人以下重伤	100 万元以上	部分装置停工	地区影响
7	不符合上级或行业的安全方针、制度、规定等	丧失劳动力、截肢、骨折、听力丧失、慢性病	10 万元以上	部分设备停工	公司及周边范围
2	不符合公司的安全操作程序、规定	轻微受伤、间歇不舒服	1 万元以上	1 套设备停工	引人关注，不利于基本的安全卫生要求
1	完全符合	无伤亡	1 万元以下	没有停工	形象没有受损

注：表中人员伤亡、直接经济损失情况仅供参考，不具有确定性，可根据各企业风险可接受程度进行相应调整。

2. 风险判定矩阵法

风险判定矩阵法(简称 LS)考虑了事故发生的可能性(L)和事故后果严重程度(S)两个变量，给两个变量分别确定了不同等级，再通过风险矩阵来判定风险程度。

事故发生的可能性(L)分为五个等级，事故后果严重程度(S)分为四个等级。见表 4-6、表 4-7。

表 4-6　事故发生的可能性(L)

可能性等级	说　明	可能性等级	说　明
A	很可能	D	很不可能，可以设想
B	可能，但不经常	E	极不可能
C	可能性小，完全意外		

表 4-7　事故后果严重程度(S)

严重等级	说　明	严重等级	说　明
Ⅰ	灾难，可能发生重特大事故	Ⅲ	轻度，可能发生一般事故
Ⅱ	严重，可能发生较大事故	Ⅳ	轻微，可能发生人员轻伤事故

(二) 确定风险等级

根据风险评价的结果，确定危险源导致不同事故类型的安全风险等级。风险等级应按照“从严从高”原则综合判定。安全风险等级从高到低划分为重大风险、较大风险、一般风险和低风险四个等级，分别用红、橙、黄、蓝四种颜色代表。

1. 重大风险(红色)

现场的作业条件或作业环境非常危险，现场的危险源多且难以控制，如继续施工，极易引发群死群伤事故，造成人员伤亡和重大经济损失。以下情形可直接确定为重大风险：

① 违反法律、法规及国家标准中强制性条款的。

② 发生过死亡、重伤、职业病、重大财产损失事故，或三次及以上轻伤、一般财产损失事故，且现在发生事故的条件依然存在的。

③ 超过一定规模的危险性较大的分部分项工程。

④ 具有火灾、爆炸、窒息、中毒等危险的场所，作业人员在 10 人及以上的。

2. 较大风险(橙色)

现场的施工条件或作业环境处于一种不安全状态，现场的危险源较多且管控难度较大，如继续施工，极易引发一般生产安全事故，造成人员伤亡和较大经济损失。

3. 一般风险(黄色)

现场的风险基本可控，但依然存在着导致生产安全事故的诱因，如继续施工，可能会引发人员伤亡事故，或造成一定的经济损失。

4. 低风险(蓝色)

现场存在的风险基本可控，如继续施工，可能会导致人员伤害，或造成一定的经济损失。

不同的风险评价方法风险等级的确定方法见表 4-8 和表 4-9。

表 4-8 作业条件危险性评价法风险等级判定表

风险值	风险度	风险等级	颜色	风险值	风险度	风险等级	颜色
>320	极其危险	重大风险	红	20~70	轻度危险	低风险	蓝
160~320	高度危险	较大风险	橙				
70~160	显著危险	一般风险	黄	<20	稍有危险		

注：企业可结合自身特点，确定红、橙、黄、蓝风险等级风险值数值范围。

表 4-9 风险判定矩阵法风险等级判定表

可能性(L)	严重程度(S)				可能性(L)	严重程度(S)			
	Ⅰ(灾难)	Ⅱ(严重)	Ⅲ(轻度)	Ⅳ(轻微)		Ⅰ(灾难)	Ⅱ(严重)	Ⅲ(轻度)	Ⅳ(轻微)
A	重大风险	重大风险	较大风险	一般风险	D	较大风险	一般风险	一般风险	低风险
B	重大风险	重大风险	较大风险	一般风险	E	一般风险	一般风险	一般风险	低风险
C	重大风险	较大风险	一般风险	低风险					

(三) 风险控制措施

1. 确定原则

(1) 企业在选择风险控制措施时应充分考虑可行性、安全性、可靠性，重点突出人的因素。

(2) 作业活动类危险源的控制措施通常应考虑管理制度健全性、操作规程完备性、管理流程合理性、作业环境可控性、作业对象完好状态及作业人员技术能力等方面的因素。

(3) 设备设施类危险源的控制措施通常应包括设备本身带有的控制措施，如各种安全防护装置，以及检查、检测、验收、维修保养等常规的管理措施。

2. 常用风险控制措施

企业应结合安全风险特点和安全生产法律、法规、规章、标准、规程的规定制定管控措施。对重大安全风险，必须制定重大安全风险管控措施。

作业活动类危险源的控制措施通常应考虑管理制度健全性、操作规程完备性、管理流程合理性、作业环境可控性、作业对象完好状态及作业人员技术能力等方面的因素。

设备设施类危险源的控制措施通常应包括设备本身带有的控制措施，如各种安全防护装置，以及检查、检测、验收、维修保养等常规的管理措施。

(1) 工程技术措施

工程技术措施是指作业、设备设施本身固有的控制措施，包括直接安全技术措施、间接安全技术措施、指示性安全技术措施等，并按照消除、预防、减弱、隔离、联锁、警告的等级顺序采取相应的安全技术措施。

（2）制度管理措施

制度管理措施应包含健全安全管理组织机构、制订安全管理制度、编制安全技术操作规程、编写专项施工方案、组织专家论证、进行安全技术交底、对安全生产过程监控、开展安全检查、对设备设施进行技术检定以及实施安全奖惩等。

（3）个体防护措施

个体防护措施应至少包含《建筑施工作业劳动保护用品配备及使用标准》（JGJ 184—2009）中规定配备和使用的劳动保护用品。

（4）应急处置措施

应急处置措施应包含风险监控、预警、应急预案及现场处置方案制定、应急物资准备及应急演练等。

3. 重大风险控制措施

对重大安全风险，必须制定重大安全风险管控措施，至少包括以下内容：

（1）建立完善安全管理规章制度和安全操作规程，并采取措施保证其得到有效执行。

（2）确保安全监测监控系统的有效性和可靠性。

（3）明确关键装置、重点部位的责任人或者责任机构，并定期对安全生产状况进行检查，及时消除事故隐患。

（4）在重大安全风险的工作场所和岗位，设置明显的告知牌及警示标志。

（5）以岗位安全风险及防控措施、应急处置方法为重点，强化员工风险教育和技能培训。

企业要高度关注运营情况和危险源变化后的风险状况，动态评估、调整风险等级和管控措施，确保安全风险始终处于受控范围内。

（四）风险分级管理

企业应根据风险等级越高管控层级越高的原则，结合本单位机构设置情况，合理确定各级风险的管控层级，落实管控责任。

1. 管控要求

（1）企业应根据风险等级实施差异化管理，进行分级管控。

风险管控分为四级：企业级、项目部级、班组级、作业人员级，并遵循风险等级越高管控层级越高的原则。重大风险、较大风险、一般风险、低风险的管控层级一般分别对应企业级、项目部级、班组级、作业人员级。

（2）企业应根据本单位组织机构设置情况，合理确定各级风险的管控层级。上一级负责管控的风险，下一级必须同时负责管控，并逐级落实具体措施。

（3）对于操作难度大、技术含量高、风险等级高、可能导致严重后果的风险应进行重点管控。

（4）风险管控层级可进行增加、合并或提级。

2. 风险分级管控清单

风险分级管控清单包含作业活动风险分级管控清单、设备设施分级管控清单。清单应由企业组织相关部门、岗位人员按程序评审，并由企业主要负责人审定后发布。企业应根据自身实际及时更新清单内容，风险评价及分级管控清单格式和示例参见表 4-10 和表 4-11。

项目部应将重大风险进行分类汇总，重点监控，并对重大风险存在的作业场所或作业活动、采取的管控措施、责任层级及责任人等进行详细说明，如表 4-12 所示。

表 4-10 设备设施/作业活动风险评价（L、S）及分级管控清单示例

1. 安全管理

序号	风险点名称	工作步骤或工作内容	主要危险有害因素	潜在事故类型	风险评价 L	风险评价 S	风险等级	控制措施	管控层级	责任人
1	安全管理	安全生产责任制	未建立安全责任制	生产事故	B	Ⅱ	重大风险	工程措施：企业级及项目部级需要建立健全各级人员安全责任制	企业级	
								管理措施：定期进行监督检查，纳入项目部考核		
								个体防护：		
								应急措施：		
2			未按考核制度对人员进行考核	生产事故	B	Ⅲ	较大风险	工程措施：	项目部级	
								管理措施：按照考核制度，对项目部人员进行定期考核		
								个体防护：		
								应急措施：		

2. 落地式钢管脚手架

序号	风险点名称	工作步骤或工作内容	主要危险有害因素	潜在事故类型	风险评价 L	风险评价 S	风险等级	控制措施	管控层级	责任人
1	施工方案	施工方案编审	施工前未编制施工方案或结构设计未经计算	坍塌	B	Ⅱ	重大风险	工程措施：施工方案设置专人编制，专人审核，开工前对方案进行核查	企业级	
								管理措施：建立健全方案编制审核制度，确立有效奖惩措施		
								个体防护：		
								应急措施：暂停施工，待方案完善后复工		
2	脚手架材料、构配件	构配件进场验收	扣件技术性能不符合技术规范标准	坍塌	B	Ⅲ	较大风险	工程措施：①扣件进场应进行复试合格后使用；②具有产品质量证明文件；③表面应光滑，不得有砂眼、气孔、裂纹、浇冒口残余等缺陷。表面黏砂应清除干净	项目部级	
								管理措施：扣件进场前逐个进行检查，不合格扣件不得进场		
								个体防护：		
								应急措施：		

注：以上仅为示例，企业要根据各分部分项工程具体工作步骤及工作内容列出所有的风险清单内容。

表 4-11　设施设备/作业活动风险评价及分级管控清单示例：脚手架工程作业活动

序号	风险点名称	工作步骤或工作内容	主要危险有害因素	潜在事故类型	风险评价				风险等级	控制措施	管控层级	责任人
					L	*E*	*C*	*D*				
1	脚手架搭设	施工准备	脚手架搭设前未进行技术交底	其他伤害	10	6	7	420	重大风险	工程措施：脚手架搭设前项目部技术负责人应向作业人员进行书面技术交底	企业级	
										管理措施：制定管理制度，未进行交底禁止进场作业		
										个体防护：		
										应急措施：		
2	脚手架拆除	拆除顺序	拆除顺序不符合要求	物体打击	3	5	15	270	较大风险	工程措施：①架体拆除应从上而下逐层进行，严禁上下同时作业；②同层杆件和构件必须按照先外后内进行拆除；③剪刀撑、斜撑杆等加固杆件必须在拆除至该部位杆件时再拆除	项目部级	
										管理措施：①制定拆除措施；②专人负责监督指挥；③发现拆除顺序与方案不符，立即制止，停止作业		
										个体防护：		
										应急措施：		

注：以上仅为示例，企业要根据各分部分项工程具体工作步骤及工作内容列出所有的风险清单内容。

表 4-12　重大风险管控统计表

序号	风险点名称	类型（作业活动/设备设施）	区域位置	可能发生的事故类型	现有风险主要控制措施	管理层级	责任人	备注（评价/直判）

（五）风险告知

企业应建立完善风险公告制度，针对辨识评估出的风险，在施工现场采用区域安全风险四色分布图、作业安全风险比较图、岗位安全风险告知卡、重大安全风险公告栏、安全警示标志等形式进行安全风险公告，并定期对各类安全风险警示标识进行检查和维护，确保其完好有效。

1. 区域安全风险四色分布图

按照生产功能、空间界限相对独立的原则将全部作业场所网格化。将各网格风险等级在工地场(厂)区平面布置图中利用“红橙黄蓝”四色进行标注，形成安全风险四色分布图，示例参见图 4-2~图 4-4。“区域安全风险四色分布图”应根据不同施工阶段和施工现场风险点变化适时更新调整。当风险标注位置重叠时，应用风险管控清单予以说明。

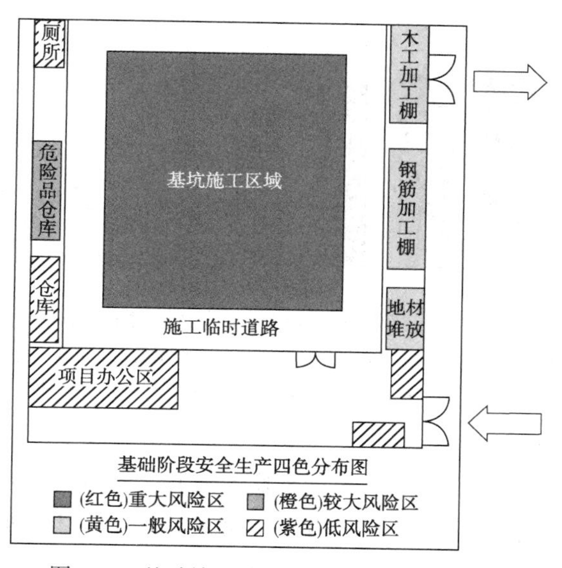

图 4-2 基础施工阶段安全风险四色分布图

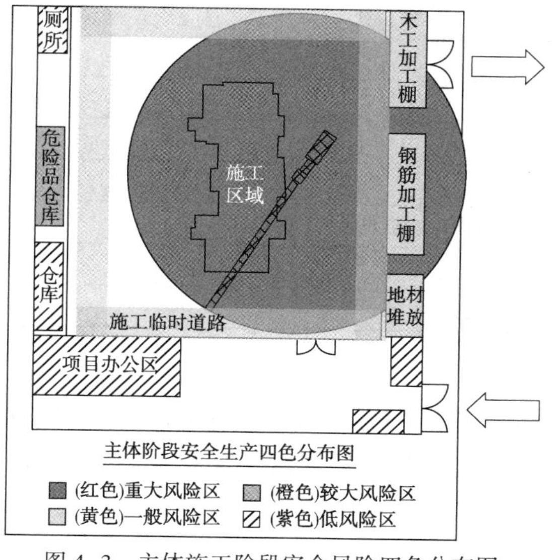

图 4-3 主体施工阶段安全风险四色分布图

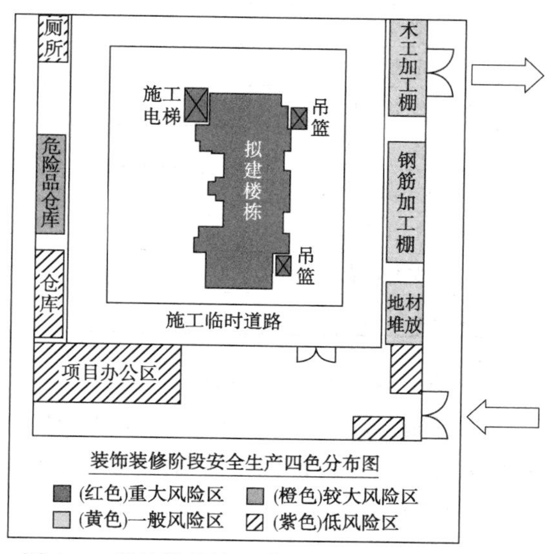

图 4-4 装饰装修施工阶段安全风险四色分布图

2. 作业安全风险比较图

对动火作业、有限空间作业、临时用电、高处作业、吊装作业、断路作业、动土作业、危险品运输等作业活动难以在平面布置图中标示的风险，应利用统计分析的方法，采取柱状图、饼状图等方式，绘制作业安全风险比较图，示例参见图 4-5。

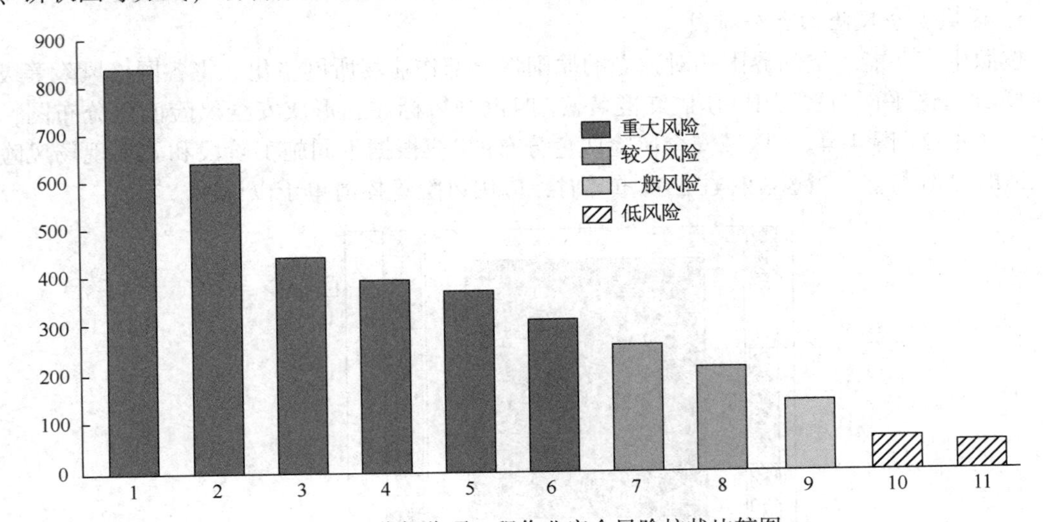

图 4-5　分部分项工程作业安全风险柱状比较图

1—起重机械安拆；2—模板工程；3—深基坑；4—脚手架工程；5—垂直运输机械；
6—装饰装修工程；7—临时用电；8—抹灰工程；9—钢筋工程；10—砌体工程；11—桩基工程

3. 岗位安全风险告知卡

在有安全风险的工作岗位设置岗位安全风险告知卡，告知从业人员本岗位存在的主要危险有害因素及后果、风险管控措施、应急措施、应急电话等信息，如表 4-13 所示。

表 4-13　岗位安全风险告知卡

作业名称		作业对象	
主要危害因素			
易发生事故型			
岗位操作注意事项			
须穿戴的劳动防护用品			
应急处置措施	报警电话：110；急救电话：120		
安全警示标志			
告知人(签名)		接受人(签名)	

4. 重大安全风险公告栏

对于施工现场有重大安全风险的作业场所、施工部位和有关设备、设施应在醒目位置设置重大安全风险公告栏，标明危险源名称、风险等级、危险有害因素及后果、风险管控措施、应急措施及应急电话等信息。

5. 其他警示标志

项目部应按照规定要求，在施工现场入口处、施工起重机械、临时用电设施、脚手架、出入通道口、楼梯口、电梯井口、孔洞口、桥梁口、隧道口、基坑边沿、爆破物及有害危险气体和液体存放处等存在安全风险的场所和危险部位，设置明显的安全警示标志。安全警示标志必须符合国家标准。

三、隐患排查治理

（一）制定隐患排查计划

企业应结合工作实际，以隐患排查清单为主要内容，按照“分级负责”的原则，制定隐患排查计划。明确各类型隐患排查的事项、内容、层级、责任人和频次等。

隐患排查计划应做到定期排查与日常排查相结合、专业排查与综合排查相结合、一般排查与重点排查相结合。对存在重大安全风险和较大安全风险的场所、环节、部位及其管控措施应重点排查。

（二）实施隐患排查

企业、项目部、班组、作业人员应按照隐患排查计划和隐患排查治理清单及时组织人员进行隐患排查，严格填写隐患排查记录。

对于排查发现的重大事故隐患，要立即向企业主要负责人和负有安全生产监督管理职责的部门报告。重大事故隐患排除前或者排除过程中无法保证安全的，应当从危险区域内撤出作业人员，并疏散可能危及的其他人员，设置警戒标志，暂时停产停业或者停止使用相关设施、设备；对暂时难以停产或者停止使用后极易引发生产安全事故的相关设施、设备，应当加强维护保养和监测监控，防止事故发生。必要时向当地人民政府提出申请，配合疏散可能危及的周边人员。

隐患排查结束后，隐患排查单位应确定每一项隐患的等级（一般隐患或重大隐患），并将隐患名称、存在位置、不符合状况、隐患等级、治理期限、治理措施和应急处置方案等信息向从业人员进行通报。

（三）隐患治理

隐患治理流程包含：下发隐患整改通知、实施隐患治理、治理情况反馈、验收等环节。

（1）企业或项目部在隐患排查中发现隐患，应向隐患存在单位下发隐患整改通知书，对隐患整改责任单位、措施建议、完成期限等提出要求。

（2）隐患存在单位在实施隐患治理前应组织相关人员对隐患存在的原因进行分析，制定科学的治理方案和有效的治理措施，并组织人员进行治理。

（3）隐患治理结束后，隐患存在单位应向企业或项目部提交书面的隐患整改反馈单。隐患整改反馈单应根据隐患整改通知单的内容，逐条将隐患整改情况进行回复。

（4）企业或项目部在接到隐患整改反馈单后，应组织相关人员对隐患整改效果进行验收，并在隐患整改反馈单上签署复查意见，对未消除的隐患应要求继续整改。

对于一般事故隐患，由于其危害和整改难度较小，发现后应当由企业的项目部或班组负责人立即组织整改，整改情况应有专人进行验收和确认。

对于重大事故隐患，企业主要负责人应组织制定并实施严格的隐患治理方案。

（四）隐患治理验收

（1）隐患治理完成后，企业应按照隐患级别组织相关人员对治理情况进行验收，填写复查验收清单，实现闭环管理。

（2）重大事故隐患治理工作结束后，企业应组织本单位的技术人员和专家对重大事故隐患的治理情况进行评估或者委托具备相应能力的安全生产技术咨询服务机构对重大事故隐患的治理情况进行评估。

（3）对负有安全生产监督管理职责的部门在监督检查中发现并责令全部或者局部停产停业治理的重大事故隐患，企业在完成治理并经评估符合安全生产条件后，还应当按规定向负有安全生产监督管理职责的部门提出恢复生产经营的书面申请，经审查同意后，方可恢复生产经营。

四、动态评估、持续改进

（一）评估与更新

（1）企业每年至少应对本单位的双重预防机制的有效性、适应性进行一次评估。根据评估结果，对工作流程、规章制度、风险评估、分级管控、隐患排查治理等各环节进行修改完善，确保双重预防机制持续有效运行。

（2）遇到下列情形之一时，企业应及时修正完善双重预防机制相关制度文件和管控措施，闭环管理，持续改进，促进双重预防机制有效实施：

① 依据的法律、法规、规章、标准等的有关规定发生重大变化；

② 企业新建、改建、扩建项目；

③ 生产工艺和关键设备发生变化；

④ 企业外部环境发生重大变化；

⑤ 发生伤亡事故或相关行业发生事故；

⑥ 组织机构发生变化；

⑦ 隐患排查治理中发现安全风险管控存在缺失和漏洞；

⑧ 企业认为应当修订的其他情况。

（二）沟通

企业应建立不同职能和层级间的风险管控与隐患排查双重预防内外沟通机制，及时有效传递风险隐患和排查治理信息，提高风险管控治理效果和效率。

（三）考核

企业应建立健全内部激励约束机制和绩效考核制度，调动和提高全员参与安全管理的积极主动性。对部门或项目部，应建立一套绩效考核办法，定期考核。

复习思考题

1. 根据《生产过程危险和有害因素分类与代码》（GB/T 13861—2022）的规定，生产过程中的危险有害因素分为哪几类？
2. 建筑施工事故类型有哪些？
3. 建筑施工双重预防工作机制建设程序是什么？

第五章　职业防护及消防设施

本章学习要点

1. 掌握常用劳动防护用品的使用方法；
2. 掌握常用灭火设施的使用方法；
3. 熟悉建筑行业主要职业病危害因素及防护措施。

第一节　常见劳动防护用品及使用

劳动防护用品是为了保护工人在生产过程中的安全和健康而发给劳动者个人使用的防护用品。用于防护有灼伤、烫伤或者容易发生机械外伤等危险的操作，在强烈辐射热或者低温条件下的操作，散放毒性、刺激性、感染性物质或者大量粉尘的操作以及经常使衣服腐蚀、潮湿或者特别肮脏的操作等。

一、劳动防护用品使用基本规定

（1）劳动防护用品为从事建筑施工作业的人员和进入施工现场的其他人员配备的个人防护装备。

（2）从事施工作业人员必须配备符合国家现行有关标准的劳动防护用品，并应按规定正确使用。

（3）劳动防护用品的配备，应按照“谁用工，谁负责”的原则，由用人单位为作业人员按作业工种配备。

（4）进入施工现场人员必须佩戴安全帽。作业人员必须戴安全帽、穿工作鞋和工作服；应按作业要求正确使用劳动防护用品。在 2m 及以上的无可靠安全防护设施的高处、悬崖和陡坡作业时，必须系挂安全带。

（5）从事机械作业的女工及长发者应配备工作帽等个人防护用品。

（6）从事登高架设作业、起重吊装作业的施工人员应配备防止滑落的劳动防护用品，应为从事自然强光环境下作业的施工人员配备防止强光伤害的劳动防护用品。

（7）从事施工现场临时用电工程作业的施工人员应配备防止触电的劳动防护用品。

（8）从事焊接作业的施工人员应配备防止触电、灼伤、强光伤害的劳动防护用品。

（9）从事锅炉、压力容器、管道安装作业的施工人员应配备防止触电、强光伤害的劳动防护用品。

（10）从事防水、防腐和油漆作业的施工人员应配备防止触电、中毒、灼伤的劳动防护用品。

（11）从事基础施工、主体结构、屋面施工、装饰装修作业人员应配备防止身体、手足、眼部等受到伤害的劳动防护用品。

（12）冬期施工期间或作业环境温度较低的，应为作业人员配备防寒类防护用品。

（13）雨期施工期间应为室外作业人员配备雨衣、雨鞋等个人防护用品。对环境潮湿及水中作业的人员应配备相应的劳动防护用品。

二、劳动防护用品使用及管理

（1）建筑施工企业应选定劳动防护用品的合格供货方，为作业人员配备的劳动防护用品必须符合国家有关标准，应具备生产许可证、产品合格证等相关资料。经本单位安全生产管理部门审查合格后方可使用。建筑施工企业不得采购和使用无厂家名称、无产品合格证、无安全标志的劳动防护用品。

（2）劳动防护用品的使用年限应按国家现行相关标准执行。劳动防护用品达到使用年限或报废标准的应由建筑施工企业统一收回报废，并应为作业人员配备新的劳动防护用品。劳动防护用品有定期检测要求的应按照其产品的检测周期进行检测。

（3）建筑施工企业应建立健全劳动防护用品购买、验收、保管、发放、使用、更换、报废管理制度。在劳动防护用品使用前，应对其防护功能进行必要的检查。

（4）建筑施工企业应教育从业人员按照劳动防护用品使用规定和防护要求，正确使用劳动防护用品。

（5）建设单位应按国家有关法律和行政法规的规定，支付建筑工程的施工安全措施费用。建筑施工企业应严格执行国家有关法规和标准，使用合格的劳动防护用品。

（6）建筑施工企业应对危险性较大的施工作业场所及具有尘毒危害的作业环境，设置安全警示标识及应使用的安全防护用品标识牌。

（一）安全帽的使用

在施工现场，工人们所佩戴的安全帽主要是为了保护头部不受到伤害。它可以在飞来或坠落下来的物体击向头部时、作业人员从高处坠落下来时、头部有可能触电时、人员在低矮的部位行走或作业时，以及头部有可能碰撞到尖锐、坚硬的物体几种情况下保护人的头部不受伤害或降低头部伤害的程度。在使用过程中如果佩戴和使用不正确，就起不到充分的防护作用。一般应注意下列事项：

（1）戴安全帽前应将帽后调整带按自己头型调整到适合的位置，然后将帽内弹性带系牢。缓冲衬垫的松紧由带子调节，人的头顶和帽体内顶部的空间垂直距离一般为25~50mm，至少不要小于32mm为好。这样才能保证当遭受到冲击时，帽体有足够的空间可供缓冲，平时也有利于头和帽体间的通风。

（2）不要把安全帽歪戴，也不要把帽檐戴在脑后方。否则，会降低安全帽对于冲击的防护作用。

（3）安全帽的下颌带必须扣在颌下，并系牢，松紧要适度。这样不至于被大风吹掉，或者是被其他障碍物碰掉，或者由于头的前后摆动，使安全帽脱落。

（4）安全帽体顶部除了在帽体内部安装了帽衬外，有的还开了小孔通风。但在使用时不要为了透气而随便再行开孔。因为这样将会使帽体的强度降低。

（5）由于安全帽在使用过程中会逐渐损坏，所以要定期检查，检查有没有龟裂、下凹、裂痕和磨损等情况，发现异常现象要立即更换，不准再继续使用。任何受过重击、有裂痕的安全帽，不论有无损坏现象，均应报废。

（6）严禁使用只有下颌带与帽壳连接的安全帽，也就是帽内无缓冲层的安全帽。

（7）施工人员在现场作业中，不得将安全帽脱下，搁置一旁，或当坐垫使用，以防变形，降低防护作用。

（8）由于安全帽大部分是使用高密度低压聚乙烯塑料制成的，具有硬化和变蜕的性质，所以不宜长时间在阳光下暴晒。

（9）新领的安全帽，首先检查是否有国家相关部门允许生产的证明及产品合格证，再看是否破损、薄厚不均，缓冲层及调整带和弹性带是否齐全有效。不符合规定要求的立即调换。

（10）在现场室内作业也要戴安全帽，特别是在室内带电作业时，更要认真戴好安全帽，因为安全帽不但可以防碰撞，而且还能起到绝缘作用。

（11）平时使用安全帽时应保持整洁，不能接触火源，不要任意涂刷油漆，不准当凳子坐，防止丢失。如果丢失或损坏，必须立即补发或更换。无安全帽一律不准进入施工现场。

（二）安全带的使用

安全带是在高处作业、攀登及悬吊作业中固定作业人员位置、防止作业人员发生坠落或发生坠落后将作业人员安全悬挂的个体坠落防护装备的系统。安全带按作业类别分为围杆作业安全带、区域限制安全带、坠落悬挂安全带。

在建筑施工现场，高处作业、重叠交叉作业非常多，为了防止作业者在某个高度和位置上可能出现的坠落，作业者在登高和高处作业时，必须系挂好安全带。安全带的使用和维护有以下几点要求：

（1）思想上必须重视安全带的作用。

（2）安全带使用前应检查各部位是否完好无损。

（3）高处作业如安全带无固定挂处，应采用适当强度的钢丝绳或采取其他方法。禁止把安全带挂在移动或带尖锐角或不牢固的物件上。

（4）高挂低用。

（5）安全带要拴挂在牢固的构件或物体上，要防止摆动或碰撞，绳子不能打结使用，钩子要挂在连接环上。

（6）安全带绳保护套要保持完好，以防绳被磨损。若发现保护套损坏或脱落，必须加上新套后再使用。

（7）安全带严禁擅自接长使用。如果使用3m及以上的长绳时必须加缓冲器，各部件不得任意拆除。

（8）安全带在使用后，要注意维护和保管。要经常检查安全带缝制部分和挂钩部分，必须详细检查捻线是否发生裂断和残损等。

（9）安全带不使用时要妥善保管，不可接触高温、明火、强酸、强碱或尖锐物体，不要存放在潮湿的仓库中保管。

（10）安全带在使用两年后应抽验一次，频繁使用应经常进行外观检查，发现异常必须立即更换。定期或抽样试验用过的安全带，不准再继续使用。

（三）安全网的使用

安全网是用来防止人、物坠落，或用来避免、减轻坠落及物击伤害的网具。安全网一般由网体、边绳、系绳等组成。安全网按功能分为安全平网、安全立网及密目式安全立网。安全网使用规范如下：

（1）高处作业部位的下方必须挂安全网；当建筑物高度超过4m时，必须设置一道随墙体逐渐上升的安全网，以后每隔4m再设一道固定安全网；在外架、桥式架，上、下对孔处都必须设置安全网。安全网的架设应里低外高，支出部分的高低差一般在50cm左右；支撑杆件无断裂、弯曲；网内缘与墙面间隙要小于15cm；网最低点与下方物体表面距离要大于3m。安全网架设所用的支撑，木杆的小头直径不得小于7cm，竹竿小头直径不得小于8cm，撑杆间距不得大于4m。

（2）使用前应检查安全网是否有腐蚀及损坏情况。施工中要保证安全网完整有效、支撑合理，受力均匀，网内不得有杂物。搭接要严密牢靠，不得有缝隙，搭设的安全网，不得在施工期间拆移、损坏，必须到无高处作业时方可拆除。因施工需要暂时拆除已架设的安全网时，施工单位必须通知、征求搭设单位同意后方可拆除。施工结束必须立即按规定要求由施工单位恢复，并经搭设单位检查合格后，方可使用。

（3）经常清理网内的杂物，在网的上方实施焊接作业时，应采取防止焊接火花落在网上的有效措施；网的周围不要有长时间严重的酸碱烟雾。

（4）安全网在使用时必须经常检查，并有跟踪使用记录，不符合要求的安全网应及时处理。安全网在不使用时，必须妥善存放、保管，防止受潮发霉。新的安全网在使用前必须查看：一，产品的铭牌，看是平网还是立网，立网和平网必须严格区分开，立网绝不允许当平网使用；架设立网时，底边的系绳必须系结牢固；二，生产厂家的生产许可证；三，产品的出厂合格证，若是旧的安全网，则在使用前应做试验，并有试验报告书，试验合格的旧网才可以使用。

（四）防毒面具的使用

防毒面具从造型上可以分为全面具和半面具，全面具又分为正压式和负压式，但使用方法基本一致。

1. 防毒面具使用前检查要点

（1）使用前需检查面具是否有裂痕，破口，确保面具与脸部贴合良好。

（2）检查呼气阀片有无变形、破裂及裂缝。

（3）检查头带是否有弹性。

（4）检查滤毒罐盖密封圈是否完好。

（5）检查滤毒罐是否在使用期内。

2. 防毒面具的使用要求

（1）使用面具前请仔细检查连接部位及呼气阀、吸气阀的密合性，并将面具置于洁净的地方以便下次使用。

（2）清洗时请不要用有机溶液清洗剂进行清洗，否则会降低使用效果。

（3）佩戴时将面具盖住口鼻，然后将头带框套拉至头顶；用双手将下面的头带拉向颈后，然后扣住。

3. 防毒面具的密合性测试方法

测试方法一：将手掌盖住呼气阀并呼气。如面部感到有一定的压力，但是没有感到空气在面部和面罩间泄漏，表示佩戴密合性良好。

测试方法二：用手掌盖住滤毒罐座的连接口，缓缓吸气。若感到呼吸有困难，则表示佩戴面具密封性良好。若感觉能吸入空气，则需重新调整面具位置及调节头带松紧度，消除漏气现象。

第二节　便携式气体检测仪的使用

气体检测仪是一种检测气体泄漏浓度的仪器仪表工具，主要是指便携式/手持式气体检测仪，是主要利用气体传感器来检测环境中存在的气体种类和含量的传感器。

进入爆炸性气体环境和(或)有毒气体环境的现场工作人员，应配备便携式可燃气体和(或)有毒气体探测器(检测仪)。进入的环境同时存在爆炸性气体和有毒气体时，便携式可燃气体和有毒气体探测器可采用多气体检测仪。便携式气体检测仪的优点是使用人员可以随身携带，随时监控，从而实现个体保护。

常见可燃气体、蒸气的特性表见表 5-1(参照 GB/T 50493)。

表 5-1　可燃气体、蒸气的特性表

物质名称	沸点/℃	在空气中的爆炸极限/%(体积)		备注
		爆炸下限 LEL	爆炸上限 UEL	
氢(H_2)	-253	4.0	75.0	
一氧化碳(CO)	-191.4	12.5	74.2	
煤气	<-50	4.0	—	
硫化氢(H_2S)	-60.4	4.3	45.5	
甲烷(CH_4)	-161.5	5.0	15.0	

注：可燃物质(可燃气体、蒸气和粉尘)与空气必须在一定的浓度范围内均匀混合，形成预混气，遇着火源才会发生爆炸，这个浓度范围称为爆炸极限。常以体积分数%(体积)表示。

(一) 便携式气体检测仪的分类

便携式气体检测报警仪可连续实时监测并显示被测气体浓度，当达到设定报警值时可实时报警。

(1) 按传感器数量划分，便携式气体检测报警仪可分为单一式和复合式。

(2) 按采样方式划分，便携式气体检测报警仪可分为扩散式和泵吸式。

单一式气体检测报警仪内置单一传感器，只能检测一种气体。复合式气体检测报警仪内置多个传感器，可检测多种气体。

(二) 便携式气体检测仪的选用

(1) 泄漏气体中可燃气体浓度可能达到报警设定值时，应佩带可燃气体检测仪；

(2) 泄漏气体中有毒气体浓度可能达到报警设定值时，应佩带有毒气体检测仪；

(3) 既属于可燃气体又属于有毒气体的单组分气体介质，只佩带有毒气体检测仪；

(4) 可燃气体与有毒气体同时存在的多组分混合气体，泄漏时可燃气体浓度和有毒气体浓度有可能同时达到报警设定值，应分别佩带可燃气体及有毒气体检测仪；

(5) 对于含多种有毒气体组分的混合气体，或不同工况条件下泄漏气体的组成差异大时，当各毒性气体组分的气体浓度都有可能达到各组分的有毒气体浓度报警设定值时，为确保生产安全，需要分别佩带有毒气体检测仪。

(三) 便携式气体检测仪的使用注意事项

(1) 作业前仔细阅读与产品对应的使用说明书，熟悉机器的性能和操作方法。

(2) 检查电池电量是否充足，如发现电池电量不足应及时更换电池。严禁在危险场所进行电池更换。

(3) 检查进气口气滤有无杂物堵住，堵住需清理干净或更换。

(4) 要注意轻拿轻放，严禁摔打、碰撞仪器，保持存放环境的干燥通风，防止仪器受潮。

(5) 可燃气体检测仪的使用注意事项：避免仪器存放在温度过高或过低，或有腐蚀性气体的环境中，防止仪器外壳受到腐蚀或损坏。

(6) 禁止高浓度气体的冲击，以免损坏传感器，可燃气体检测仪还要远离硫化氢、卤代氢、硅类等有毒气体环境或可能释放此有毒气体的物质，防止传感器中毒。

(7) 禁止欠压使用仪器，特别是用到仪器自动关机，这样不仅会损坏电池，对检测元件也会造成影响。

(8) 经常检查仪器的外观损坏情况，定期给仪器进行检定工作，保证仪器处在最佳状态工作。应每年至少检定或校准 1 次，量值准确方可使用。

(9) 测试仪必须经常保持良好状态，每次测试完毕后应检查仪器是否回零，如果不回零时，必须在洁净空气中重新调整零点，以确保分析数据准确。

(10) 使用泵吸取样时，防止将水或其他液体吸入测试仪。

(11) 便携式气体检测报警仪应符合《作业场所环境气体检测报警仪 通用技术要求》(GB 12358—2006)的规定，其检测范围、检测和报警精度应满足工作要求。

第三节　常见消防器材和消防设施的使用

一、移动式灭火器

灭火器是最常用的扑救初起火灾的可移动消防器材，使用方便、适用范围广、数量大。

(一) 灭火器的选择

1. 扑救 A 类火灾(固体燃烧的火灾)

应选用水型、泡沫、磷酸铵盐干粉灭火器。

A 类火灾：指固体物质火灾。这种物质往往具有有机物性质，一般在燃烧时能产生灼热的余烬，如木材、纸张火灾等。

2. 扑救 B 类火灾(液体火灾和可熔化的固体物质火灾)

应选用干粉、泡沫、二氧化碳型灭火器。

B 类火灾：指液体火灾和可熔化的固体物质火灾，如甲醇、乙醇、苯等。

3. 扑救 C 类火灾(气体燃烧的火灾)

应选用干粉、二氧化碳型、蒸汽灭火器。

C 类火灾：指气体火灾，如煤气、甲烷、氢气等。

4. 扑救 D 类火灾(金属燃烧的火灾)

在国内尚未定型生产灭火器和灭火剂情况下可采用干砂或铸铁沫灭火。

D 类火灾：指金属火灾，如钾、钠、铝镁合金等。

5. 扑救 E 类火灾(带电火灾)

应选用磷酸铵盐干粉、二氧化碳灭火器。

E 类火灾：指带电物体的火灾，如发电机房、变压器室、配电间、仪器仪表间和电子计算机房等在燃烧时不能及时或不宜断电的电气设备带电燃烧的火灾。

6. 扑救 F 类火灾[烹饪器具内的烹饪物(动植物油脂)火灾]

灭火时忌用水、泡沫及含水性物质，应使用窒息灭火方式隔绝氧气进行灭火。

（二）常见灭火器的使用

灭火器的分类方法有很多种，按灭火器的移动形式分类，可将灭火器分为手提式灭火器和车推式灭火器。

下面介绍几种常用灭火器的使用方法。

1. 干粉灭火器的使用及注意事项

（1）手提式使用方法

① 灭火时，可手提或肩扛灭火器快速奔赴火场，在距燃烧处 2~5m 左右，放下灭火器。如在室外，应选择在上风方向喷射。

② 使用的干粉灭火器若是外挂式储压式的，操作者应一手紧握喷枪，另一手提起储气瓶上的开启提环；如果储气瓶的开启是手轮式的，则向逆时针方向旋开，并旋到最高位置，随即提起灭火器。当干粉喷出后，迅速对准火焰的根部扫射。

③ 使用的干粉灭火器若是内置式储气瓶的或者是储压式的，操作者应先将把上的保险销拔下，然后握住喷射软管前端喷嘴部，另一只手将压把压下，进行灭火。

④ 有喷射软管的灭火器或储压式灭火器在使用时，一手应始终压下压把，不能放开，否则会中断喷射。

（2）推车式干粉灭火器

其与手提式干粉灭火器的使用方法略有不同。

① 使用前将推车摇动数次，防止干粉长时间放置后发生沉积，影响灭火效果。

② 推车式灭火器一般由两人操作，使用时两人一起将灭火器推或拉到燃烧处，在离燃烧物 10m 左右停下。

③ 一人取下喷枪，展开喷带，注意喷带不能弯折或打圈，打开喷管处阀门。

④ 另一人拔出保险销，向上提起手柄，将手柄扳到正冲上位置。

⑤ 对准火焰根部，扫射推进，注意死角，防止复燃。

⑥ 灭火完成后，首先关闭灭火器阀门，然后关闭喷管处阀门。

（3）注意事项

① 使用磷酸铵盐干粉灭火器扑救固体可燃物火灾时，应对准燃烧最猛烈处喷射，并上下、左右扫射。

② 如条件许可，使用者可提着灭火器沿着燃烧物的四周边走边喷，使干粉灭火剂均匀地喷在燃烧物的表面，直至将火焰全部扑灭。

③ 存放于干燥通风处，不可受潮或曝晒。

④ 经常检查压力表压力，当指针低于绿区，即进入红区时，应送专业机构检修。

2. 二氧化碳灭火器的使用及注意事项

（1）手提式使用方法

① 灭火时只要将灭火器提到或扛到火场，在距燃烧物 2~5m 左右，拔出灭火器保险销，一手握住喇叭筒根部的手柄，另一只手紧握启闭阀的压把；对没有喷射软管的二氧化碳灭火器，应把喇叭筒往上扳 70°~90°。使用时，不能直接用手抓住喇叭筒外壁或金属连线管，防止手被冻伤。

② 灭火时，当可燃液体呈流淌状燃烧时，使用者将二氧化碳灭火剂的喷流由近而远向火焰喷射；如果其在容器内燃烧时，使用者应将喇叭筒提起，从容器的一侧上部向燃烧的容器中喷射。但不能将二氧化碳射流直接冲击可燃液面，以防止将可燃液体冲出容器而扩大火势，造成灭火困难。

（2）推车式使用方法

① 一般由两人操作，两人一起将灭火器推或拉到燃烧处，在离燃烧物 10m 左右停下，一人快速取下喇叭筒并展开喷射软管后，握住喇叭筒根部的手柄。

② 另一人快速按逆时针方向旋动手轮，并开到最大位置。灭火方法与手提式的方法一样。

（3）注意事项

① 在灭火时，要连续喷射，防止余烬复燃；

② 灭火器在喷射过程中应保持直立状态，切不可平放或颠倒；

③ 当不戴防护手套时，不要用手直接握喷筒或金属管，以防冻伤；

④ 在室外使用时应选择在上风方向喷射，在室外大风条件下使用时，因为喷射的二氧化碳气体被吹散，灭火效果很差；

⑤ 在狭小的室内空间使用时，灭火后操作者应迅速撤离，以防被二氧化碳窒息而发生意外；

⑥ 用二氧化碳扑救室内火灾后，应先打开门窗通风，然后进入，以防窒息。

二、消火栓

消火栓中最常见的主要是室内、室外消防栓。

（一）室内消火栓的使用

室内消火栓是建筑物内的一种固定灭火供水设备，它通常放置于消防栓箱内。消火栓箱由室内消火栓、水枪、水带及电控按钮等器材组成，其中室内消火栓由手轮、阀盖、阀杆、本体、阀座和接口等组成。

1. 使用室内消火栓时的步骤

（1）根据消火栓箱箱门的开启方式，用按钮开启箱门或击碎玻璃；

（2）展开消防水带；

（3）水带一头接到消防栓接口上；

（4）另一头接上消防水枪；

（5）把消火栓阀门手轮按开启方向旋转；

(6) 对准火源根部，进行喷水灭火；

(7) 灭火完成后，晾干水带，按照安装方式安装到位。

2. 室内消火栓的检查

主要包括消火栓、管路和水源三部分。

(1) 消火栓的检查

室内消火栓箱内应经常保持清洁、干燥，防止锈蚀、碰伤或其他损坏。每半年至少进行一次全面的检查维修。主要内容有：

① 检查消火栓和消防卷盘供水闸阀是否渗漏水，若渗漏水及时更换密封圈；

② 对消防水枪、水带、消防卷盘及其他进行检查，全部附件应齐全完好，卷盘转动灵活；

③ 检查报警按钮、指示灯及控制线路，应功能正常、无故障；

④ 消火栓箱及箱内装配的部件外观无破损、涂层无脱落，箱门玻璃完好无缺；

⑤ 对消火栓、供水阀门及消防卷盘等所有转动部位应定期加注润滑油。

(2) 供水管路的检查

① 对管路进行外观检查，若有腐蚀、机械损伤等及时修复；

② 检查阀门是否漏水及时修复；

③ 室内消火栓设备管路上的阀门为常开阀，平时不得封闭，应检查其开启状态；

④ 检查管路的固定是否牢固，若有松动及时加固。

(3) 水源的检查

① 对水泵设施按有关要求进行检查，要特别留意启动水泵设备的工作状态是否良好；

② 对水箱(或气压给水设备)进行检查，若有损坏及时修复，特别留意水箱内的检测信号设施，应检查其功能是否正常。

(二) 室外消火栓的使用

室外消火栓是设置在建筑物外面消防给水管网上的供水设施，主要供消防车从市政给水管网或室外消防给水管网取水实施灭火，也可以直接连接水带、水枪出水灭火，是扑救火灾的重要消防设施之一。室外消火栓有地上消火栓和地下消火栓两种类型，这里主要讲地上消火栓的使用方法。

1. 地上消火栓的使用

(1) 携带消防水带、水枪到达火场附近消火栓；

(2) 将消防水带展开；

(3) 一人将消防水带向着火点展开，并奔向起火点的同时连接枪头和水带，手握水枪头及水管，对准起火点；

(4) 另一人将水带和室外消火栓连接，连接时将连接扣准确插入槽，按顺时针方向拧紧；

(5) 把消防栓开关用扳手逆时针旋开，对准火源进行喷水灭火；

(6) 火灾扑灭后要用扳手沿顺时针方向关闭消火栓。

2. 注意事项

(1) 扑灭火灾后把水带晾干并复原状态；

(2) 电气起火要确定切断电源；

（3）室外消火栓使用完后，需打开排水阀，将消火栓内的积水排出。

3. 室外消火栓的检查

主要包括消火栓外观是否有漏水及锈蚀；消火栓盖内的阀门是否能正常转动。

第四节　职业健康

企业、事业单位和个体经济组织的劳动者在职业活动中，因接触粉尘、放射性物质和其他有毒有害物质等因素而引起的疾病。

职业病危害因素种类繁多、复杂。建筑行业职业病危害因素来源多、种类多，几乎涵盖所有类型的职业病危害因素。建筑行业主要职业病危害因素及防护措施见表 5-2［参照《建筑行业职业病危害预防控制规范》（GBZ/T 211—2008）］。

表 5-2　建筑行业劳动者接触的主要职业病危害因素

序号	工种		主要职业病危害因素	可能引起的法定职业病	主要防护措施
1	土石方施工人员	凿岩工	粉尘、噪声、高温、局部振动、电离辐射	尘肺、噪声聋、中暑、手臂振动病、放射性疾病	防尘口罩、护耳器、热辐射防护服、防振手套、放射防护
		爆破工	噪声、粉尘、高温、氮氧化物、一氧化碳、三硝基甲苯	噪声聋、尘肺、中暑、氮氧化物中毒、一氧化碳中毒、三硝基甲苯中毒、三硝基甲苯白内障	护耳器、防尘防毒口罩、热辐射防护服
		挖掘机、推土机、铲运机驾驶员	噪声、粉尘、高温、全身振动	噪声聋、尘肺、中暑	驾驶室密闭、设置空调、减振处理；护耳器、防尘口罩、热辐射防护服
		打桩工	粉尘、噪声、高温	尘肺、噪声聋、中暑	防尘口罩、护耳器、热辐射防护服
2	砌筑人员	砌筑工	高温、高处作业	中毒	热辐射防护服
		石工	粉尘、高温	尘肺、中暑	防尘口罩、热辐射防护服
3	混凝土配制及制品加工人员	混凝土工	噪声、局部振动、高温	噪声聋、手臂振动病、中暑	护耳器、防振手套、热辐射防护服
		混凝土制品模具工	粉尘、噪声、高温	尘肺、噪声聋、中暑	防尘口罩、护耳器、热辐射防护服
		混凝土搅拌机械操作工	噪声、高温、粉尘、沥青烟	噪声聋、中枢、尘肺、接触性皮炎、痤疮	护耳器、热辐射防护服、防尘防毒口罩
4	钢筋加工人员	钢筋工	噪声、金属粉尘、高温、高处作业	噪声聋、尘肺、中暑	护耳器、防尘口罩、热辐射防护服
5	施工架子搭设人员	架子工	高温、高处作业	中暑	热辐射防护服

续表

序号	工种		主要职业病危害因素	可能引起的法定职业病	主要防护措施
6	工程防水人员	防水工	高温、沥青烟、煤焦油、甲苯、二甲苯、汽油等有机溶剂、石棉	甲苯中毒、二甲苯中毒、接触性皮炎、痤疮、中暑	防毒口罩、防护手套、防护工作服
		防渗墙工	噪声、高温、局部振动	噪声聋、中暑、手臂振动病	护耳器、热辐射防护服、防振手套
7	装饰装修人员	抹灰工	粉尘、高温、高处作业	尘肺、中暑	防尘口罩、热辐射防护服
		金属门窗工	噪声、金属粉尘、高温、高处作业	噪声聋、尘肺、中暑	护耳器、防尘口罩、热辐射防护服
		室内成套设施装饰工	噪声、高温	噪声聋、中暑	护耳器、热辐射防护服
8	筑路、养护、维修人员	沥青混凝土摊铺机操作工	噪声、高温、沥青烟、全身振动	噪声聋、中暑、接触性皮炎、痤疮	驾驶室密闭、设置空调、减振处理、护耳器、防毒口罩、防护手套、防护工作服
		水泥混凝土摊铺机操作工	噪声、高温、全身振动	噪声聋、中暑	驾驶室密闭、设置空调、减振处理、护耳器、热辐射防护服
		压路机操作工	噪声、高温、全身振动、粉尘	噪声聋、中暑、尘肺	驾驶室密闭、设置空调、减振处理、护耳器、热辐射防护服、防尘口罩
		筑路工	粉尘、噪声、高温	尘肺、噪声聋、中暑	防尘口罩、护耳器、热辐射防护服
		乳化沥青工	沥青烟、高温	接触性皮炎、痤疮以及中暑	防毒口罩、防手套、防护工作服
		铺轨机司机、轨道车司机、大型线路机械司机	噪声、高温	噪声聋、中暑	护耳器、热辐射防护服
		路基工	噪声、粉尘、高温	噪声聋、尘肺、中暑	护耳器、防尘口罩、热辐射防护服
		隧道工	噪声、高温、粉尘、一氧化碳、氮氧化物、甲烷、硫化氢、电离辐射	噪声聋、中暑、尘肺、一氧化碳中毒、硫化氢中毒、放射性疾病	通风、防尘防毒口罩、护耳器、热辐射防护服、放射防护
		桥梁工	噪声、高温、高处作业	噪声聋、中暑	护耳器、热辐射防护服
9	工程设备安装工	机械设备安装工	噪声、高温、高处作业	噪声聋、中暑	护耳器、热辐射防护服
		电气设备安装工	噪声、高温、高处作业、工频电场、工频磁场	噪声聋、中暑	护耳器、热辐射防护服、工频电磁场防护服
		管工	噪声、高温、粉尘	噪声聋、中暑、尘肺	护耳器、热辐射防护服、防尘口罩

续表

序号	工种		主要职业病危害因素	可能引起的法定职业病	主要防护措施
10	中小型施工机械操作工	卷扬机操作工	噪声、高温全身振动	噪声聋、中暑	护耳器、热辐射防护服
		平底机操作工	粉尘、噪声、高温、全身振动	尘肺、噪声聋、中暑	操作室密闭、设置空调、减振处理；防尘口罩、护耳器、热辐射防护服
11	其他	电焊工	电焊烟尘、锰及其化合物、一氧化碳、氮氧化物、臭氧、紫外线、红外线、高温、高处作业	电焊工尘肺、金属烟热、锰及其化合物中毒、一氧化碳中毒、电光性眼炎、电光性皮炎、中暑	防尘、防毒口罩、护目镜、防护面罩、热辐射防护服
		起重机操作工	噪声、高温	噪声聋、中暑	操作室密闭、设置空调、护耳器、热辐射防护服
		石棉拆除工	石棉粉尘、高温、噪声	石棉肺、石棉所致肺癌、间皮瘤、中暑、噪声聋	防尘口罩、护耳器、石棉防护服
		木工	粉尘、噪声、高温、甲醛	尘肺、噪声聋、中暑、甲醛中毒	防尘防毒口罩、护耳器、热辐射防护服
		探伤工	X 射线、γ 射线、超声波	放射性疾病	放射防护
		沉箱及水下作业者	高气压	减压病	严格遵守操作规程
		防腐工	噪声、高温、苯、甲苯、二甲苯、铅、汞、汽油、沥青烟	噪声聋、中暑、苯中毒、甲苯中毒、二甲苯中毒、汽油中毒、铅及其化合物中毒、汞及其化合物中毒、苯致白血病、接触性皮炎、痤疮	护耳器、热辐射防护服、通风、防毒口罩、护目镜、防护手套

建筑施工单位的职业病防治工作应坚持预防为主、防治结合的方针，持续改进单位的职业卫生条件，涉及职业病危害因素的工作场所，其工艺规程、设备设施、工作地点的职业病危害因素的强度或者浓度应符合相关标准的要求，建筑施工企业应结合季节特点，做好作业人员的防暑降温、防寒保暖等工作。

复习思考题

1. 简述安全帽的使用方法。
2. 简述室外消火栓的使用方法。
3. 电焊工可能引起的法定职业病及主要防护措施有哪些?

第六章　有限空间作业

本章学习要点

1. 了解有限空间作业的安全基础知识；
2. 熟悉并掌握有限空间作业存在的主要安全风险；
3. 掌握有限空间作业的安全风险防控与事故隐患排查；
4. 掌握如何进行有限空间作业事故应急救援。

第一节　有限空间作业安全基础知识

一、有限空间定义和分类

（一）有限空间的定义和特点

有限空间是指封闭或部分封闭、进出口受限但人员可以进入，未被设计为固定工作场所，通风不良，易造成有毒有害、易燃易爆物质积聚或氧含量不足的空间。有限空间一般具备以下特点：

（1）空间有限，与外界相对隔离。有限空间既可以是全部封闭的，也可以是部分封闭的。

（2）进出口受限或进出不便，但人员能够进入开展有关工作。

（3）未按固定工作场所设计，人员只是在必要时进入有限空间进行临时性工作。

（4）通风不良，易造成有毒有害、易燃易爆物质积聚或氧含量不足。

（二）有限空间的分类

有限空间分为地下有限空间、地上有限空间和密闭设备三类。

（1）地下有限空间，如地下室、地下仓库、地下工程、地下管沟、暗沟、隧道、涵洞、地坑、深基坑、废井、地窖、检查井室、沼气池、化粪池、污水处理池等。

（2）地上有限空间，如酒糟池、发酵池、腌渍池、纸浆池、粮仓、料仓等。

（3）密闭设备，如船舱、储（槽）罐、车载槽罐、反应塔（釜）、窑炉、炉膛、烟道、管道及锅炉等。

二、有限空间作业定义和分类

（一）有限空间作业的定义

有限空间作业是指人员进入有限空间实施作业。

（二）有限空间作业的分类

（1）常见的有限空间作业主要有：清除、清理作业；设备设施的安装、更换、维修等作业；涂装、防腐、防水、焊接等作业；巡查、检修等作业。

(2) 按作业频次划分，有限空间作业可分为经常性作业和偶发性作业。

经常性作业指有限空间作业是单位的主要作业类型，作业量大、作业频次高。

偶发性作业指有限空间作业仅是单位偶尔涉及的作业类型，作业量小、作业频次低。

(3) 按作业主体划分，有限空间作业可分为自行作业和发包作业。

自行作业指由本单位人员实施的有限空间作业。

发包作业指将作业进行发包，由承包单位实施的有限空间作业。

第二节　有限空间作业主要安全风险

一、存在的主要风险

有限空间作业存在的主要安全风险包括中毒、缺氧窒息、燃爆以及淹溺、高处坠落、触电、物体打击、机械伤害、灼烫、坍塌、掩埋、高温高湿等。在某些环境下，上述风险可能共存，并具有隐蔽性和突发性。

(一) 中毒

有限空间内存在或积聚有毒气体，作业人员吸入后会引起化学性中毒，甚至死亡。有限空间中有毒气体可能的来源包括：有限空间内存储的有毒物质的挥发，有机物分解产生的有毒气体，进行焊接、涂装等作业时产生的有毒气体，相连或相近设备、管道中有毒物质的泄漏等。

引发有限空间作业中毒风险的典型物质有硫化氢、一氧化碳、苯和苯系物、氰化氢、磷化氢等。有限空间作业常见有毒气体浓度判定限值请参照附录 1。

(二) 缺氧窒息

空气中氧含量的体积分数约为 20.9%，氧含量低于 19.5%时就是缺氧。缺氧会对人体多个系统及脏器造成影响，甚至使人致命。空气中氧气含量不同，对人体的影响也不同（表 6-1）。

表 6-1　不同氧气含量对人体的影响

氧气含量/%(体积)	对人体的影响
15~19.5	体力下降，难以从事重体力劳动，动作协调性降低，易引发冠心病、肺病等
12~14	呼吸加重，频率加快，脉搏加快，动作协调性进一步降低，判断能力下降
10~12	呼吸加重、加快，几乎丧失判断能力，嘴唇发紫
8~10	精神失常，昏迷，失去知觉，呕吐，脸色死灰
6~8	4~5min 通过治疗可恢复，6min 后 50%致命，8min 后 100%致命
4~6	40s 内昏迷、痉挛，呼吸减缓、死亡

有限空间内缺氧主要有两种情形：一是由于生物的呼吸作用或物质的氧化作用，有限空间内的氧气被消耗导致缺氧；二是有限空间内存在二氧化碳、甲烷、氮气、氩气、水蒸气和六氟化硫等单纯性窒息气体，排挤氧空间，使空气中氧含量降低，造成缺氧。引发有限空间

作业缺氧风险的典型物质有二氧化碳、甲烷、氮气、氩气等。

（三）燃爆

有限空间中积聚的易燃易爆物质与空气混合形成爆炸性混合物，若混合物浓度达到其爆炸极限，遇明火、化学反应放热、撞击或摩擦火花、电气火花、静电火花等点火源时，就会发生燃爆事故。有限空间作业中常见的易燃易爆物质有甲烷、氢气等可燃性气体以及铝粉、玉米淀粉、煤粉等可燃性粉尘。

（四）其他安全风险

有限空间内还可能存在淹溺、高处坠落、触电、物体打击、机械伤害、灼烫、坍塌、掩埋和高温高湿等安全风险。

二、主要安全风险辨识

（一）气体危害辨识方法

对于中毒、缺氧窒息、气体燃爆风险，主要从有限空间内部存在或产生、作业时产生和外部环境影响三个方面进行辨识。

1. 内部存在或产生的风险

（1）有限空间内是否储存、使用、残留有毒有害气体以及可能产生有毒有害气体的物质，导致中毒。

（2）有限空间是否长期封闭、通风不良，或内部发生生物有氧呼吸等耗氧性化学反应，或存在单纯性窒息气体，导致缺氧。

（3）有限空间内是否储存、残留或产生易燃易爆气体，导致燃爆。

2. 作业时产生的风险

（1）作业时使用的物料是否会挥发或产生有毒有害、易燃易爆气体，导致中毒或燃爆。

（2）作业时是否会大量消耗氧气，或引入单纯性窒息气体，导致缺氧。

（3）作业时是否会产生明火或潜在的点火源，增加燃爆风险。

3. 外部环境影响产生的风险

与有限空间相连或接近的管道内单纯性窒息气体、有毒有害气体、易燃易爆气体扩散、泄漏到有限空间内，导致缺氧、中毒、燃爆等风险。

对于中毒、缺氧窒息和气体燃爆风险，使用气体检测报警仪进行针对性的检测是最直接有效的方法。

（二）其他安全风险辨识方法

（1）对淹溺风险，应重点考虑有限空间内是否存在较深的积水，作业期间是否可能遇到强降雨等极端天气导致水位上涨。

（2）对高处坠落风险，应重点考虑有限空间深度是否超过 2m，是否在其内进行高于基准面 2m 的作业。

（3）对触电风险，应重点考虑有限空间内使用的电气设备、电源线路是否存在老化破损。

（4）对物体打击风险，应重点考虑有限空间作业是否需要进行工具、物料传送。

（5）对机械伤害，应重点考虑有限空间内的机械设备是否可能意外启动或防护措施失效。

(6) 对灼烫风险，应重点考虑有限空间内是否有高温物体或酸碱类化学品、放射性物质等。

(7) 对坍塌风险，应重点考虑处于在建状态的有限空间边坡、护坡、支护设施是否出现松动，或有限空间周边是否有严重影响其结构安全的建(构)筑物等。

(8) 对掩埋风险，应重点考虑有限空间内是否存在谷物、泥沙等可流动固体。

(9) 对高温高湿风险，应重点考虑有限空间内是否温度过高、湿度过大等。

第三节 有限空间作业安全防护设备设施

一、便携式气体检测报警仪

有限空间作业主要使用复合式气体检测报警仪。扩散式气体检测报警仪利用被测气体自然扩散到达检测仪的传感器进行检测，因此无法进行远距离采样，一般适合作业人员随身携带进入有限空间，在作业过程中实时检测周边气体浓度。泵吸式气体检测报警仪采用一体化吸气泵或者外置吸气泵，通过采气管将远距离的气体吸入检测仪中进行检测。作业前应在有限空间外使用泵吸式气体检测报警仪进行检测。

二、呼吸防护用品

根据呼吸防护方法，呼吸防护用品可分为隔绝式和过滤式两大类。

(一) 隔绝式呼吸防护用品

隔绝式呼吸防护用品能使佩戴者呼吸器官与作业环境隔绝，靠本身携带的气源或者通过导气管引入作业环境以外的洁净气源供佩戴者呼吸。常见的隔绝式呼吸防护用品有长管呼吸器、正压式空气呼吸器和隔绝式紧急逃生呼吸器。

1. 长管呼吸器

长管呼吸器主要分为自吸送风式、连续送风式和高压送风式三种。

2. 正压式空气呼吸器

正压式空气呼吸器是使用者自带压缩空气源的一种正压式隔绝式呼吸防护用品。

3. 隔绝式紧急逃生呼吸器

隔绝式紧急逃生呼吸器是在出现意外情况时，帮助作业人员自主逃生使用的隔绝式呼吸防护用品，一般供气时间为 15min 左右。

呼吸防护用品使用前应确保其完好、可用。使用后应根据产品说明书的指引定期清洗和消毒，不用时应存放于清洁、干燥、无油污、无阳光直射和无腐蚀性气体的地方。

(二) 过滤式呼吸防护用品

过滤式呼吸防护用品能把使用者从作业环境吸入的气体通过净化部件的吸附、吸收、催化或过滤等作用，去除其中有害物质后作为气源供使用者呼吸。

鉴于过滤式呼吸防护用品的局限性和有限空间作业的高风险性，作业时不宜使用过滤式呼吸防护用品，若使用必须严格论证，确保使用人员安全。

三、坠落防护用品

有限空间作业常用的坠落防护用品主要包括全身式安全带、速差自控器、安全绳以及三脚架等。

1. 全身式安全带

全身式安全带可在坠落者坠落时保持其正常体位，防止坠落者从安全带内滑脱，还能将冲击力平均分散到整个躯干部分，减少对坠落者的身体伤害。具体使用方法见本书第五章。

2. 速差自控器

速差自控器又称速差器、防坠器等，使用时安装在挂点上，通过装有可伸缩长度的绳（带）串联在系带和挂点之间，在坠落发生时因速度变化引发制动从而对坠落者进行防护。

3. 安全绳

安全绳是在安全带中连接系带与挂点的绳（带），一般与缓冲器配合使用，起到吸收冲击能量的作用。

4. 三脚架

三脚架作为一种移动式挂点装置广泛用于有限空间作业（垂直方向）中，特别是三脚架与绞盘、速差自控器、安全绳、全身式安全带等配合使用，可用于有限空间作业的坠落防护和事故应急救援。

四、其他个体防护用品

为避免或减轻人员头部受到伤害，有限空间作业人员应佩戴安全帽。

另外，单位应根据有限空间作业环境特点，依据国家相关要求为作业人员配备防护服、防护手套、防护眼镜、防护鞋等个体防护用品。例如，易燃易爆环境，应配备防静电服、防静电鞋；涉水作业环境，应配备防水服、防水胶鞋；有限空间作业时可能接触酸碱等腐蚀性化学品的，应配备防酸碱防护服、防护鞋、防护手套等。

五、安全器具

（一）通风设备

移动式风机是对有限空间进行强制通风的设备，通常有送风和排风两种通风方式。使用时应注意：

（1）移动式风机应与风管配合使用。

（2）使用前应检查风管有无破损，风机叶片是否完好，电线有无裸露，插头有无松动，风机能否正常运转。

（二）照明设备

当有限空间内照度不足时，应使用照明设备。有限空间作业常用的照明设备有头灯、手电等。使用前应检查照明设备的电池电量，保证作业过程中能够正常使用。有限空间内使用照明灯具电压应不大于24V，在积水、结露等潮湿环境的有限空间和金属容器中作业，照明灯具电压应不大于12V。

（三）通信设备

当作业现场无法通过目视、喊话等方式进行沟通时，应使用对讲机等通信设备，便于现场作业人员之间的沟通。

（四）围挡设备和警示设施

有限空间作业过程中常用到围挡设备以及安全警示标志或安全告知牌。

第四节　有限空间作业安全风险防控与事故隐患排查

一、有限空间作业安全管理措施

（一）建立健全有限空间作业安全管理制度

主要包括安全责任制度、作业审批制度、作业现场安全管理制度、相关从业人员安全教育培训制度、应急管理制度等。有限空间作业安全管理制度应纳入单位安全管理制度体系统一管理，可单独建立也可与相应的安全管理制度进行有机融合。在制度和操作规程内容方面：一方面要符合相关法律法规、规范和标准要求，另一方面要充分结合本单位有限空间作业的特点和实际情况，确保具备科学性和可操作性。

（二）辨识有限空间并建立健全管理台账

存在有限空间作业的单位应根据有限空间的定义，辨识存在的有限空间及其安全风险，确定有限空间数量、位置、名称、主要危险有害因素、可能导致的事故及后果、防护要求、作业主体等情况，建立有限空间管理台账并及时更新。

（三）设置安全警示标志或安全告知牌

对辨识出的有限空间作业场所，应在显著位置设置安全警示标志或安全告知牌，以提醒人员增强风险防控意识并采取相应的防护措施。

（四）开展相关人员有限空间作业安全专项培训

单位应对有限空间作业分管负责人、安全管理人员、作业现场负责人、监护人员、作业人员、应急救援人员进行专项安全培训。参加培训的人员应在培训记录上签字确认，单位应妥善保存培训相关材料。

培训内容主要包括：有限空间作业安全基础知识，有限空间作业安全管理，有限空间作业危险有害因素和安全防范措施，有限空间作业安全操作规程，安全防护设备、个体防护用品及应急救援装备的正确使用，紧急情况下的应急处置措施等。

企业分管负责人和安全管理人员应当具备相应的有限空间作业安全生产知识和管理能力。有限空间作业现场负责人、监护人员、作业人员和应急救援人员应当了解和掌握有限空间作业危险有害因素和安全防范措施，熟悉有限空间作业安全操作规程、设备使用方法、事故应急处置措施及自救和互救知识等。

（五）配置有限空间作业安全防护设备设施

根据有限空间作业环境和作业内容，配备气体检测设备、呼吸防护用品、坠落防护用品、其他个体防护用品和通风设备、照明设备、通信设备以及应急救援装备等。加强设备设施的管理和维护保养，并指定专人建立设备台账，负责维护、保养和定期检验、检定和校准等工作，确保处于完好状态，发现设备设施影响安全使用时，应及时修复或更换。

（六）制定应急救援预案并定期演练

根据有限空间作业的特点，辨识可能的安全风险，明确救援工作分工及职责、现场处置程序等，按照《生产安全事故应急预案管理办法》（应急管理部令第2号）和《生产经营单位生产安全事故应急预案编制导则》(GB/T 29639—2020)，制定科学、合理、可行、有效的有限空间作业安全事故专项应急预案或现场处置方案，定期组织培训，确保有限空间作业现场负责人、监护人员、作业人员以及应急救援人员掌握应急预案内容。有限空间作业安全事故专项应急预案应每年至少组织 1 次演练，现场处置方案应至少每半年组织 1 次演练。

（七）加强有限空间发包作业管理

将有限空间作业发包的，承包单位应具备相应的安全生产条件，即应满足有限空间作业安全所需的安全生产责任制、安全生产规章制度、安全操作规程、安全防护设备、应急救援装备、人员资质和应急处置能力等方面的要求。发包单位对发包作业安全承担主体责任。发包单位应与承包单位签订安全生产管理协议，明确双方的安全管理职责，或在合同中明确约定各自的安全生产管理职责。发包单位应对承包单位的作业方案和实施的作业进行审批，对承包单位的安全生产工作统一协调、管理，定期进行安全检查，发现安全问题的，应当及时督促整改。

承包单位对其承包的有限空间作业安全承担直接责任，应严格按照有限空间作业安全要求开展作业。

二、有限空间作业过程风险防控

有限空间作业风险防控分为四个阶段：作业审批阶段、作业准备阶段、安全作业阶段、作业完成阶段。

（一）作业审批阶段

1. 制定作业方案

作业前应对作业环境进行安全风险辨识，分析存在的危险有害因素，提出消除、控制危害的措施，编制详细的作业方案。作业方案应经本单位相关人员审核和批准。

2. 明确人员职责

根据有限空间作业方案，确定作业现场负责人、监护人员、作业人员，并明确其安全职责。根据工作实际，现场负责人和监护人员可以为同一人。相关人员主要安全职责如下：

（1）作业现场负责人

① 填写有限空间作业审批材料，办理作业审批手续。

② 对全体人员进行安全交底。

③ 确认作业人员上岗资格、身体状况符合要求。

④ 掌控作业现场情况，作业环境和安全防护措施符合要求后许可作业，当有限空间作业条件发生变化且不符合安全要求时，终止作业。

⑤ 发生有限空间作业事故，及时报告，并按要求组织现场处置。

（2）监护人员

① 接受安全交底。

② 检查安全措施的落实情况，发现落实不到位或措施不完善时，有权下达暂停或终止作业的指令。

③ 持续对有限空间作业进行监护，确保和作业人员进行有效的信息沟通。

④ 出现异常情况时，发出撤离警告，并协助人员撤离有限空间。

⑤ 警告并劝离未经许可试图进入有限空间作业区域的人员。

(3) 作业人员

① 接受安全交底。

② 遵守安全操作规程，正确使用有限空间作业安全防护设备与个体防护用品。

③ 服从作业现场负责人安全管理，接受现场安全监督，配合监护人员的指令，作业过程中与监护人员定期进行沟通。

④ 出现异常时立即中断作业，撤离有限空间。

3. 作业审批

应严格执行有限空间作业审批制度。审批内容应包括但不限于是否制定作业方案、是否配备经过专项安全培训的人员、是否配备满足作业安全需要的设备设施等。审批负责人应在审批单上签字确认，未经审批不得擅自开展有限空间作业。

(二) 作业准备阶段

1. 安全交底

作业现场负责人应对实施作业的全体人员进行安全交底，告知作业内容、作业过程中可能存在的安全风险、作业安全要求和应急处置措施等。交底后，交底人与被交底人双方应签字确认。

2. 设备检查

作业前应对安全防护设备、个体防护用品、应急救援装备、作业设备和用具的齐备性和安全性进行检查，发现问题应立即修复或更换。当有限空间可能为易燃易爆环境时，设备和用具应符合防爆安全要求。

3. 封闭作业区域及安全警示

(1) 应在作业现场设置围挡，封闭作业区域，并在进出口周边显著位置设置安全警示标志或安全告知牌。

(2) 占道作业的，应在作业区域周边设置交通安全设施。夜间作业的，作业区域周边显著位置应设置警示灯，人员应穿着高可视警示服。

4. 打开进出口

作业人员站在有限空间外上风侧，打开进出口进行自然通风。

(1) 可能存在爆炸危险的，开启时应采取防爆措施。

(2) 若受进出口周边区域限制，作业人员开启时可能接触有限空间内涌出的有毒有害气体的，应佩戴相应的呼吸防护用品。

5. 安全隔离

存在可能危及有限空间作业安全的设备设施、物料及能源时，应采取封闭、封堵、切断能源等可靠的隔离(隔断)措施，并上锁挂牌或设专人看管，防止无关人员意外开启或移除隔离设施。

6. 清除置换

有限空间内盛装或残留的物料对作业存在危害时，应在作业前对物料进行清洗、清空或置换。

7. 初始气体检测

(1) 作业前应在有限空间外上风侧，使用泵吸式气体检测报警仪对有限空间内气体进行检测。同时，应根据有限空间内可能存在的气体种类进行有针对性的检测，但应至少检测氧气、可燃气体、硫化氢和一氧化碳。

（2）检测应从出入口开始，沿人员进入有限空间的方向进行。垂直方向的检测由上至下，至少进行上、中、下三点检测，水平方向的检测由近至远，至少进行进出口近端点和远端点两点检测。

（3）有限空间内仍存在未清除的积水、积泥或物料残渣时，应先在有限空间外利用工具进行充分搅动，使有毒有害气体充分释放。

当有限空间内气体环境复杂，作业单位不具备检测能力时，应委托具有相应检测能力的单位进行检测。检测人员应当记录检测的时间、地点、气体种类、浓度等信息，并在检测记录表上签字。有限空间内气体浓度检测合格后方可作业。

各类气体浓度合格标准如下：

① 有毒气体浓度应符合《工作场所有害因素职业接触限值 第1部分：化学有害因素》（GBZ 2.1—2019）规定。有限空间常见有毒气体浓度判定限值参见附录1。

② 氧气含量（体积分数）应在19.5%~23.5%。

③ 可燃气体浓度应低于爆炸下限的10%。

8. 强制通风

经检测，有限空间内气体浓度不合格的，必须对有限空间进行强制通风。强制通风时应注意：

（1）作业环境存在爆炸危险的，应使用防爆型通风设备。

（2）应向有限空间内输送清洁空气，禁止使用纯氧通风。

（3）有限空间仅有1个进出口时，应将通风设备出风口置于作业区域底部进行送风。有限空间有两个或两个以上进出口、通风口时，应在临近作业人员处进行送风，远离作业人员处进行排风，且出风口应远离有限空间进出口，防止有害气体循环进入有限空间。

（4）有限空间设置固定机械通风系统的，作业过程中应全程运行。

9. 再次检测

对有限空间进行强制通风一段时间后，应再次进行气体检测。

（1）检测结果合格后方可作业。

（2）检测结果不合格的，不得进入有限空间作业，必须继续进行通风，并分析可能造成气体浓度不合格的原因，采取更具针对性的防控措施。

10. 人员防护

气体检测结果合格后，作业人员在进入有限空间前还应根据作业环境选择并佩戴符合要求的个体防护用品与安全防护设备，主要有安全帽、全身式安全带、安全绳、呼吸防护用品、便携式气体检测报警仪、照明灯和对讲机等。

（三）安全作业阶段

在确认作业环境、作业程序、安全防护设备和个体防护用品等符合要求后，作业现场负责人方可许可作业人员进入有限空间作业。

1. 注意事项

（1）作业人员使用踏步、安全梯进入有限空间的，作业前应检查其牢固性和安全性，确保进出安全。

（2）作业人员应严格执行作业方案，正确使用安全防护设备和个体防护用品，作业过程中与监护人员保持有效的信息沟通。

(3) 传递物料时应稳妥、可靠，防止滑脱；起吊物料所用绳索、吊桶等必须牢固、可靠，避免吊物时突然损坏、物料掉落。

(4) 应通过轮换作业等方式合理安排工作时间，避免人员长时间在有限空间工作。

2. 实时监测与持续通风

(1) 作业过程中，应采取适当的方式对有限空间作业面进行实时监测。监测方式有两种：一种是监护人员在有限空间外使用泵吸式气体检测报警仪对作业面进行监护检测；另一种是作业人员自行佩戴便携式气体检测报警仪对作业面进行个体检测。

(2) 除实时监测外，作业过程中还应持续进行通风。当有限空间内进行涂装作业、防水作业、防腐作业以及焊接等动火作业时，应持续进行机械通风。

3. 作业监护

监护人员应在有限空间外全程持续监护，不得擅离职守，主要做好两方面工作：

(1) 跟踪作业人员的作业过程，与其保持信息沟通，发现有限空间气体环境发生不良变化、安全防护措施失效和其他异常情况时，应立即向作业人员发出撤离警报，并采取措施协助作业人员撤离。

(2) 防止未经许可的人员进入作业区域。

4. 异常情况紧急撤离有限空间

作业期间发生下列情况之一时，作业人员应立即中断作业，撤离有限空间：

(1) 作业人员出现身体不适。

(2) 安全防护设备或个体防护用品失效。

(3) 气体检测报警仪报警。

(4) 监护人员或作业现场负责人下达撤离命令。

(5) 其他可能危及安全的情况。

(四) 作业完成阶段

有限空间作业在完成后，应做到以下安全要求：

(1) 作业人员应将全部设备和工具带离有限空间。

(2) 清点人员和设备，确保有限空间内无人员和设备遗留。

(3) 关闭进出口，解除本次作业前采取的隔离、封闭措施，恢复现场环境后安全撤离作业现场。

三、有限空间作业主要事故隐患排查

存在有限空间作业的单位应严格落实各项安全防控措施，定期开展排查并消除事故隐患。

第五节　有限空间作业事故应急救援

通过对近年来有限空间作业事故进行分析发现：盲目施救问题非常突出，近 80%的事故由于盲目施救导致伤亡人数增多，在有限空间作业事故致死人员中超过 50%的为救援人员。因此，必须杜绝盲目施救，避免伤亡扩大。

一、救援方式

当作业过程中出现异常情况时，作业人员在还具有自主意识的情况下，应采取积极主动的自救措施。作业人员可使用隔绝式紧急逃生呼吸器等救援逃生设备，提高自救成功效率。如果作业人员自救逃生失败，应根据实际情况采取非进入式救援或进入式救援方式。

（一）非进入式救援

非进入式救援是指救援人员在有限空间外，借助相关设备与器材，安全快速地将有限空间内受困人员移出有限空间的一种救援方式。非进入式救援是一种相对安全的应急救援方式，但需至少同时满足以下两个条件：

（1）有限空间内受困人员佩戴了全身式安全带，且通过安全绳索与有限空间外的挂点可靠连接。

（2）有限空间内受困人员所处位置与有限空间进出口之间通畅、无障碍物阻挡。

（二）进入式救援

当受困人员未佩戴全身式安全带，也无安全绳与有限空间外部挂点连接，或因受困人员所处位置无法实施非进入式救援时，就需要救援人员进入有限空间内实施救援。进入式救援是一种风险很大的救援方式，一旦救援人员防护不当，极易出现伤亡扩大。

（1）实施进入式救援，要求救援人员必须采取科学的防护措施，确保自身防护安全、有效。

（2）救援人员应经过专门的有限空间救援培训和演练，能够熟练使用防护用品和救援设备设施，并确保能在自身安全的前提下成功施救。

（3）若救援人员未得到足够防护，不能保障自身安全，则不得进入有限空间实施救援。

二、应急救援装备配置

应急救援装备是开展救援工作的重要基础。有限空间作业事故应急救援装备主要包括便携式气体检测报警仪、大功率机械通风设备、照明工具、通信设备、正压式空气呼吸器或高压送风式长管呼吸器、安全帽、全身式安全带、安全绳、有限空间进出及救援系统等。上述装备与此前介绍的作业用安全防护设备和个体防护用品并无区别，发生事故后，作业配置的安全防护设备设施符合应急救援装备要求时，可用于应急救援。

三、救援注意事项

一旦发生有限空间作业事故，作业现场负责人应及时向本单位报告事故情况，在分析事发有限空间环境危害控制情况、应急救援装备配置情况以及现场救援能力等因素的基础上，判断可否采取自主救援以及采取何种救援方式。

若现场具备自主救援条件，应根据实际情况采取非进入式或进入式救援，并确保救援人员人身安全；若现场不具备自主救援条件，应及时拨打 119 和 120，依靠专业救援力量开展救援工作，决不允许强行施救。

受困人员脱离有限空间后，应迅速被转移至安全、空气新鲜处，进行正确、有效的现场救护，以挽救人员生命，减轻伤害。

事故案例

2021 年 5 月 25 日上午 9 时许，某工程施工工地发生一起中毒和窒息事故，造成 4 人死亡，直接经济损失 313.9 万元。该起事故是一起较大生产安全责任事故。

一、事故直接原因

施工人员违反《××省有限空间作业安全管理与监督暂行规定》有关规定，在未履行审批手续且未通风、未检测、未做好个人防护的情况下，擅自进入事故井内，由于井内存在较高浓度的硫化氢等有毒气体，导致施工人员在下井取工具时发生中毒后坠落污水中溺水身亡；其他人员在未做好安全防护情况下，盲目救人，导致事故伤亡扩大。

二、事故间接原因

在进行污水检查井施工时未按照设计图进行施工，未按有关规定对原有污水管道采取专项防护措施；污水管网应急抢修工程施工和验收不规范，施工单位违反有关规定，未按照有关国家标准进行施工，维修段管道验收时未进行闭水试验；地方政府及其有关部门对项目监管不到位。

复习思考题

1. 有限空间的定义是什么？有限空间作业是指什么？
2. 有限空间作业过程中存在的主要风险是什么？
3. 各类气体浓度合格标准分别是什么？

第七章 脚 手 架

本章学习要点

1. 了解脚手架的分类；
2. 熟悉脚手架的施工安全管理要求；
3. 掌握脚手架的搭设和拆除要求。

第一节 概 述

脚手架是施工现场常见的临时设施之一，指为临时放置施工工具和少量建筑材料，解决施工作业人员高处作业而搭设的架体。它与桩基、土方、临时用电、施工机具、三宝四口、临边防护、起重机械和消防等都是建筑施工重点关注对象，也是常见问题存在项，而脚手架在建筑施工中占据着重要的位置，是因为脚手架为安全生产事故的多发场所之一，各级安全监管都需投入大量精力确保安全。

一、相关概念

脚手架：由杆件或结构单元、配件通过可靠连接而组成，能承受相应荷载，具有安全防护功能，为建筑施工提供作业条件的结构架体，包括作业脚手架和支撑脚手架。

作业脚手架：由杆件或结构单元、配件通过可靠连接而组成，支撑于地面、建筑物上或附着于工程结构上，为建筑施工提供作业平台和安全防护的脚手架；包括以各类不同杆件(构件)和节点形式构成的落地作业脚手架、悬挑脚手架、附着式升降脚手架等，简称作业架。

支撑脚手架：由杆件或结构单元、配件通过可靠连接而组成，支撑于地面或结构上，可承受各种荷载，具有安全保护功能，为建筑施工提供支撑和作业平台的脚手架；包括以各类不同杆件(构件)和节点形式构成的结构安装支撑脚手架、混凝土施工用模板支撑脚手架等。简称支撑架。

二、脚手架工程施工安全管理

（一）个人防护

（1）搭设和拆除脚手架作业应有相应的安全措施，操作人员应佩戴个人防护用品，应穿防滑鞋。

（2）在搭设和拆除脚手架作业时，应设置安全警戒线、警戒标志，并应由专人监护，严禁非作业人员入内。

（3）当在脚手架上架设临时施工用电线路时，应有绝缘措施，操作人员应穿绝缘防滑鞋；脚手架与架空输电线路之间应设有安全距离，并应设置接地、防雷设施。

（4）当在狭小空间或空气不流通空间进行搭设、使用和拆除脚手架作业时，应采取保证足够的氧气供应措施，并应防止有毒有害、易燃易爆物质积聚。

（二）搭设

（1）脚手架应按顺序搭设，并应符合下列规定：

① 落地作业脚手架、悬挑脚手架的搭设应与主体结构工程施工同步，一次搭设高度不应超过最上层连墙件 2 步，且自由高度不应大于 4m。

② 剪刀撑、斜撑杆等加固杆件应随架体同步搭设。

③ 构件组装类脚手架的搭设应自一端向另一端延伸，应自下而上按步逐层搭设；并应逐层改变搭设方向。

④ 每搭设完一步距架体后，应及时校正立杆间距、步距、垂直度及水平杆的水平度。

（2）作业脚手架连墙件安装应符合下列规定：

① 连墙件的安装应随作业脚手架搭设同步进行。

② 当作业脚手架操作层高出相邻连墙件 2 个步距及以上时，在上层连墙件安装完毕前，应采取临时拉结措施。

（3）悬挑脚手架、附着式升降脚手架在搭设时，悬挑支撑结构、附着支座的锚固应稳固可靠。

（4）脚手架安全防护网和防护栏杆等防护设施应随架体搭设同步安装到位。

（三）使用

（1）脚手架作业层上的荷载不得超过荷载设计值。

（2）雷雨天气、6 级及以上大风天气应停止架上作业；雨、雪、雾天气应停止脚手架的搭设和拆除作业，雨、雪、霜后上架作业应采取有效的防滑措施，雪天应清除积雪。

（3）严禁将支撑脚手架、缆风绳、混凝土输送泵管、卸料平台及大型设备的支撑件等固定在作业脚手架上；严禁在作业脚手架上悬挂起重设备。

（4）脚手架在使用过程中，应定期进行检查并形成记录，脚手架工作状态应符合下列规定：

① 主要受力杆件、剪刀撑等加固杆件和连墙件应无缺失、无松动，架体应无明显变形。

② 场地应无积水，立杆底端应无松动、无悬空。

③ 安全防护设施应齐全、有效，应无损坏缺失。

④ 附着式升降脚手架支座应稳固，防倾、防坠、停层、荷载、同步升降控制装置应处于良好工作状态，架体升降应正常平稳。

⑤ 悬挑脚手架的悬挑支撑结构应稳固。

（5）当遇到下列情况之一时，应对脚手架进行检查并应形成记录，确认安全后方可继续使用：

① 承受偶然荷载后。

② 遇有 6 级及以上强风后。

③ 大雨及以上降水后。

④ 冻结的地基土解冻后。

⑤ 停用超过 1 个月。

⑥ 架体部分拆除。

⑦ 其他特殊情况。

（6）脚手架在使用过程中出现安全隐患时，应及时排除；当出现下列状态之一时，应立即撤离作业人员，并应及时组织检查处置：

① 杆件、连接件因超过材料强度破坏，或因连接节点产生滑移，或因过度变形而不适于继续承载。

② 脚手架部分结构失去平衡。

③ 脚手架结构杆件发生失稳。

④ 脚手架发生整体倾斜。

⑤ 地基部分失去继续承载的能力。

（7）支撑脚手架在浇筑混凝土、工程结构件安装等施加荷载的过程中，架体下严禁有人。

（8）在脚手架内进行电焊、气焊和其他动火作业时，应在动火申请批准后进行作业，并应采取设置接火斗、配置灭火器、移开易燃物等防火措施，同时应设专人监护。

（9）脚手架使用期间，严禁在脚手架立杆基础下方及附近实施挖掘作业。

（10）附着式升降脚手架在使用过程中不得拆除防倾、防坠、停层、荷载、同步升降控制装置。

（11）当附着式升降脚手架在升降作业时或外挂防护架在提升作业时，架体上严禁有人，架体下方不得进行交叉作业。

（四）拆除

（1）脚手架拆除前，应清除作业层上的堆放物。

（2）脚手架的拆除作业应符合下列规定：

① 架体拆除应按自上而下的顺序按步逐层进行，不应上下同时作业。

② 同层杆件和构配件应按先外后内的顺序拆除；剪刀撑、斜撑杆等加固杆件应在拆卸至该部位杆件时拆除。

③ 作业脚手架连墙件应随架体逐层、同步拆除，不应先将连墙件整层或数层拆除后再拆架体。

④ 作业脚手架拆除作业过程中，当架体悬臂段高度超过 2 个步距时，应加设临时拉结。

（3）作业脚手架分段拆除时，应先对未拆除部分采取加固处理措施后再进行架体拆除。

（4）架体拆除作业应统一组织，并应设专人指挥，不得交叉作业。

（5）严禁高空抛掷拆除后的脚手架材料与构配件。

（五）检查与验收

（1）对搭设脚手架的材料、构配件质量，应按进场批次分品种、规格进行检验，检验合格后方可使用。

（2）脚手架材料、构配件质量现场检验应采用随机抽样的方法进行外观质量、实测实量检验。

（3）附着式升降脚手架支座及防倾、防坠、荷载控制装置、悬挑脚手架悬挑结构件等涉及架体使用安全的构配件应全数检验。

（4）脚手架搭设过程中，应在下列阶段进行检查，检查合格后方可使用；不合格应进行整改，整改合格后方可使用：

① 基础完工后及脚手架搭设前。

② 首层水平杆搭设后。

③ 作业脚手架每搭设一个楼层高度。

④ 附着式升降脚手架支座、悬挑脚手架悬挑结构搭设固定后。

⑤ 附着式升降脚手架在每次提升前、提升就位后，以及每次下降前、下降就位后。

⑥ 外挂防护架在首次安装完毕、每次提升前、提升就位后。

⑦ 搭设支撑脚手架，高度每 2~4 步或不大于 6m。

（5）脚手架搭设达到设计高度或安装就位后，应进行验收，验收不合格的，不得使用。脚手架的验收应包括下列内容：

① 材料与构配件质量。

② 搭设场地、支撑结构件的固定。

③ 架体搭设质量。

④ 专项施工方案、产品合格证、使用说明及检测报告、检查记录、测试记录等技术资料。

第二节　扣件式钢管脚手架

钢管扣件式脚手架是用得最多的，它由钢管、扣件、脚手板、底座及顶托等组成。它具有装拆方便，承载力大，比较经济的优点，但也有不足的地方，比如容易丢失扣件螺丝等。

一、搭设安全技术要求

1. 基本要求

（1）单、双排脚手架必须配合施工进度搭设，一次搭设高度不应超过相邻连墙件两步；如果超过相邻连墙件两步，无法设置连墙件时，应采取撑拉固定措施与建筑结构拉结。

（2）每搭完一步脚手架后，应按《建筑施工扣件式钢管脚手架安全技术规范》（JGJ 130—2011）表 8. 2. 4 的规定校正步距、纵距、横距及立杆的垂直度。

2. 底座安放规定

（1）底座、垫板均应准确地放在定位线上。

（2）垫板宜采用长度不少于 2 跨、厚度不小于 50mm、宽度不小于 200mm 的木垫板。

3. 立杆搭设规定

（1）相邻立杆的对接连接应符合脚手架立杆的对接、搭接规定，如下：

① 当立杆采用对接接长时，立杆的对接扣件应交错布置，两根相邻立杆的接头不应设置在同步内，同步内隔一根立杆的两个相隔接头在高度方向错开的距离不宜小于 500mm；各接头中心至主节点的距离不宜大于步距的 1/3。

② 当立杆采用搭接接长时，搭接长度不应小于 1m，并应采用不少于 2 个旋转扣件固定。端部扣件盖板的边缘至杆端距离不应小于 100mm。

（2）脚手架开始搭设立杆时，应每隔 6 跨设置一根抛撑，直至连墙件安装稳定后，方可根据情况拆除。

（3）当架体搭设至有连墙件的主节点时，在搭设完该处的立杆、纵向水平杆、横向水平杆后，应立即设置连墙件。

4. 脚手架纵向水平杆的搭设规定

（1）脚手架纵向水平杆应随立杆按步搭设，并应采用直角扣件与立杆固定。

（2）纵向水平杆的搭设应符合下列规定：

① 纵向水平杆应设置在立杆内侧，单根杆长度不应小于 3 跨。

② 纵向水平杆接长应采用对接扣件连接或搭接。并应符合下列规定：

两根相邻纵向水平杆的接头不应设置在同步或同跨内；不同步或不同跨两个相邻接头在水平方向错开的距离不应小于 500mm；各接头中心至最近主节点的距离不应大于纵距的 1/3（图 7-1）。

搭接长度不应小于 1m，应等间距设置 3 个旋转扣件固定，端部扣件盖板边缘至搭接纵向水平杆杆端的距离不应小于 100mm。

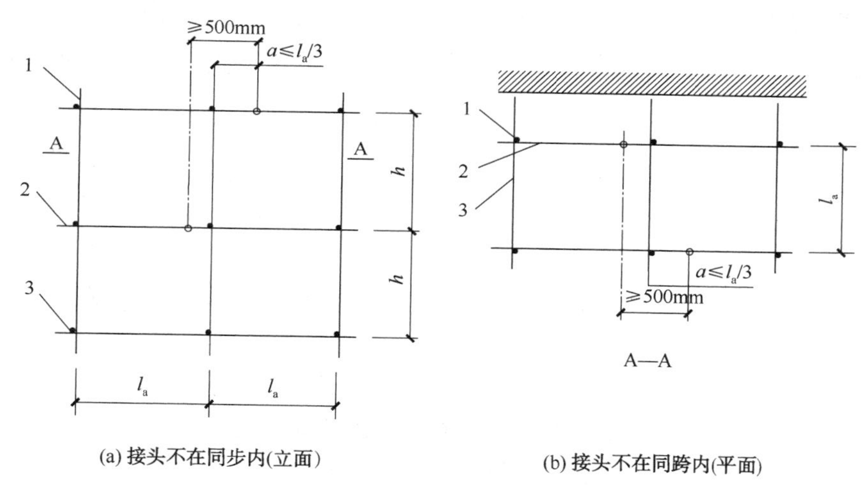

图 7-1 纵向水平杆对接接头布置

1—立杆；2—纵向水平杆；3—横向水平杆

③ 当使用冲压钢脚手板时，纵向水平杆应作为横向水平杆的支座，用直角扣件固定在立杆上。

（3）在封闭型脚手架的同一步中，纵向水平杆应四周交圈设置，并应用直角扣件与内外角部立杆固定。

5. 脚手架横向水平杆搭设规定

（1）搭设横向水平杆应符合横向水平杆的构造规定：

① 作业层上非主节点处的横向不平杆，宜根据支撑脚手板的需要等间距设置，最大间距不应大于纵距的 1/2。

② 当使用冲压钢脚手板时，双排脚手架的横向水平杆两端均应采用直角扣件固定在纵向水平杆上；单排脚手架的横向水平杆的一端应用直角扣件固定在纵向水平杆上，另一端应插入墙内，插入长度不应小于 180mm。

（2）双排脚手架横向水平杆的靠墙一端至墙装饰面的距离不应大于 100mm。

（3）单排脚手架的横向水平杆不应设置在下列部位：

① 设计上不允许留脚手眼的部位。

② 过梁上与过梁两端成60°角的三角形范围内及过梁净跨度1/2的高度范围内。

③ 宽度小于1m的窗间墙。

④ 梁或梁垫下及其两侧各500mm的范围内。

⑤ 砖砌体的门窗洞口两侧200mm和转角处450mm的范围内；其他砌体的门窗洞口两侧300mm和转角处600mm的范围内。

⑥ 墙体厚度小于或等于180mm。

⑦ 独立或附墙砖柱，空斗砖墙、加气块墙等轻质墙体。

⑧ 砌筑砂浆强度等级小于或等于M2.5的砖墙。

6. 脚手架纵向、横向扫地杆搭设规定

（1）脚手架必须设置纵、横向扫地杆。纵向扫地杆应采用直角扣件固定在距底座上皮不大于200mm处的立杆上。横向扫地杆应采用直角扣件固定在紧靠纵向扫地杆下方的立杆上。

（2）脚手架立杆基础不在同一高度上时，必须将高处的纵向扫地杆向低处延长两跨与立杆固定，高低差不应大于1m。靠边坡上方的立杆轴线到边坡的距离不应小于500mm（图7-2）。

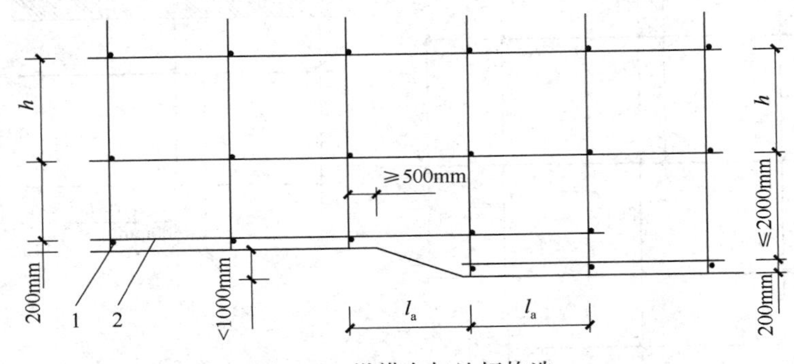

图7-2　纵横向扫地杆构造

1—横向扫地杆；2—纵向扫地杆

7. 脚手架连墙件安装规定

（1）连墙件的安装应随脚手架搭设同步进行，不得滞后安装。

（2）当单、双排脚手架施工操作层高出相邻连墙件以上两步时，应采取确保脚手架稳定的临时拉结措施，直到上一层连墙件安装完毕后再根据情况拆除。

8. 脚手架剪刀撑安装规定

脚手架剪刀撑与双排脚手架横向斜撑应随立杆、纵向和横向水平杆等同步搭设，不得滞后安装。

9. 脚手架门洞搭设规定

脚手架门洞搭设应符合《建筑施工扣件式钢管脚手架安全技术规范》（JGJ 130—2011）第6.5条的规定。

10. 扣件安装规定

（1）扣件规格必须与钢管外径相同。

（2）螺栓拧紧扭力矩不应小于40N·m，且不应大于65N·m。

（3）在主节点处固定横向水平杆、纵向水平杆、剪刀撑、横向斜撑等用的直角扣件、旋转扣件的中心点的相互距离不应大于150mm。

（4）对接扣件开口应朝上或朝内。

（5）各杆件端头伸出扣件盖板边缘长度不应小于100mm。

11. 作业层、斜道的栏杆和挡脚板的搭设规定（图7-3）

（1）栏杆和挡脚板均应搭设在外立杆的内侧。

（2）上栏杆上皮高度应为1.2m。

（3）挡脚板高度不应小于180mm。

（4）中栏杆应居中设置。

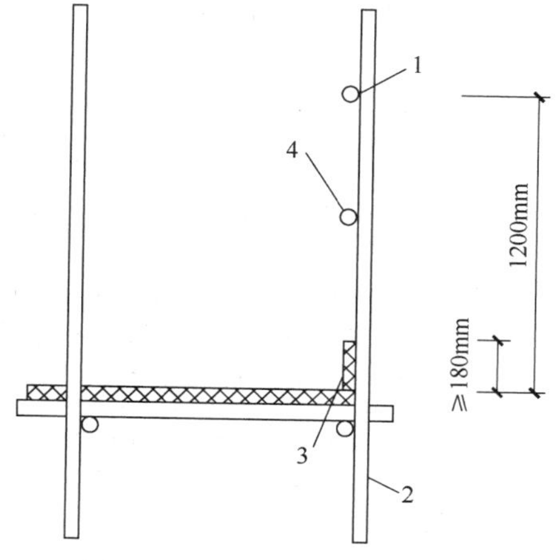

图7-3 栏杆与挡脚板构造
1—上栏杆；2—外立杆；
3—挡脚板；4—中栏杆

12. 脚手板的铺设规定

（1）脚手架应铺满、铺稳，离墙面的距离不应大于150mm。

（2）采用对接或搭接时均应符合《建筑施工扣件式钢管脚手架安全技术规范》（JGJ 130—2011）第6.2.4条的规定；脚手板探头应用直径3.2mm镀锌钢丝固定在支撑杆件上。

（3）在拐角、斜道平台口处的脚手板，应用镀锌钢丝固定在横向水平杆上，防止滑动。

二、拆除安全技术要求

（1）当脚手架拆至下部最后一根长立杆的高度（约6.5m）时，应先在适当位置搭设临时抛撑加固后，再拆除连墙件。当单、双排脚手架采取分段、分立面拆除时，对不拆除的脚手架两端，应先按《建筑施工扣件式钢管脚手架安全技术规范》（JGJ 130—2011）第6.4.4条、第6.6.4条、第6.6.5条的有关规定设置连墙件和横向斜撑加固。

（2）架体拆除作业应设专人指挥，当有多人同时操作时，应明确分工、统一行动，且应具有足够的操作面。

（3）运至地面的构配件应按本规范的规定及时检查、整修与保养，并应按品种、规格分别存放。

三、检查与验收

（1）脚手架及其地基基础应在下列阶段进行检查与验收：

① 基础完工后及脚手架搭设前。

② 作业层上施加荷载前。

③ 每搭设完6~8m高度后。

④ 达到设计高度后。

⑤ 遇有六级强风及以上风或大雨后，冻结地区解冻后。

⑥ 停用超过一个月。

（2）应根据下列技术要求进行脚手架检查、验收：

①《建筑施工扣件式钢管脚手架安全技术规范》（JGJ 130—2011）第8.2.3条~第8.2.5

条的规定。

② 专项施工方案及变更文件。

③ 技术交底文件。

④ 构配件质量检查表。

表 7-1　构配件质量检查表

项目	要求	抽检数量	检查方法
钢管	应有产品质量合格证、质量检验报告	750 根为一批，每批抽取 1 根	检查资料
	钢管表面应平直光滑，不应有裂缝、结疤、分层、错位、硬弯、毛刺、压痕、深的划道及严重锈蚀等缺陷，严禁打孔；钢管使用前必须涂刷防锈漆	全数	目测
钢管外径及壁厚	外径 48.3mm，允许偏差 ±0.5mm；壁厚 3.6mm，允许偏差 ±0.36mm，最小壁厚 3.24mm	3%	游标卡尺测量
扣件	应有生产许可证、质量检测报告、产品质量合格证、复试报告	《钢管脚手架扣件》(GB/T 15831—2023)的规定	检查资料
	不允许有裂缝、变形、螺栓滑丝；扣件与钢管接触部位不应有氧化皮；活动部位应能灵活转动，旋转扣件两旋转面间隙应小于 1mm，扣件表面应进行防锈处理	全数	目测
扣件螺栓拧紧扭力矩	扣件螺栓拧紧扭力矩值不应小于 40N·m 且不应大于 65N·m	按 JGJ 130—2011 中的第 8.2.5 条	扭力扳手
可调托撑	可调托撑受压承载力设计值不应小于 40N。应有产品质量合格证、质量检验报告	3%	检查资料
	可调托撑螺杆外径不得小于 36mm，可调托撑螺杆与螺母旋合长度不得少于 5 扣，螺母厚度不小于 30mm，插入立杆内的长度不得小于 5mm，变形不大于 1mm。螺杆与支托板焊接要牢固，焊缝高度不小于 6mm	3%	游标卡尺、钢板尺测量
	支托板、螺母有裂缝的严禁使用	全数	目测
脚手板	新冲压钢脚手板应有产品质量合格证	—	检查资料
	冲压钢脚手板板面挠曲≤12mm(l≤4m)或≤16mm(l>4m)；板面扭曲≤5mm(任一角翘起)	3%	钢板尺
	不得有裂纹、开焊与硬弯；新、旧脚手板均应涂防锈漆	全数	目测
	木脚手板材质应符合现行国家标准《木结构设计标准》(GB 50005—2017)	3%	钢板尺
	竹脚手板宜采用由毛竹或楠竹制作的竹串片板、竹笆板	全数	目测
	竹串片脚手板宜采用螺栓将并列的竹片串连而成。螺栓直径宜为 3~10mm，螺栓间距宜为 500~600mm，螺栓离板端宜为 200~250mm，板宽 250m、板长 2000mm、2500mm、3000mm	3%	钢板尺

（3）脚手架使用中，应定期检查下列要求内容：

① 杆件的设置和连接，连墙件、支撑、门洞桁架等的构造应符合本规范和专项施工方案的要求。

② 地基应无积水，底座应无松动，立杆应无悬空。

③ 扣件螺栓应无松动。

④ 高度在 24m 以上的双排、满堂脚手架，其立杆的沉降与垂直度的偏差应符合《建筑施工扣件式钢管脚手架安全技术规范》(JGJ 130—2011)中第 8. 2. 4 项中 1、3 的规定。

⑤ 安全防护措施应符合《建筑施工扣件式钢管脚手架安全技术规范》(JGJ 130—2011)中的规定及相关要求。

⑥ 应无超载使用。

（4）脚手架搭设的技术要求、允许偏差与检验方法、应符合《建筑施工扣件式钢管脚手架安全技术规范》(JGJ 130—2011)中的规定。

（5）安装后的扣件螺栓拧紧扭力矩应采用扭力扳手检查，抽样方法应按随机分布原则进行。抽样检查数目与质量判定标准，应按表 7-2 的规定确定，不合格的应重新拧紧至合格。

表 7-2　扣件拧紧抽样检查数目及质量判定标准

项次	检查项目	安装扣件数量	抽检数量	允许的不合格数量
1	连接立杆与纵(横)向水平杆或剪刀撑的扣件；接长立杆、纵向水平杆或剪刀撑的扣件	51~90 91~150 151~280 281~500 501~1200 1201~3200	5 8 13 20 32 50	0 1 1 2 3 5
2	连接横向水平杆与纵向水平杆的扣件(非主节点处)	51~90 91~150 151~280 281~500 501~1200 1201~3200	5 8 13 20 32 50	1 2 3 5 7 10

第三节　门式钢管脚手架

门式钢管脚手架：以门架、交叉支撑、连接棒、水平架、锁臂、底座等组成基本结构，再以水平加固杆、剪刀撑、扫地杆加固，能承受相应荷载，具有安全防护功能，为建筑施工提供作业条件的一种定型化钢管脚手架。包括门式作业脚手架和门式支撑架(《房屋建筑和市政基础设施工程危及生产安全施工工艺、设备和材料淘汰目录(第一批)》规定门式支撑架限制使用)。简称门式脚手架。

一、搭设安全技术要求

1. 门式脚手架与模板支架的搭设规定

(1) 门式脚手架的搭设应与施工进度同步，一次搭设高度不宜超过最上层连墙件两步，且自由高度不应大于4m。

(2) 满堂脚手架和模板支架应采用逐列、逐排和逐层的方法搭设；门式钢管支撑架不得用于搭设满堂承重支撑架体系，可以采用承插型盘扣式钢管支撑架、钢管柱梁式支架、移动模架等替代。

(3) 门架的组装应自一端向另一端延伸，应自下而上按步架设，并应逐层改变搭设方向。

(4) 每搭设完两步门架后，应校验门架的水平度及立杆的垂直度。

(5) 安全网、挡脚板和栏杆应随架体的搭设及时安装。

2. 搭设门架及配件拆除规定

(1) 交叉支撑、水平架、脚手板应与门架同时安装。

(2) 连接门架的锁臂、挂钩必须处于锁住状态。

(3) 钢梯的设置应符合专项施工方案组装布置图的要求，底层钢梯底部应加设钢管，并应采用扣件与门架立杆扣紧。

(4) 在施工作业层外侧周边应设置180mm高的挡脚板和两道栏杆，上道栏杆高度应为1.2m，下道栏杆应居中设置。挡脚板和栏杆均应设置在门架立杆的内侧。

3. 加固杆的搭设规定

(1) 水平加固杆、剪刀撑斜杆等加固杆件应与门架同步搭设。

(2) 水平加固杆应设于门架立杆内侧，剪刀撑斜杆应设于门架立杆外侧。

4. 门式作业脚手架连墙件的安装规定

(1) 连墙件应随作业脚手架的搭设进度同步进行安装。

(2) 当操作层高出相邻连墙件以上2步时，在上层连墙件安装完毕前，应采取临时拉结措施，直到上一层连墙件安装完毕后方可根据实际情况拆除。

5. 当加固杆、连墙件等杆件与门架采用扣件连接时，应符合的规定

(1) 扣件规格应与所连接钢管的外径相匹配。

(2) 扣件螺栓拧紧扭力矩值应为40~65N·m。

(3) 杆件端头伸出扣件盖板边缘长度不应小于100mm。

6. 其他规定

(1) 门式作业脚手架通道口的斜撑杆、托架梁及通道口两侧门架立杆的加强杆件应与门架同步搭设。

(2) 门式支撑架的可调底座、可调托座宜采取防止砂浆、水泥浆等污物填塞螺纹的措施。

二、拆除安全技术要求

(1) 门式脚手架拆除作业应符合下列规定：

① 架体的拆除应从上而下逐层进行。

② 同层杆件和构配件应按先外后内的顺序拆除，剪刀撑、斜撑杆等加固杆件应在拆卸至该部位杆件时再拆除。

③ 连墙件应随门式作业脚手架逐层拆除，不得先将连墙件整层或数层拆除后再拆架体。拆除作业过程中，当架体的自由高度大于 2 步时，应加设临时拉结。

(2) 当拆卸连接部件时，应先将止退装置旋转至开启位置，然后拆除，不得硬拉、敲击。拆除作业中，不应使用手锤等硬物击打、撬别。

(3) 当门式作业脚手架分段拆除时，应先对不拆除部分架体的两端加固后再进行拆除作业。

(4) 门架与配件应采用机械或人工运至地面，严禁抛掷。

(5) 拆卸的门架与配件、加固杆等不得集中堆放在未拆架体上，并应及时检查、整修和保养，宜按品种、规格分别存放。

三、检查与验收

1. 构配件检查与验收

(1) 门式脚手架搭设前，应按《门式钢管脚手架》(JG/T 13—1999) 规定对门架与配件的基本尺寸、质量和性能进行检查，确认合格后方可使用。

(2) 施工现场使用的门架与配件应具有产品质量合格证，应标识清晰，并应符合下列规定：

① 门架与配件表面应平直光滑，焊缝应饱满，不应有裂缝、开焊、焊缝错位、硬弯、凹痕、毛刺、锁柱弯曲等缺陷。

② 门架与配件表面应涂刷防锈漆或镀锌。

③ 门架与配件上的止退和锁紧装置应齐全、有效。

(3) 周转使用的门架与配件，应按《建筑施工门式钢管脚手架安全技术标准》(JGJ/T 128—2019) 附录 A 的规定经分类检查确认为 A 类方可使用；B 类、C 类应经维修或试验后维修达到 A 类方可使用；不得使用 D 类门架与配件。

(4) 在施工现场每使用一个安装拆除周期后，应对门架和配件采用目测、尺量的方法检查一次。当进行锈蚀深度检查时，应按《建筑施工门式钢管脚手架安全技术标准》(JGJ/T 128—2019) 附录 A 第 A. 3 节的规定抽取样品，在每个样品锈蚀严重的部位宜采用测厚仪或横向截断的方法取样检测，当锈蚀深度超过规定值时不得使用。

(5) 加固杆、连接杆等所用钢管和扣件的质量应符合下列规定：

① 当钢管壁厚的负偏差超过-0. 2mm 时，不得使用。

② 不得使用有裂缝、变形的扣件，出现滑丝的螺栓应进行更换。

③ 钢管和扣件宜涂有防锈漆。

(6) 底座和托座在使用前应对调节螺杆与门架立杆配合间隙进行检查。

(7) 连墙件、型钢悬挑梁、U 形钢筋拉环或锚固螺栓，在使用前应进行外观质量检查。

2. 搭设检查与验收

(1) 搭设前，应对门式脚手架的地基与基础进行检查，经检验合格后方可搭设。

(2) 门式作业脚手架每搭设 2 个楼层高度或搭设完毕，门式支撑架每搭设 4 步高度或搭设完毕，应对搭设质量及安全进行一次检查，经检验合格后方可交付使用或继续搭设。

(3) 在门式脚手架搭设质量验收时，应具备下列文件：

① 专项施工方案。

② 构配件与材料质量的检验记录。

③ 安全技术交底及搭设质量检验记录。

(4) 门式脚手架搭设质量验收应进行现场检验，在进行全数检查的基础上，应对下列项目进行重点检验，并应记入搭设质量验收记录。

① 构配件和加固杆的规格、品种应符合设计要求，质量应合格，构造设置应齐全，连接和挂扣应紧固可靠。

② 基础应符合设计要求，应平整坚实。

③ 门架跨距、间距应符合设计要求。

④ 连墙件设置应符合设计要求，与建筑结构、架体连接应可靠。

⑤ 加固杆的设置应符合设计要求。

⑥ 门式作业脚手架的通道口、转角等部位搭设应符合构造要求。

⑦ 架体垂直度及水平度应经检验合格。

⑧ 悬挑脚手架的悬挑支撑结构及与建筑结构的连接固定应符合设计要求，U 形钢筋拉环或锚固螺栓的隐蔽验收应合格。

⑨ 安全网的张挂及防护栏杆的设置应齐全、牢固。

(5) 门式脚手架搭设的技术要求，允许偏差与检验方法，应符合表 7-3 的规定。

表 7-3 门式脚手架搭设的技术要求、允许偏差及检验方法

项次	项目		技术要求	允许偏差/mm	检验方法
1	隐蔽工程	地基承载力	符合设计要求	—	观察、施工记录检查
		预埋件	符合设计要求	—	观察
2	地基与基础	表面	坚实平整	—	
		排水	不积水		
		垫板	稳固		
		底座	不晃动		
			无沉降	—	钢直尺检查
			调节螺杆高度符合本标准	≤200	
		纵向轴线位置	—	±20	尺量检查
		横向轴线位置	—	±10	
3	架体构造		符合本标准及专项施工方案要求	—	观察尺量检查
4	门架安装	门架立杆与底座轴线偏差	—	≤2.0	尺量检查
		上下榀门架立杆轴线偏差	—		

续表

项次	项目		技术要求	允许偏差/mm	检验方法
5	垂直度	每步架	—	$h/300$，±6.0	经纬仪或线锤、钢直尺检查
		整体	—	$H/300$，±100.0	
6	水平度	一跨距内两榀门架高差	—	±5.0	水准仪 水平尺 钢直尺检查
		整体	—	±100	
7	连墙件	与架体、建筑结构相连	牢固	—	观察、扭矩测力扳手检查
		竖向纵向间距	按设计要求设置	±300	
		与门架横杆距离	符合本标准要求	≤200	尺量检查
8	剪刀撑	间距	按设计要求设置	±300	尺量检查
		倾角	45°~60°	—	角尺、尺量检查
9	水平加固杆		按设计要求设置	—	观察、尺量检查
10	脚手板		铺设严密、牢固	d≤25	观察、尺量检查
11	悬挑支撑结构	型钢规格	符合设计要求	—	观察、尺量检查
		安装位置		±10	
12	施工层防护栏杆、挡脚板		按设计要求设置	—	观察、扳手检查
13	安全网		齐全、牢固、网间严密	—	观察
14	扣件拧紧力矩		40~65N·m	—	扭矩测力扳手检查

注：h 为步距；H 为脚手架高度；d 为孔径。

（6）门式脚手架扣件拧紧力矩的检查与验收，应符合现行行业标准《建筑施工扣件式钢管脚手架安全技术规范》(JGJ 130—2011)的规定。

（7）门式脚手架的检查验收宜按《建筑施工门式钢管脚手架安全技术标准》(JGJ/T 128—2019)附录C记录。

3. 使用过程中检查

（1）门式脚手架在使用过程中应进行日常维护检查。发现问题应及时处理，并应符合下列规定：

① 地基应无积水，垫板及底座应无松动，门架立杆应无悬空。

② 架体构造应完整，无人为拆除，加固杆、连墙件应无松动，架体应无明显变形。

③ 锁臂、挂扣件、扣件螺栓应无松动。

④ 杆件、构配件应无锈蚀、无泥浆等污染。

⑤ 安全网、防护栏杆应无缺失、损坏。

⑥ 架体上或架体附近不得长期堆放可燃易燃物料。

⑦ 应无超载使用。

（2）门式脚手架在使用过程中遇有下列情况时，应进行检查，确认安全后方可继续使用。

① 遇有8级以上强风或大雨后。

② 冻结的地基土解冻后。

③ 停用超过一个月，复工前。

④ 架体遭受外力撞击等作用后。

⑤ 架体部分拆除后。

⑥ 其他特殊情况。

(3) 当混凝土模板门式支撑架在施加荷载或浇注混凝土时，应设专人看护检查，看护检查人员应在门式支撑架的外侧。

第四节　碗扣式钢管脚手架

一、搭设安全技术要求

(1) 脚手架立杆垫板、底座应准确放置在定位线上，垫板应平整、无翘曲，不得采用已开裂的垫板，底座的轴心线应与地面垂直。

(2) 脚手架应按顺序搭设，规定如下：

① 双排脚手架搭设应按立杆、水平杆、斜杆、连墙件的顺序配合施工进度逐层搭设。一次搭设高度不应超过最上层连墙件两步，且自由长度不应大于4m。

② 模板支撑架应按先立杆、后水平杆、再斜杆的顺序搭设形成基本架体单元，并应以基本架体单元逐排、逐层扩展搭设成整体支撑架体系，每层搭设高度不宜大于3m。

③ 斜撑杆、剪刀撑等加固件应随架体同步搭设，不得滞后安装。

(3) 双排脚手架连墙件必须随架体升高及时在规定位置处设置；当作业层高出相邻连墙件以上两步时，在上层连墙件安装完毕前，必须采取临时拉结措施。

(4) 碗扣节点组装时，应通过限位销将上碗扣锁紧水平杆。

(5) 脚手架每搭完一步架体后，应校正水平杆步距、立杆间距、立杆垂直度和水平杆水平度。架体立杆在1.8m高度内的垂直度偏差不得大于5mm，架体全高的垂直度偏差应小于架体搭设高度的1/600，且不得大于35mm；相邻水平杆的高差不应大于5mm。

(6) 当双排脚手架内外侧加挑梁时，在一跨挑梁范围内不得超过1名施工人员操作，严禁堆放物料。

(7) 在多层楼板上连续搭设模板支撑架时，应分析多层楼板间荷载传递对架体和建筑结构的影响，上下层架体立杆宜对位设置。

(8) 模板支撑架应在架体验收合格后，方可浇筑混凝土。

二、拆除安全技术要求

(1) 当脚手架拆除时，应按专项施工方案中规定的顺序拆除。

(2) 当脚手架分段、分立面拆除时，应确定分界处的技术处理措施，分段后的架体应稳定。

(3) 脚手架拆除前，应清理作业层上的施工机具及多余的材料和杂物。

（4）脚手架拆除作业应设专人指挥，当有多人同时操作时，应明确分工、统一行动，且应具有足够的操作面。

（5）拆除的脚手架构配件应采用起重设备吊运或人工传递到地面，严禁抛掷。

（6）拆除的脚手架构配件应分类堆放，并应便于运输、维护和保管。

（7）双排脚手架的拆除作业规定：

① 架体拆除应自上而下逐层进行，严禁上下层同时拆除。

② 连墙件应随脚手架逐层拆除，严禁先将连墙件整层或数层拆除后再拆除架体。

③ 拆除作业过程中，当架体的自由端高度大于两步时，必须增设临时拉结件。

（8）双排脚手架的斜撑杆、剪刀撑等加固件应在架体拆除至该部位时，才能拆除。

（9）模板支撑架的拆除规定：

① 架体拆除应符合现行国家标准《混凝土结构工程施工质量验收规范》(GB 50204—2015)、《混凝土结构工程施工规范》(GB 50666—2011)中混凝土强度的规定，拆除前应填写拆模申请单。

② 预应力混凝土构件的架体拆除应在预应力施工完成后进行。

③ 架体的拆除顺序、工艺应符合专项施工方案的要求。当专项施工方案无明确规定时，应符合下列规定：

a. 应先拆除后搭设的部分，后拆除先搭设的部分。

b. 架体拆除必须自上而下逐层进行，严禁上下层同时拆除作业，分段拆除的高度不应大于两层。

c. 梁下架体的拆除，宜从跨中开始，对称地向两端拆除；悬臂构件下架体的拆除，宜从悬臂端向固定端拆除。

三、检查与验收

（1）根据施工进度，脚手架应在下列环节进行检查与验收。

① 施工准备阶段，构配件进场时。

② 地基与基础施工完成后，架体搭设前。

③ 首层水平杆搭设安装后。

④ 双排脚手架每搭设一个楼层高度，投入使用前。

⑤ 模板支撑架每搭设完 4 步或搭设至 6m 高度时。

⑥ 双排脚手架搭设至设计高度后。

⑦ 模板支撑架搭设至设计高度后。

（2）进入施工现场的主要构配件应有产品质量合格证、产品性能检验报告，并应按《建筑施工碗扣式钢管脚手架安全技术规范》(JGJ 166—2016)附录表 D-1 的规定对其表面观感质量、规格尺寸等进行抽样检验。

（3）地基基础检查验收项目、质量要求、抽检数量、检验方法应符合《建筑施工碗扣式钢管脚手架安全技术规范》(JGJ 166—2016)附录表 D-2 的规定，并应重点检查和验收下列内容：

① 地基的处理、承载力应符合方案设计的要求。

② 基础顶面应平整坚实，并应设置排水设施。

③ 基础不应有不均匀沉降，立杆底座和垫板与基础间应无松动、悬空现象。

④ 地基基础施工记录和试验资料应完整。

（4）架体检查验收项目、质量要求、抽检数量、检验方法应符合《建筑施工碗扣式钢管脚手架安全技术规范》（JGJ 166—2016）附录表 D-3 的规定，并应重点检查和验收下列内容：

① 架体三维尺寸和门洞设置应符合方案设计的要求。

② 斜撑杆和剪刀撑应按方案设计规定的位置和间距设置。

③ 纵向水平杆、横向水平杆应连续设置，扫地杆距离地面高度应满足本规范要求。

④ 模板支撑架立杆伸出顶层水平杆长度不应超出《建筑施工碗扣式钢管脚手架安全技术规范》（JGJ 166—2016）的上限要求。

⑤ 双排脚手架连墙件应按方案设计规定的位置和间距设置，并应与建筑结构和架体可靠连接。

⑥ 模板支撑架应与既有建筑结构可靠连接。

⑦ 上碗扣应将水平杆接头锁紧。

⑧ 架体水平度和垂直度偏差应在本规范允许范围内。

（5）安全防护设施检查验收项目、质量要求、抽检数量、检验方法应符合《建筑施工碗扣式钢管脚手架安全技术规范》（JGJ 166—2016）附录表 D-4 的规定，并应重点检查和验收下列内容：

① 作业层宽度、脚手板、挡脚板、防护栏杆、安全网、水平防护的设置应齐全、牢固。

② 梯道或坡道的设置应符合方案设计的要求，防护设施应齐全。

③ 门洞顶部应封闭，两侧应设置防护设施，车行通道门洞应设置交通设施和标志。

（6）检查验收应具备下列资料：

① 工案及变更文件。

② 周转使用的脚手架复验合格记录。

③ 构配件进场、基础施工、架体搭设、防护设施施工阶段的施工记录及质量检查记录。

（7）脚手架搭设至设计高度后，在投入使用前，应在阶段检查验收的基础上形成完工验收记录，记录表应符合《建筑施工碗扣式钢管脚手架安全技术规范》（JGJ 166—2016）附录 E 的规定。

第五节　承插型盘扣式钢管脚手架

根据使用用途承插型盘扣式钢管脚手架可分为支撑脚手架和作业脚手架。立杆之间采用外套管或内插管连接，水平杆和斜杆采用杆端扣接头卡入连接盘，用楔形插销连接，能承受相应的荷载，并具有作业安全和防护功能的结构架体，简称脚手架。

一、支撑架安装与拆除的安全技术要求

（1）支撑架立杆搭设位置应按专项施工方案放线确定。

（2）支撑架搭设应根据立杆放置可调底座，应按先立杆、后水平杆、再斜杆的顺序搭设，形成基本的架体单元，应以此扩展搭设成整体脚手架体系。

（3）可调底座和土层基础上垫板应水平放置在定位线上，应保持水平。垫板应平整、无

翘曲，不得采用已开裂木垫板。

（4）在多层楼板上连续设置支撑架时，上下层支撑立杆宜在同一轴线上。

（5）支撑架搭设完成后应对架体进行验收，并应确认符合专项施工方案要求后再进入下道工序施工。

（6）可调底座和可调托撑安装完成后，立杆外表面应与可调螺母吻合，立杆外径与螺母台阶内径差不应大于2mm。

（7）水平杆及斜杆插销安装完成后，应采用锤击方法抽查插销，连续下沉量不应大于3mm。

（8）当架体吊装时，立杆间连接应增设立杆连接件。

（9）架体搭设与拆除过程中，可调底座、可调托撑、基座等小型构件宜采用人工传递。吊装作业应由专人指挥信号，不得碰撞架体。

（10）脚手架搭设完成后，立杆的垂直偏差不应大于支撑架总高度的1/500，且不得大于50mm。

（11）拆除作业应按先装后拆、后装先拆的原则进行，应从顶层开始，逐层向下进行，不得上下同时作业，不应抛掷。

（12）当分段或分立面拆除时，应确定分界处的技术处理方案，分段后架体应稳定。

二、作业架安装与拆除的安全技术要求

（1）作业架立杆应定位准确，并应配合施工进度搭设，双排外作业架一次搭设高度不应超过最上层连墙件两步，且自由高度不应大于4m。

（2）双排外作业架连墙件应随脚手架高度上升同步在规定位置处设置，不得滞后安装和任意拆除。

（3）作业层设置应符合下列规定：

① 应满铺脚手板。

② 双排外作业架外侧应设挡脚板和防护栏杆，防护栏杆可在每层作业面立杆的0.5m和1.0m的连接盘处布置两道水平杆，并应在外侧满挂密目安全网。

③ 作业层与主体结构间的空隙应设置水平防护网。

④ 当采用钢脚手板时，钢脚手板的挂钩应稳固扣在水平杆上，挂钩应处于锁住状态。

（4）加固件、斜杆应与作业架同步搭设。当加固件、斜撑采用扣件钢管时，应符合现行行业标准《建筑施工扣件式钢管脚手架安全技术规范》(JGJ 130—2011)的有关规定。

（5）作业架顶层的外侧防护栏杆高出顶层作业层的高度不应小于1500mm。

（6）当立杆处于受拉状态时，立杆的套管连接接长部位应采用螺栓连接。

（7）作业架应分段搭设、分段使用，应经验收合格后方可使用。

（8）作业架应经单位工程负责人确认并签署拆除许可令后，方可拆除。

（9）当作业架拆除时，应划出安全区，应设置警戒标志，并应派专人看管。

（10）拆除前应清理脚手架上的器具、多余的材料和杂物。

（11）作业架拆除应按先装后拆、后装先拆的原则进行，不应上下同时作业。双排外脚手架连墙件应随脚手架逐层拆除，分段拆除的高度差不应大于两步。如因作业条件限制，当出现高度差大于两步时，应增设连墙件加固。

(12) 拆除至地面的脚手架及构配件应及时检查、维修及保养，并应按品种、规格分类存放。

三、检查与验收

1. 对进入施工现场的脚手架构配件的检查与验收规定

(1) 应有脚手架产品标识及产品质量合格证、型式检验报告。

(2) 应有脚手架产品主要技术参数及产品使用说明书。

(3) 当对脚手架及构件质量有疑问时，应进行质量抽检和整架试验。

2. 支撑架应进行检查与验收的情形

当出现下列情况之一时，支撑架应进行检查与验收。

(1) 基础完工后及支撑架搭设前。

(2) 超过 8m 的高支模每搭设完成 6m 高度后。

(3) 搭设高度达到设计高度后和混凝土浇筑前。

(4) 停用 1 个月以上，恢复使用前。

(5) 遇 6 级及以上强风、大雨及冻结的地基土解冻后。

3. 支撑架检查与验收规定

(1) 基础应符合设计要求，并应平整坚实，立杆与基础间应无松动、悬空现象，底座支垫应符合规定。

(2) 搭设的架体应符合设计要求，搭设方法和斜杆、剪刀撑等设置应符合《建筑施工承插型盘扣式钢管脚手架安全技术标准》(JGJ/T 231—2021)第 6 章的规定。

(3) 可调托撑和可调底座伸出水平杆的悬臂长度应符合《建筑施工承插型盘扣式钢管脚手架安全技术标准》(JGJ/T 231—2021)第 6.2.4 条、第 6.2.5 条的规定。

(4) 水平杆扣接头、斜杆扣接头与连接盘的插销应销紧。

4. 作业架应进行检查和验收的情形

当出现下列情况之一时，作业架应进行检查和验收。

(1) 基础完工后及作业架搭设前。

(2) 首段高度达到 6m 时。

(3) 架体随施工进度逐层升高时。

(4) 搭设高度达到设计高度后。

(5) 停用 1 个月以上，恢复使用前。

(6) 遇 6 级及以上强风、大雨及冻结的地基土解冻后。

5. 作业架检查与验收规定

(1) 搭设的架体应符合设计要求，斜杆或剪刀撑设置应符合《建筑施工承插型盘扣式钢管脚手架安全技术标准》(JGJ/T 231—2021)第 6 章的规定。

(2) 立杆基础不应有不均匀沉降，可调底座与基础面的接触不应有松动和悬空现象。

(3) 连墙件设置应符合设计要求，并应与主体结构、架体可靠连接。

(4) 外侧安全立网、内侧层间水平网的张挂及防护栏杆的设置应齐全、牢固。

(5) 周转使用的脚手架构配件使用前应进行外观检查，并应做记录。

(6) 搭设的施工记录和质量检查记录应及时、齐全。

（7）水平杆扣接头、斜杆扣接头与连接盘的插销应销紧。

6. 当支撑架需堆载预压时，应符合的规定

（1）应编制专项支撑架堆载预压方案，预压前应进行安全技术交底。

（2）预压荷载布置应模拟结构物实际荷载分布情况进行分级、对称预压，预压监测及加载分级应符合现行行业标准《钢管满堂支架预压技术规程》(JGJ/T 194—2009)的有关规定。

7. 支撑架和作业架验收后要求

支撑架和作业架验收后应形成记录，记录表应符合《建筑施工承插型盘扣式钢管脚手架安全技术标准》(JGJ/T 231—2021)附录 D 的要求。

第六节 满堂式脚手架

满堂扣件式钢管脚手架是在纵、横方向，由不少于三排立杆并与水平杆、水平剪刀撑、竖向剪刀撑、扣件等构成的脚手架。该架体顶部作业层施工荷载通过水平杆传递给立杆，顶部立杆呈偏心受压状态，简称满堂脚手架。

一、安全技术要求

满堂式脚手架的检查评定应符合现行行业标准《建筑施工扣件式钢管脚手架安全技术规范》(JGJ 130—2011)、《建筑施工门式钢管脚手架安全技术标准》(JGJ/T 128—2019)、《建筑施工碗扣式钢管脚手架安全技术规范》(JGJ 166—2016)和《建筑施工承插型盘扣式钢管脚手架安全技术标准》(JGJ/T 231—2021)的规定。

二、安全检查要求

满堂式脚手架检查评定除符合现行行业标准《建筑施工扣件式钢管脚手架安全技术规范》(JGJ 130—2011)的规定外，尚应符合其他现行脚手架安全技术规范。检查评定保证项目包括施工方案、架体基础、架体稳定、杆件锁件、脚手板、交底与验收。一般项目包括架体防护、材质、荷载、通道。

（一）保证项目的检查评定规定

1. 施工方案

（1）架体搭设应编制安全专项方案，结构设计应进行设计计算。

（2）专项施工方案应按规定进行审批。

2. 架体基础

（1）立杆基础应按方案要求平整、夯实，并设排水设施，基础垫板符合规范要求。

（2）架体底部应按规范要求设置底座。

（3）架体扫地杆设置应符合规范要求。

3. 架体稳定

（1）架体周圈与中部应按规范要求设置竖向剪刀撑及专用斜杆。

（2）架体应按规范要求设置水平剪刀撑或水平斜杆。

（3）架体高宽比大于 2 时，应按规范要求与建筑结构刚性联结或扩大架体底脚。

4. 杆件锁件

（1）满堂式脚手架的搭设高度应符合规范及设计计算要求。

（2）架体立杆件跨距，水平杆步距应符合规范要求。

（3）杆件的接长应符合规范要求。

（4）架体搭设应牢固，杆件节点应按规范要求进行紧固。

5. 脚手板

（1）架体脚手板应满铺，确保牢固稳定。

（2）脚手板的材质、规格应符合规范要求。

（3）钢脚手板的挂钩必须完全扣在水平杆上，并处于锁住状态。

6. 交底与验收

（1）架体搭设完毕应按规定进行验收，验收内容应量化并经责任人签字确认。

（2）分段搭设的架体应进行分段验收。

（3）架体搭设前应进行安全技术交底。

（二）一般项目的检查评定规定

1. 架体防护

（1）作业层应在外侧立杆 1.2m 和 0.6m 高度设置上、中两道防护栏杆。

（2）作业层外侧应设置高度不小于 180mm 的挡脚板。

（3）架体作业层脚手板下应用安全平网双层兜底，以下每隔 10m 应用安全平网封闭。

2. 材质

（1）架体构配件的规格、型号、材质应符合规范要求。

（2）钢管不应有弯曲、变形、锈蚀严重的现象，材质符合规范要求。

3. 荷载

（1）架体承受的施工荷载应符合规范要求。

（2）不得在架体上集中堆放模板、钢筋等物料。

4. 通道

架体必须设置符合规范要求上下通道。

第七节　悬挑式脚手架

悬挑式脚手架是利用建筑结构边缘向外伸出的悬挑结构来支撑外脚手架，将脚手架的载荷全部或部分传递给建筑结构。悬挑脚手架的悬挑支撑结构，必须有足够的强度、稳定性和刚度，并能将脚手架的载荷传递给建筑结构。

一、安全技术要求

悬挑式脚手架的检查评定应符合现行行业标准《建筑施工扣件式钢管脚手架安全技术规范》（JGJ 130—2011）、《建筑施工门式钢管脚手架安全技术标准》（JGJ/T 128—2019）、《建筑施工碗扣式钢管脚手架安全技术规范》（JGJ 166—2016）和《建筑施工承插型盘扣式钢管脚手架安全技术标准》（JGJ/T 231—2021）的规定。

悬挑脚手架搭设的工艺流程为：水平悬挑→纵向扫地杆→立杆→横向扫地杆→小横杆→

大横杆（搁栅）→剪刀撑→连墙件→铺脚手板→扎防护栏杆→扎安全网。

二、安全检查要求

悬挑式脚手架检查评定应符合现行行业标准《建筑施工扣件式钢管脚手架安全技术规范》（JGJ 130—2011）和《建筑施工门式钢管脚手架安全技术标准》（JGJ/T 128—2019）的规定。检查评定保证项目包括施工方案、悬挑钢梁、架体稳定、脚手板、荷载、交底与验收。一般项目包括杆件间距、架体防护、层间防护、脚手架材质。

（一）保证项目的检查评定规定

1. 施工方案

（1）架体搭设、拆除作业应编制专项施工方案，结构设计应进行设计计算。

（2）专项施工方案应按规定进行审批，架体搭设高度超过 20m 的专项施工方案应经专家论证。

2. 悬挑钢梁

（1）钢梁截面尺寸应经设计计算确定，且截面高度不应小于 160mm。

（2）钢梁锚固端长度不应小于悬挑长度的 1.25 倍。

（3）钢梁锚固处结构强度、锚固措施应符合规范要求。

（4）钢梁外端应设置钢丝绳或钢拉杆并与上层建筑结构拉结。

（5）钢梁间距应按悬挑架体立杆纵距相设置。

3. 架体稳定

（1）立杆底部应与钢梁连接柱固定。

（2）承插式立杆接长应采用螺栓或销钉固定。

（3）剪刀撑应沿悬挑架体高度连续设置，角度应符合 45°~60°的要求。

（4）架体应按规定在内侧设置横向斜撑。

（5）架体应采用刚性连墙件与建筑结构拉结，设置应符合规范要求。

4. 脚手板

（1）脚手板材质、规格应符合规范要求。

（2）脚手板铺设应严密、牢固，探出横向水平杆长度不应大于 150mm。

5. 荷载

架体荷载应均匀，并不应超过设计值。

6. 交底与验收

（1）架体搭设前应进行安全技术交底。

（2）分段搭设的架体应进行分段验收。

（3）架体搭设完毕应按规定进行验收，验收内容应量化。

（二）一般项目的检查评定规定

1. 杆件间距

（1）立杆底部应固定在钢梁处。

（2）立杆纵、横向间距、纵向水平杆步距应符合方案设计和规范要求。

2. 架体防护

（1）作业层外侧应在高度 1.2m 和 0.6m 处设置上、中两道防护栏杆。

（2）作业层外侧应设置高度不小于 180mm 的挡脚板。

（3）架体外侧应封挂密目式安全网。

3. 层间防护

（1）架体作业层脚手板下应用安全平网双层兜底，以下每隔 10m 应用安全平网封闭。

（2）架体底层应进行封闭。

4. 脚手架材质

（1）型钢、钢管、构配件规格材质应符合规范要求。

（2）型钢、钢管弯曲、变形、锈蚀应在规范允许范围内。

第八节 附着式升降脚手架

附着式升降脚手架是搭设一定高度并附着于工程结构上，依靠自身的升降设备和装置，可随工程结构逐层爬升或下降，具有防倾覆、防坠落装置的外脚手架。

一、安装要求

（1）附着式升降脚手架应按专项施工方案进行安装，可采用单片式主框架的架体，也可采用空间桁架式主框架的架体。

（2）附着式升降脚手架在首层安装前应设置安装平台，安装平台应有保障施工人员安全的防护设施，安装平台的水平精度和承载能力应满足架体安装的要求。

（3）安装规定：

① 相邻竖向主框架的高差不应大于 20mm。

② 竖向主框架和防倾导向装置的垂直偏差不应大于 5‰，且不得大于 60mm。

③ 预留穿墙螺栓孔和预埋件应垂直于建筑结构外表面，其中心误差应小于 15mm。

④ 连接处所需要的建筑结构混凝土强度应由计算确定，但不应小于 C10。

⑤ 升降机构连接应正确且牢固可靠。

⑥ 安全控制系统的设置和试运行效果应符合设计要求。

⑦ 升降动力设备工作正常。

（4）附着支撑结构的安装应符合设计规定，不得少装和使用不合格螺栓及连接件。

（5）安全保险装置应全部合格，安全防护设施应齐备，且应符合设计要求，并应设置必要的消防设施。

（6）电源、电缆及控制柜等的设置应符合现行行业标准《施工现场临时用电安全技术规范》（JGJ 46—2005）的有关规定。

（7）采用扣件式脚手架搭设的架体构架，其构造应符合现行行业标准《建筑施工扣件式钢管脚手架安全技术规范》（JGJ 130—2011）的要求。

（8）升降设备、同步控制系统及防坠落装置等专项设备，均应采用同一厂家的产品。

（9）升降设备、控制系统、防坠落装置等应采取防雨、防砸、防尘等措施。

二、升降要求

（1）附着式升降脚手架可采用手动、电动和液压三种升降形式，应符合如下规定：

① 单跨架体升降时，可采用手动、电动和液压三种升降形式。

② 当两跨以上的架体同时整体升降时，应采用电动或液压设备。

（2）附着式升降脚手架每次升降前，应按规定进行检查，经检查合格后，方可进行升降。

（3）附着式升降脚手架的升降操作规定如下：

① 应按升降作业程序和操作规程进行作业。

② 操作人员不得停留在架体上。

③ 升降过程中不得有施工荷载。

④ 所有妨碍升降的障碍物应予拆除。

⑤ 所有影响升降作业的约束应予解除。

⑥ 各相邻提升点间的高差不得大于30mm，整体架最大升降差不得大于80mm。

（4）升降过程中应实行统一指挥、统一指令。升降指令应由总指挥一人下达；当有异常情况出现时，任何人均可立即发出停止指令。

（5）当采用环链葫芦作升降动力时，应严密监视其运行情况，及时排除翻链、铰链和其他影响正常运行的故障。

（6）当采用液压设备作升降动力时，应排除液压系统的泄漏、失压、颤动、油缸爬行和不同步等问题和故障，确保正常工作。

（7）架体升降到位后，应及时按使用状况要求进行附着固定；在没有完成架体固定工作前，施工人员不得擅自离岗或下班。

（8）附着式升降脚手架架体升降到位固定后，应按《建筑施工工具式脚手架安全技术规范》(JGJ 202—2010)表 8. 1. 3 进行检查，合格后方可使用；遇 5 级及以上大风和大雨、大雪、浓雾和雷雨等恶劣天气时，不得进行升降作业。

三、使用要求

（1）附着式升降脚手架应按设计性能指标进行使用，不得随意扩大使用范围；架体上的施工荷载应符合设计规定，不得超载，不得放置影响局部杆件安全的集中荷载。

（2）架体内的建筑垃圾和杂物应及时清理干净。

（3）附着式升降脚手架在使用过程中不得进行下列作业：

① 利用架体吊运物料。

② 在架体上拉结吊装缆绳(或缆索)。

③ 在架体上推车。

④ 任意拆除结构件或松动连接件。

⑤ 拆除或移动架体上的安全防护设施。

⑥ 利用架体支撑模板或卸料平台。

⑦ 其他影响架体安全的作业。

（4）当附着式升降脚手架停用超过 3 个月时，应提前采取加固措施。

（5）当附着式升降脚手架停用超过 1 个月或遇 6 级及以上大风后复工时，应进行检查，确认合格后方可使用。

（6）螺栓连接件、升降设备、防倾装置、防坠落装置、电控设备、同步控制装置等应每月进行维护保养。

四、拆除要求

（1）附着式升降脚手架的拆除工作应按专项施工方案及安全操作规程的有关要求进行。

（2）应对拆除作业人员进行安全技术交底。

（3）拆除时应有可靠的防止人员或物料坠落的措施，拆除的材料及设备不得抛掷。

（4）拆除作业应在白天进行。遇5级及以上大风和大雨、大雪、浓雾和雷雨等恶劣天气时，不得进行拆除作业。

第九节　高处作业吊篮

高处作业吊篮是悬挑机构架设于建筑物或构筑物上，利用提升机构驱动悬吊平台，通过钢丝绳沿建筑物或构筑物立面上下运行的施工设施，也是为操作人员设置的作业平台。

一、安装要求

（1）高处作业吊篮安装时应按专项施工方案，在专业人员的指导下实施。

（2）安装作业前，应划定安全区域，并应排除作业障碍。

（3）高处作业吊篮组装前应确认结构件、紧固件已配套且完好，其规格型号和质量应符合设计要求。

（4）高处作业吊篮所用的构配件应是同一厂家的产品。

（5）在建筑物屋面上进行悬挂机构的组装时，作业人员应与屋面边缘保持2m以上的距离。组装场地狭小时应采取防坠落措施。

（6）悬挂机构宜采用刚性联结方式进行拉结固定。

（7）前梁外伸长度应符合高处作业吊篮使用说明书的规定。

（8）悬挑横梁应前高后低，前后水平高差不应大于横梁长度的2%。

（9）安装时钢丝绳应沿建筑物立面缓慢下放至地面，不得抛掷。

（10）当使用两个以上的悬挂机构时，悬挂机构吊点水平间距与吊篮平台的吊点间距应相等，其误差不应大于50mm。

（11）安装任何形式的悬挑结构，其施加于建筑物或构筑物支撑处的作用力，均应符合建筑结构的承载能力，不得对建筑物和其他设施造成破坏和不良影响。

（12）高处作业吊篮安装和使用时，在10m范围内如有高压输电线路，应按照现行行业标准《施工现场临时用电安全技术规范》（JGJ 46—2005）的规定，采取隔离措施。

二、使用要求

（1）高处作业吊篮应设置作业人员专用的挂设安全带的安全绳及安全锁扣。安全绳应固定在建筑物可靠位置上，不得与吊篮上任何部位有连接，并应符合下列规定：

① 安全绳应符合现行国家标准《坠落防护 安全带》（GB 6095—2021）的要求，其直径应与安全锁扣的规格相一致。

② 安全绳不得有松散、断股、打结现象。

③ 安全锁扣的配件应完好、齐全，规格和方向标识应清晰可辨。

（2）吊篮宜安装防护棚，防止高处坠物造成作业人员伤害。

（3）吊篮应安装上限位装置，宜安装下限位装置。

（4）使用吊篮作业时，应排除影响吊篮正常运行的障碍。在吊篮下方可能造成坠落物伤害的范围，应设置安全隔离区和警告标志，人员或车辆不得停留、通行。

（5）在吊篮内从事安装、维修等作业时，操作人员应佩戴工具袋。

（6）使用境外吊篮设备时应有中文使用说明书；产品的安全性能应符合我国的行业标准。

（7）不得将吊篮作为垂直运输设备，不得采用吊篮运送物料。

（8）吊篮正常工作时，人员应从地面进入吊篮内，不得从建筑物顶部、窗口等处或其他孔洞处出入吊篮。

（9）在吊篮内的作业人员应佩戴安全帽，系安全带，并应将安全锁扣正确挂置在独立设置的安全绳上。

（10）吊篮平台内应保持荷载均衡，不得超载运行。

（11）吊篮做升降运行时，工作平台两端高差不得超过150mm。

（12）使用离心触发式安全锁的吊篮在空中停留作业时，应将安全锁锁定在安全绳上；空中启动吊篮时，应先将吊篮提升使安全绳松弛后再开启安全锁。不得在安全绳受力时强行扳动安全锁开启手柄；不得将安全锁开启手柄固定于开启位置。

（13）吊篮悬挂高度在60m及以下的，宜选用长边不大于7.5m的吊篮平台；悬挂高度在100m及其以下的，宜选用长边不大于5.5m的吊篮平台；悬挂高度在100m以上的，宜选用不大于2.5m的吊篮平台。

（14）进行喷涂作业或使用腐蚀性液体进行清洗作业时，应对吊篮的提升机、安全锁、电气控制柜采取防污染保护措施。

（15）悬挑结构平行移动时，应将吊篮平台降落至地面，并应使其钢丝绳处于松弛状态。

（16）在吊篮内进行电焊作业时，应对吊篮设备、钢丝绳、电缆采取保护措施。不得将电焊机放置在吊篮内；电焊缆线不得与吊篮任何部位接触；电焊钳不得搭挂在吊篮上。

（17）在高温、高湿等不良气候和环境条件下使用吊篮时，应采取相应的安全技术措施。

（18）当吊篮施工遇有雨雪、大雾、风沙及5级以上大风等恶劣天气时，应停止作业，并应将吊篮平台停放至地面，应对钢丝绳、电缆进行绑扎固定。

（19）当施工中发现吊篮设备故障和安全隐患时，应及时排除，对可能危及人身安全时，应停止作业，并应由专业人员进行维修。维修后的吊篮应重新进行检查验收，合格后方可使用。

（20）下班后不得将吊篮停留在半空中，应将吊篮放至地面。人员离开吊篮、进行吊篮维修或每日收工后应将主电源切断，并应将电气柜中各开关置于断开位置并加锁。

三、拆除要求

（1）高处作业吊篮拆除时应按照专项施工方案，并应在专业人员的指挥下实施。

（2）拆除前应将吊篮平台下落至地面，并应将钢丝绳从提升机、安全锁中退出，切断总电源。

(3) 拆除支撑悬挂机构时，应对作业人员和设备采取相应的安全措施。

(4) 拆卸分解后的构配件不得放置在建筑物边缘，应采取防止坠落的措施。零散物品应放置在容器中。不得将吊篮任何部件从屋顶处抛下。

四、安全检查标准

高处作业吊篮检查评定应符合现行行业标准《建筑施工工具式脚手架安全技术规范》(JGJ 202—2010)的规定。检查评定保证项目包括施工方案、安全装置、悬挂机构、钢丝绳、安装、升降操作。一般项目包括交底与验收、防护、吊篮稳定、荷载。

(一) 保证项目的检查评定规定

1. 施工方案

(1) 吊篮安装、拆除作业应编制专项施工方案，悬挂吊篮的支撑结构承载力应经过验算。

(2) 专项施工方案应按规定进行审批。

2. 安全装置

(1) 吊篮应安装防坠安全锁，并应灵敏有效。

(2) 防坠安全锁不应超过标定期限。

(3) 吊篮应设置作业人员专用的挂设安全带的安全绳或安全锁扣，安全绳应固定在建筑物可靠位置上，不得与吊篮上的任何部位有连接。

(4) 吊篮应安装上限位装置，并应保证限位装置灵敏可靠。

3. 悬挂机构

(1) 悬挂机构前支架严禁支撑在女儿墙上、女儿墙外或建筑物外挑檐边缘。

(2) 悬挂机构前梁外伸长度应符合产品说明书规定。

(3) 前支架应与支撑面垂直且脚轮不应受力。

(4) 前支架调节杆应固定在上支架与悬挑梁连接的结点处。

(5) 严禁使用破损的配重件或其他替代物。

(6) 配重件的重量应符合设计规定。

4. 钢丝绳

(1) 钢丝绳磨损、断丝、变形、锈蚀应在允许范围内。

(2) 安全绳应单独设置，型号规格应与工作钢丝绳一致。

(3) 吊篮运行时安全绳应张紧悬垂。

(4) 利用吊篮进行电焊作业应对钢丝绳采取保护措施。

5. 安装

(1) 吊篮应使用经检测合格的提升机。

(2) 吊篮平台的组装长度应符合规范要求。

(3) 吊篮所用的构配件应是同一厂家的产品。

6. 升降操作

(1) 必须由经过培训合格的持证人员操作吊篮升降。

(2) 吊篮内的作业人员不应超过 2 人。

(3) 吊篮内作业人员应将安全带使用安全锁扣正确挂置在独立设置的专用安全绳上。

（4）吊篮正常工作时，人员应从地面进入吊篮内。

（二）一般项目的检查评定规定

1. 交底与验收

（1）吊篮安装完毕，应按规范要求进行验收，验收表应由责任人签字确认。

（2）每天班前、班后应对吊篮进行检查。

（3）吊篮安装、使用前对作业人员进行安全技术交底。

2. 防护

（1）吊篮平台周边的防护栏杆、挡脚板的设置应符合规范要求。

（2）多层吊篮作业时应设置顶部防护板。

3. 吊篮稳定

（1）吊篮作业时应采取防止摆动的措施。

（2）吊篮与作业面距离应在规定要求范围内。

4. 荷载

（1）吊篮施工荷载应满足设计要求。

（2）吊篮施工荷载应均匀分布。

（3）严禁利用吊篮作为垂直运输设备。

复习思考题

1. 脚手架按照搭设的形式可以分为哪几类？
2. 简述脚手架施工过程中的一般规定。
3. 在脚手架使用期间，严禁拆除哪些杆件？

第八章 基坑工程

本章学习要点

1. 掌握基坑工程的主要内容；
2. 掌握基坑工程的安全管理要求；
3. 掌握基坑监测必须立即进行危险报警的情况。

第一节 基坑支护

一、相关概念

基坑工程是集地质工程、岩土工程、结构工程和岩土测试技术于一体的系统工程。其主要内容包括基坑支护、降水控制、土方开挖、监测监控等。基坑工程设计应包括：支护结构体系的方案和技术经济比较；基坑支护体系的稳定性验算；支护结构的承载力、稳定和变形计算；地下水控制设计；对周边环境影响的控制设计；基坑土方开挖方案；基坑工程的监测要求。

基坑施工最简单、最经济的办法是放大坡开挖，但经常会受到场地条件、周边环境的限制，所以需要设计支护系统以保证施工的顺利进行，并能较好地保护周边环境。

基坑支护是个临时工程，但工程施工周期长，从开挖到完成地面以下的全部隐蔽工程，常需经历多次降雨、周边堆载、振动、施工不当等许多不利条件，其安全度的随机性较大，事故的发生往往具有突发性。

二、基坑工程安全管理要求

（一）施工方案

（1）深基坑施工必须有针对性、能指导施工的施工方案，并按有关程序进行审批。

（2）危险性较大的基坑工程应编制安全专项施工方案，应由施工单位技术、安全、质量等专业部门进行审核，施工单位技术负责人签字，超过一定规模的危险性较大的基坑工程由施工单位组织进行专家论证。

（二）临边防护

基坑施工深度超过 2m 的必须有符合防护要求的临边防护措施。

（三）基坑支护及支撑拆除

（1）坑槽开挖应设置符合安全要求的安全边坡。

（2）基坑支护的施工应符合支护设计方案的要求。

（3）应有针对性支护设施产生变形的防治预案，并及时采取措施。

（4）应严格按支护设计及方案要求进行土方开挖及支撑的拆除。

（5）采用专业方法拆除支撑的施工队伍必须具备专业施工资质。

（四）基坑降排水

（1）高水位地区深基坑内必须设置有效的降水措施。

（2）深基坑边界周围地面必须设置排水沟。

（3）基坑施工必须设置有效的排水措施。

（4）深基坑降水施工必须有防止邻近建筑及管线沉降的措施。

（五）坑边荷载

基坑边缘堆置建筑材料等，距槽边最小距离必须满足设计规定，禁止基坑边堆置弃土，施工机械施工行走路线必须按方案执行。

（六）上下通道

基坑施工必须设置符合要求的人员上下专用通道。

（七）土方开挖

（1）施工机械必须进行进场验收制度，操作人员持证上岗。

（2）严禁施工人员进入施工机械作业半径内。

（3）基坑开挖应严格按方案执行，宜采用分层开挖的方法，严格控制开挖面坡度和分层厚度，防止边坡和挖土机下的土体滑动，严禁超挖。

（4）基坑支护结构必须在达到设计要求的强度后，方可开挖下层土方。

（八）基坑工程监测

（1）基坑工程均应进行基坑工程监测，开挖深度大于5m应由建设单位委托具备相应资质的第三方实施监测。

（2）总包单位应自行安排基坑监测工作，并与第三方监测资料定期对比分析，指导施工作业。

（3）基坑工程监测必须有基坑设计方确定监测报警值，施工单位应及时通报变形情况。

（九）作业环境

（1）基坑内作业人员必须有足够的安全作业面。

（2）垂直作业必须有隔离防护措施。

（3）夜间施工必须有足够的照明设施。

三、基坑支护基本规定

应采取支护措施的基坑：基坑深度较大，且不具备自然放坡施工条件；地基土质松软，并有地下水或丰盛的上层滞水；基坑开挖会危及邻近建(构)筑物、道路及地下管线的安全与使用。

基坑支护设计应规定其设计使用期限。基坑支护的设计使用期限不应小于一年。

基坑支护应满足下列功能要求：保证基坑周边建(构)筑物、地下管线、道路的安全和正常使用；保证主体地下结构的施工空间。

基坑支护设计时，应综合考虑基坑周边环境和地质条件的复杂程度、基坑深度等因素，按表8-1采用支护结构的安全等级。对同一基坑的不同部位，可采用不同的安全等级。

表 8-1 支护结构的安全等级

安全等级	破坏后果
一级	支护结构失效、土体过大变形对基坑周边环境或主体结构施工安全的影响很严重
二级	支护结构失效、土体过大变形对基坑周边环境或主体结构施工安全的影响严重
三级	支护结构失效、土体过大变形对基坑周边环境或主体结构施工安全的影响不严重

四、勘察要求与环境调查

(一) 勘察要求

基坑工程的岩土勘察应符合下列规定：

(1) 勘探点范围应根据基坑开挖深度及场地的岩土工程条件确定；基坑外宜布置勘探点，其范围不宜小于基坑深度的 1 倍；当需要采用锚杆时，基坑外勘探点的范围不宜小于基坑深度的 2 倍；当基坑外无法布置勘探点时，应通过调查取得相关勘察资料并结合场地内的勘察资料进行综合分析。

(2) 勘探点应沿基坑边布置，其间距宜取 15~25m；当场地存在软弱土层、暗沟或岩溶等复杂地质条件时，应加密勘探点并查明其分布和工程特性。

(3) 基坑周边勘探孔的深度不宜小于基坑深度的 2 倍；基坑面以下存在软弱土层或承压水含水层时，勘探孔深度应穿过软弱土层或承压水含水层。

(4) 应按现行国家标准《岩土工程勘察规范[2009 年版]》(GB 50021—2001) 的规定进行原位测试和室内试验并提出各层土的物理性质指标和力学指标；对主要土层和厚度大于 3m 的素填土，应按规定进行抗剪强度试验并提出相应的抗剪强度指标。

(5) 当有地下水时，应查明各含水层的埋深、厚度和分布，判断地下水类型、补给和排泄条件；有承压水时，应分层测量其水头高度。

(6) 应对基坑开挖与支护结构使用期内地下水位的变化幅度进行分析。

(7) 当基坑需要降水时，宜采用抽水试验测定各含水层的渗透系数与影响半径；勘察报告中应提出各含水层的渗透系数。

(8) 当建筑地基勘察资料不能满足基坑支护设计与施工要求时，应进行补充勘察。

(二) 环境调查

基坑支护设计前，应查明下列基坑周边环境条件：

(1) 既有建筑物的结构类型、层数、位置、基础形式和尺寸、埋深、使用年限、用途等。

(2) 各种既有地下管线、地下构筑物的类型、位置、尺寸、埋深等；对既有供水、污水、雨水等地下输水管线，尚应包括其使用状况及渗漏状况。

(3) 道路的类型、位置、宽度、道路行驶情况、最大车辆荷载等。

(4) 基坑开挖与支护结构使用期内施工材料、施工设备等临时荷载的要求。

(5) 雨期时的场地周围地表水汇流和排泄条件。

五、支护结构选型

支护结构选型时，应综合考虑下列因素：基坑深度；土的性状及地下水条件；基坑周边环境对基坑变形的承受能力及支护结构失效的后果；主体地下结构和基础形式及其施工方法、基坑平面尺寸及形状；支护结构施工工艺的可行性；施工场地条件及施工季节；经济指标、环保性能和施工工期。

支护结构应按表 8-2 选型。

表 8-2 各类支护结构的适用条件

<table>
<tr><td colspan="2" rowspan="2">结构类型</td><td colspan="3">适用条件</td></tr>
<tr><td>安全等级</td><td colspan="2">基坑深度、环境条件、土类和地下水条件</td></tr>
<tr><td rowspan="5">支挡式结构</td><td>锚拉式结构</td><td rowspan="5">一级、二级、三级</td><td>适用于较深的基坑</td><td rowspan="5">1. 排桩适用于可采用降水或隔水帷幕的基坑
2. 地下连续墙宜同时用作主体地下结构外墙，可同时用于截水
3. 锚杆不宜用在软土层和高水位的碎石土、砂土层中
4. 当邻近基坑有建筑物地下室、地下构筑物等，锚杆的有效锚固长度不足时，不应采用锚杆
5. 当锚杆施工会造成基坑周边建（构）筑物的损害或违反城市地下空间规划等规定时，不应采用锚杆</td></tr>
<tr><td>支撑式结构</td><td>适用于较深的基坑</td></tr>
<tr><td>悬臂式结构</td><td>适用于较浅的基坑</td></tr>
<tr><td>双排桩</td><td>当锚拉式、支撑式和悬臂式结构不适用时，可考虑采用双排桩</td></tr>
<tr><td>支护结构与主体结构结合的逆作法</td><td>适用于基坑周边环境条件很复杂的深基坑</td></tr>
<tr><td rowspan="4">土钉墙</td><td>单一土钉墙</td><td rowspan="4">二级、三级</td><td>适用于地下水位以上或经降水的非软土基坑，且基坑深度不宜大于 12m</td><td rowspan="4">当基坑潜在滑动面内有建筑物、重要地下管线时，不宜采用土钉墙</td></tr>
<tr><td>预应力锚杆复合土钉墙</td><td>适用于地下水位以上或经降水的非软土基坑，且基坑深度不宜大于 15m</td></tr>
<tr><td>水泥土桩垂直复合土钉墙</td><td>用于非软土基坑时，基坑深度不宜大于 12m；用于淤泥质土基坑时，基坑深度不宜大于 6m；不宜用在高水位的碎石土、砂土、粉土层中</td></tr>
<tr><td>微型桩垂直复合土钉墙</td><td>适用于地下水位以上或经降水的基坑，用于非软土基坑时，基坑深度不宜大于 12m；用于淤泥质土基坑时，基坑深度不宜大于 6m</td></tr>
<tr><td colspan="2">重力式水泥土墙</td><td>二级、三级</td><td colspan="2">适用于淤泥质土、淤泥基坑，且基坑深度不宜大于 7m</td></tr>
<tr><td colspan="2">放坡</td><td>三级</td><td colspan="2">1. 施工场地应满足放坡条件
2. 可与上述支护结构形式结合</td></tr>
</table>

注：1. 当基坑不同部位的周边环境条件、土层性状、基坑深度等不同时，可在不同部位分别采用不同的支护形式；
2. 支护结构可采用上、下部以不同结构类型组合的形式。

（一）钢筋混凝土排桩支护

锚拉式支挡结构（排桩-锚杆结构、地下连续墙-锚杆结构）和支撑式支挡结构（排桩-支撑结构、地下连续墙-支撑结构）易于控制水平变形，挡土构件内力分布均匀，当基坑较深或基坑周边环境对支护结构位移的要求严格时，常采用这种结构形式。悬臂式支挡结构顶部位移较大，内力分布不理想，但可省去锚杆和支撑，当基坑较浅且基坑周边环境对支护结构位移的限制不严格时，可采用悬臂式支挡结构。双排桩支挡结构是一种刚架结构形式，其内力分布特性明显优于悬臂式结构，水平变形也比悬臂式结构小得多，适用的基坑深度比悬臂式结构略大，但占用的场地较大，当不适合采用其他支护结构形式且在场地条件及基坑深度均满足要求的情况下，可采用双排桩支挡结构。

（二）地下连续墙

一字形槽段长度宜取4~6m。当成槽施工可能对周边环境产生不利影响或槽壁稳定性较差时，应取较小的槽段长度。必要时，宜采用搅拌桩对槽壁进行加固。地下连续墙的转角处或有特殊要求时，单元槽段的平面形状可采用L形、T形等。地下连续墙的槽段接头的选用原则：地下连续墙宜采用圆形锁口管接头、波纹管接头、楔形接头、工字形钢接头或混凝土预制接头等柔性接头；当地下连续墙作为主体地下结构外墙，且需要形成整体墙体时，宜采用刚性接头；刚性接头可采用一字形或十字形穿孔钢板接头、钢筋承插式接头等；当采取地下连续墙顶设置通长冠梁、墙壁内侧槽段接缝位置设置结构壁柱、基础底板与地下连续墙刚性连接等措施时，也可采用柔性接头。

（三）锚杆

锚杆的应用应符合下列规定：锚拉结构宜采用钢绞线锚杆；承载力要求较低时，也可采用钢筋锚杆；当环境保护不允许在支护结构使用功能完成后锚杆杆体滞留在地层内时，应采用可拆芯钢绞线锚杆；在易塌孔的松散或稍密的砂土、碎石土、粉土、填土层，高液性指数的饱和黏性土层，高水压力的各类土层中，钢绞线锚杆、钢筋锚杆宜采用套管护壁成孔工艺；锚杆注浆宜采用二次压力注浆工艺；锚杆锚固段不宜设置在淤泥、淤泥质土、泥炭、泥炭质土及松散填土层内；在复杂地质条件下，应通过现场试验确定锚杆的适用性。

（四）内支撑结构

内支撑的布置应满足主体结构的施工要求，宜避开地下主体结构的墙、柱；相邻支撑的水平间距应满足土方开挖的施工要求；采用机械挖土时，应满足挖土机械作业的空间要求，且不宜小于4m；当采用环形支撑时，环梁宜采用圆形、椭圆形等封闭曲线形式，并应按使环梁弯矩、剪力最小的原则布置辐射支撑；环形支撑宜采用与腰梁或冠梁相切的布置形式。内支撑结构的施工与拆除顺序，应与设计工况一致，必须遵循先支撑后开挖的原则。

（五）半逆做法

支护结构与主体结构相结合的半逆做法包括地下连续墙兼作主体结构、水平支撑兼作主体结构和竖向支撑构件兼作主体结构。

（六）坡率法

坡率法是控制边坡高度和坡度、无须对边坡整体进行支护而自身稳定的一种人工放坡设计方法，是一种比较经济、施工方便的边坡治理方法，对有条件的且地质条件不复杂的场地宜优先用坡率法。

当场地地下水位较低基坑外具备足够的放坡场地，放坡开挖又不会对相邻的建筑物、管线产生不利影响时，可采用全深度或局部的放坡开挖方法。当基坑深度小于5m时，可采用单阶放坡，不设过渡平台；当基坑深度大于5m时，宜采用分阶放坡开挖。各级过渡平台的宽度，对土质边坡宜为1.0~1.5m，对岩石边坡不宜小于0.5m。当不具备全深度放坡或分阶放坡开挖条件时，上部可采用放坡，下部可采用其他支护方式。

单阶放坡的坡率应根据经验，按工程类比的原则确定。当基坑深度超过垂直开挖的深度限值时，采用坡率法应依据坑壁岩土的类别、性状、基坑深度、开挖方法及坑边荷载情况等条件按表 8-3 确定放坡坡度。当无经验，且土质均匀、无不良地质现象时，也可按表 8-3 确定。

表 8-3　土质基坑侧壁放坡坡度允许值(高宽比)

岩土类别	岩土性状	坑深在 5m 之内	坑深 5~10m
杂填土	中密-密实	1∶0.75~1∶1.00	—
黄土	黄土状土(Q4) 马兰黄土(Q3) 离石黄土(Q2) 午城黄土(Q1)	1∶0.50~1∶0.75 1∶0.30~1∶0.50 1∶0.20~1∶0.30 1∶0.10~1∶0.20	1∶0.75~1∶1.00 1∶0.50~1∶0.75 1∶0.30~1∶0.50 1∶0.20~1∶0.30
粉土	稍湿	1∶1.00~1∶1.25	1∶1.25~1∶1.50
黏性土	坚硬 硬塑 可塑	1∶0.75~1∶1.00 1∶1.00~1∶1.25 1∶1.25~1∶1.50	1∶1.00~1∶1.25 1∶1.25~1∶1.50 1∶1.50~1∶1.75
砂土	—	自然休止角 (内摩擦角)	—
碎石土(充填物为坚硬、硬塑状态的黏性土、粉土)	密实 中密 稍密	1∶0.35~1∶0.5 1∶0.50~1∶0.75 1∶0.75~1∶1.00	1∶0.50~1∶0.75 1∶0.75~1∶1.00 1∶1.00~1∶1.25
碎石土(充填物为砂土)	密实 中密 稍密	1∶1.00 1∶1.40 1∶1.60	—

(七) 土钉墙及复合土钉墙

土钉墙是分层分段施工形成的，每完成一层土钉和土钉位置以上的喷射混凝土面层后，基坑才能挖至下一层土钉施工标高。土钉墙施工应按设计要求分层分段进行，严禁超前超深开挖。当地下水位较高时，应预先采取降水或截水措施。机械开挖后的基坑侧壁应辅以人工修整坡面，使坡面平整无虚土。上层土钉注浆体及喷射混凝土面层达到设计强度的 70%后方可进行下层土方开挖和土钉施工。下层土方开挖严禁碰撞上层土钉墙结构。

(八) 重力式水泥土墙

重力式水泥土墙宜采用水泥土搅拌桩相互搭接成格栅状的结构形式，也可采用水泥土搅拌桩相互搭接成实体的结构形式。

搅拌桩的施工工艺宜采用喷浆搅拌法。水泥土搅拌桩的施工应符合现行行业标准《建筑地基处理技术规范》(JGJ 79—2019)的规定。重力式水泥土墙的质量检测应采用开挖方法检测水泥土搅拌桩的直径、搭接宽度、位置偏差；应采用钻芯法检测水泥土搅拌桩的单轴抗压强度、完整性、深度。单轴抗压强度试验的芯样直径不应小于 80mm。检测桩数不应少于总桩数的 1%，且不应少于 6 根。

第二节　基坑开挖

在基坑土方开挖之前，要详细了解施工区域的地形和周围环境、土层种类及其特性、地下设施情况、支护结构的施工质量、土方运输的出口、政府及有关部门关于土方外运的要求和规定(有的大城市规定只有夜间才允许土方外运)，根据基坑支护结构式、降排水要求、周边环境、施工工期及气候条件等编制专项施工方案。要优化选择挖土机械和运输设备；要确定堆土场地或弃土处；要确定挖土方案和施工组织；要对支护结构、地下水位及周围环境进行必要的监测和保护。

一、机械设备

基坑土方开挖机械设备一般主要包括推土机、铲运机、挖掘机(包括正铲、反铲、拉铲、抓铲等)、装载机、载重汽车等。土方开挖机械设备要有出厂合格证书。并按照出厂使用说明书规定的技术性能、承载能力和使用条件等要求，正确操作。严禁超载作业或任意扩大使用范围。机械设备应定期进行维修保养，严禁带故障作业。

一般来说，深度不大的大面积基坑开挖，宜采用推土机或装载机推土、装土，用自卸汽车运土；对长度和宽度均较大的大面积土方一次开挖，可用铲运机铲土、运土、卸土、填筑作业；对面积较深的基础多采用 $0.5m^3$ 或 $1.0m^3$ 斗容量的液压正铲挖掘机，上层土方也可用铲运机或推土机进行；如操作面狭窄，且有地下水，土体湿度大，可采用液压反铲挖掘机挖土，自卸汽车运土；在地下水中挖土，可用拉铲，效率较高；对地下水位较深，采取不排水时，亦可分层用不同机械开挖，先用正铲挖土机挖地下水位以上土方，再用拉铲或反铲挖地下水位以下土方，用自卸汽车将土方运出。

二、土方开挖

土方开挖要设专人负责，应结合支护、降水方案，紧密配合。土方开挖前要进行定位放线，确定预留坡道类型。开挖时要按设计要求的施工顺序分层、分段、适时、均衡开挖，边开挖、边测量，确保分层深度、分段长度、基坑坡度符合要求。

当支护结构构件强度达到开挖阶段的设计强度时，方可下挖基坑；对采用预应力锚杆的支护结构，应在锚杆施加预加力后，方可下挖基坑；对土钉墙，应在土钉、喷射混凝土面层的养护时间大于2d后，方可下挖基坑；应按支护结构设计规定的施工顺序和开挖深度分层开挖；锚杆、土钉的施工作业面与锚杆、土钉的高差不宜大于500mm；开挖时，挖土机械不得碰撞或损害锚杆、腰梁、土钉墙面、内支撑及其连接件等构件，不得损害已施工的基础桩；当基坑采用降水时，应在降水后开挖地下水位以下的土方；当开挖揭露的实际土层性状或地下水情况与设计依据的勘察资料明显不符，或出现异常现象、不明物体时，应停止开挖，在采取相应处理措施后方可继续开挖；挖至坑底时，应避免扰动基底持力土层的原状结构。

当基坑开挖面上方的锚杆、土钉、支撑未达到设计要求时，严禁向下超挖土方。采用锚杆或支撑的支护结构，在未达到设计规定的拆除条件时，严禁拆除锚杆或支撑。基坑周边施工材料、设施或车辆荷载严禁超过设计要求的地面荷载限值。

地下水埋深小于基坑开挖深度时，应随时观测水位标高，当地下水位高于开挖基底高程时，应采取有效降水措施，并在水位降至基底以下 0.5~1.5m 时再开挖。基坑开挖应有妥善的降排水措施。坡顶、坡面、坡脚可设置截水墙、排水沟、引水槽等有效防止地表水、地下水对基坑造成的不利影响。

开挖时土方要随挖随运，不要堆放在基坑边缘。如确实需要临时性堆放，应视挖土边坡处的土质情况、边坡坡度和高度，由设计确定堆放的安全距离，确保基坑的稳定。基坑周边施工材料、设施或车辆荷载严禁超过设计允许的地面荷载限值。基坑的四周要设置安全防护栏杆，并应牢固可靠。栏杆的高度不应低于 1.2m，并设置明显的安全警告标识牌。基坑内要设置供施工人员上下的专用梯道。梯道要设扶手栏杆，梯道的宽度不小于 1m。夜间施工时，现场应具备充足的照明条件，不得留有照明死角。电源线应采用架空设置；当不具备架空条件时，可采用地沟埋设，在车辆的通行地段，电源线埋置前应加装护管。

施工现场出入口，应设置车辆清洗装置。土方清运车辆应采取封闭措施，严禁沿途抛撒。临时堆土和裸露土要及时苫盖，防止扬尘污染。

雨期开挖的工作面不宜过大，应逐段、逐片分期完成。重要的或特殊的基坑工程，不宜安排在雨期开挖。冬期开挖土方时，当可能引起邻近建(构)筑物的地基或其他地下设施产生冻结破坏时，应采取相应的防冻措施。

开挖至基底标高后，应及时进行地下结构施工。地下结构施工完成，结构外墙与基坑侧壁间肥槽应及时回填。支护结构或基坑周边环境出现险情时，应立即停止开挖，并应根据危险产生的原因和进一步发展的破坏形式，采取堆土反压、临时斜支撑、竖向微型桩、地面卸土、基坑回填等应急措施。

三、基坑土方开挖安全管理要求

（1）基坑平面开挖顺序应结合工程地质与水文地质条件、环境保护要求、场地条件、基坑平面尺寸、开挖深度、支护形式、施工方法等因素综合确定。

（2）应按照“分区、分块、对称、平衡、限时”的原则确定开挖顺序；平面尺寸比较大的基坑，宜结合地下室后浇带、变形缝、施工分仓缝等分区跳挖。

（3）基坑竖向开挖顺序应符合下列要求：

① 基坑竖向土方开挖与支撑、锚杆、土钉的施工工况应符合基坑支护设计文件的要求。支护体及支撑体未达到设计要求之前，严禁进行下层土方开挖。

② 基坑开挖可采用全面分层或台阶式分层开挖方式；分层厚度应根据土质情况确定，且不应大于 2m。

③ 机械挖土时，坑底以上 200~300mm 范围内的土方应采用人工填土。

④ 基坑开挖至坑底标高后应及时进行垫层施工，垫层应浇筑到基坑支护边。

⑤ 开挖过程中开挖面上的临时边坡坡率不宜大于 1∶1.5，淤泥质土层不宜大于1∶3.0。

（4）挖土过程中，如发现实际地质情况与地质勘察报告明显不符，或存在地质勘察报告中未反映的障碍物、管线等情况时，应立即通知相关责任主体进行处理。

（5）应根据基坑及周边环境监测信息及时调整土方开挖顺序、速率及方法。当基坑及周边环境出现异常时，应立即停止土方开挖，通知相关责任主体，采取措施后方可继续施工。

（6）机械挖土应避免对工程桩产生不利影响，挖土机械不得直接在工程桩顶部行走；挖土机械严禁碰撞工程桩、支护体、内支撑、立柱和立柱桩、降水井管、监测点等。

(7) 基坑工程施工应连续进行；如特殊原因需暂停施工时，各责任主体应协商确定保证基坑安全的技术和管理措施。

(8) 挖土完毕应及时进行基础结构施工，严禁基坑长时间暴露。

(9) 进场施工机械应检查验收合格后方可作业，并应有验收记录。

(10) 土方挖掘机、运输车辆等直接进入基坑进行施工作业时，应采取保证坡道稳定的措施，坡道坡率不宜大于1：8，坡道的宽度应满足车辆行驶要求。

(11) 机械作业位置应稳定、安全，不得利用基坑支护结构体作为机械作业的支撑体。严禁挖土机械和施工人员在同一工作面作业。

(12) 施工栈桥应根据周边场地环境条件、基坑形状、支撑布置、施工方法等进行专项设计；施工过程中应按照设计要求对施工栈桥的荷载进行控制。

(13) 土方开挖施工应采取措施避免台风、雨、雪对基坑安全产生不利影响。放坡开挖时，应对坡顶、坡面、坡脚采取保护措施。

(14) 采用逆作法、暗挖等方法开挖土方时，应按照专项施工方案要求确保基坑内照明、通风等措施到位。

(15) 开挖钢筋混凝土支撑下部土方时，应及时清除支撑施工时的垫层、模板等。

(16) 土方回填应符合设计及相关标准的要求。

第三节 降水控制

在开挖基坑时，地下水位高于开挖底面，地下水会不断渗入坑内，为保证基坑能在干燥条件下施工，防止边坡失稳、基础流砂、坑底隆起、坑底管涌和地基承载力下降，需要做降水工作。基坑降水在基坑工程中是重要的一个环节，是土方开挖的工作前提和安全保障。基坑降水可采取排水、截水、隔水、降水以及降低承压水水压等综合方法措施。集水明排是指用排水沟、集水井、泄水管、输水管等组成的排水系统将地表水、渗漏水排泄至基坑外的方法。当坑底以下存在连续分布、埋深较浅的隔水层时，应采用落地式帷幕。集水明排不得在可能发生管涌、流土等渗透变形的场地使用。基坑降水施工前，要编制专项降水施工方案。

一、基坑降水设计

基坑降水方法应根据场地地质条件、降水目的、降水技术要求、降水工程可能涉及的工程环境保护等因素按表8-4选用，并应符合下列规定：地下水控制水位应满足基础施工要求，基坑范围内地下水位应降至基础垫层以下不小于0.5m，对基底以下承压水位降至不产生坑底突涌的水位以下，对局部加深部位(电梯井、集水坑、泵房等)宜采取局部控制措施；降水过程中应采取防止土颗粒流失的措施；应减少对地下水资源的影响；对工程环境的影响应在可控范围之内；应能充分利用抽排的地下水资源。

降水后基坑内的水位应低于坑底0.5m。

真空井点降水的井间距宜取0.8~2.0m；喷射井点降水的井间距宜取1.5~3.0m；当真空井点、喷射井点的井口至设计降水水位的深度大于6m时，可采用多级井点降水，多级井点上下级的高差宜取4~5m。真空井点出水能力可取36~60m^3/d。

当基坑降水引起的地层变形对基坑周边环境产生不利影响时，宜采用回灌方法减少地层变形量。回灌方法宜采用管井回灌，回灌井应布置在降水井外侧，回灌井与降水井的距离不宜小于 6m。

表 8-4 工程降水方法及适用条件

降水方法＼适用条件		土质类别	渗透系数/(m/d)	降水深度/m
集水明排		填土、黏性土、粉土、砂土、碎石土	—	—
降水井	真空井点	粉质黏土、粉土、砂土	0.01～20.0	单级≤6，多级≤12
	喷射井点	粉土、砂土	0.1～20.0	≤20
	管井	粉土、砂土、碎石土、岩石	>1	不限
	渗井	粉质黏土、粉土、砂土、碎石土	>0.1	由下伏含水层的埋藏条件和水头条件确定
	辐射井	黏性土、粉土、砂土、碎石土	>0.1	4～20
	电渗井	黏性土、淤泥、淤泥质黏土	≤0.1	≤6
	潜埋井	粉土、砂土、碎石土	>0.1	≤2

二、隔水帷幕

当降水会对基坑周边建(构)筑物、地下管线、道路等造成危害或对工程环境造成长期不利影响时，可采用隔水帷幕方法控制地下水。

隔水帷幕方法可按表 8-5 进行分类。

表 8-5 隔水帷幕方法分类

分类方式	帷幕方法
按布置方式	悬挂式竖向隔水帷幕、落地式竖向隔水帷幕、水平向隔水帷幕
按结构形式	独立式隔水帷幕、嵌入式隔水帷幕、支护结构自抗渗式隔水帷幕
按施工方法	高压喷射注浆(旋喷、摆喷、定喷)隔水帷幕、压力注浆隔水帷幕、水泥土搅拌桩隔水帷幕、冻结法隔水帷幕、地下连续墙或咬合式排桩隔水帷幕、钢板桩隔水帷幕、沉箱

隔水帷幕功能应符合：隔水帷幕设计应与支护结构设计相结合；应满足开挖面渗流稳定性要求；隔水帷幕应满足自防渗要求，渗透系数不宜大于 1.0×10^{-6}cm/s。

当采用高压喷射注浆法、水泥土搅拌法、压力注浆法、冻结法帷幕时，应结合工程情况进行现场工艺性试验，确定施工参数和工艺。

三、基坑降水安全管理要求

（1）基坑支护工程专项施工方案中应有隔水帷幕、降水、排水施工等内容。对于承压水地层及降水要求比较高的工程，施工前宜进行降水试验。

（2）降水控制应符合设计要求。

（3）施工单位应按设计和专项施工方案的要求设置有效的降水和排水措施。山区、基坑附近有河道时，应制定专项疏、排水措施。

（4）必要时宜进行抽水试验确定降水影响范围。当基坑降水可能对周围环境产生影响时，应对周边环境进行监测，并应采取防止对周围环境产生影响的措施。

（5）应采取措施确保降水连续运行。

（6）应根据工程实际情况合理布置排水系统，必要时应进行排水计算。基坑上口、多级放坡的台阶上、基坑内应设置排水沟（截水沟、盲沟）及集水井等；排水沟的坡度宜为1%，宜每隔30~40m设集水井。基坑上口的排水沟及集水井距基坑边不应小于0.5m，基坑内的不应小于4.0m。

第四节　基坑监测

在基坑工程施工的全过程中，应由具备工程测绘资质和能力的单位对基坑支护体系及周边环境安全进行有效监测。

基坑监测前，监测单位应根据基坑工程安全等级、环境保护等级和设计施工技术要求等编制监测方案。监测方案包括工程概况、场地工程地质、水文地质条件及基坑周边环境状况；监测目的；编制依据；监测范围、对象及项目；基准点、工作基点、监测点的布设要求及测点布置图；监测方法和精度等级；监测人员配备和使用的主要仪器设备；监测期和监测频率；监测数据处理、分析与信息反馈；监测预警、异常及危险情况下的监测措施；质量管理、监测作业安全及其他管理制度。

根据《建筑基坑工程监测技术标准》（GB 50497—2019），监测的项目主要有：支护结构顶部位移（水平、竖向）；基坑周边建（构）筑物、地下管线、道路沉降；坑边地面沉降等。有时根据需要还要监测支护结构深部水平位移、锚杆拉力、支撑轴力、挡土构件内力、支撑立柱沉降、挡土构件、水泥土墙沉降、地下水位、土压力、孔隙水压力等。

一、监测点布置

监测点布置一般根据基坑工程等级、环境保护等级、地下管线现状、支护体系的类型、基坑形状以及基坑施工方案等因素综合确定。

围护墙或基坑边坡顶部的水平和竖向位移监测点应沿基坑周边布置，基坑各侧边中部、阳角处、邻近被保护对象的部位应布置监测点。监测点水平间距不宜大于20m，每边监测点数目不宜少于3个。

围护墙或土体深层水平位移监测点宜布置在基坑周边的中部、阳角处及有代表性的部位。监测点水平间距宜为20~50m，每侧边监测点数目不应少于1个。

围护墙内力监测断面的平面位置应布置在设计计算受力、变形较大且有代表性的部位。竖直方向监测点间距宜为2~4m。

立柱的竖向位移监测点宜布置在基坑中部、多根支撑交汇处、地质条件复杂处的立柱上；监测点不应少于立柱总根数的5%，逆作法施工的基坑不应少于10%，且均不应少于3根。

锚杆轴力监测断面的平面位置应选择在设计计算受力较大且有代表性的位置，每层锚杆的内力监测点数量应为该层锚杆总数的1%~3%，且基坑每边不应少于1根。

坑底隆起监测点的布置宜按纵向或横向断面布置，同一断面上监测点横向间距宜为 10~30m，数量不宜少于 3 个。

围护墙侧向土压力监测点的布置在受力、土质条件变化较大或其他有代表性的部位；在平面布置上，基坑每边的监测断面不宜少于 2 个，竖向布置上监测点间距宜为 2~5m，下部宜加密。

孔隙水压力监测断面宜布置在基坑受力、变形较大或有代表性的部位。竖向布置上监测点宜在水压力变化影响深度范围内按土层分布情况布设，竖向间距宜为 2~5m，数量不宜少于 3 个。

二、监测方法

基坑工程的现场监测应采用仪器监测与巡视检查相结合的方法。监测方法的选择应根据监测对象的监控要求、现场条件、当地经验和方法适用性等因素综合确定，监测方法应合理易行。仪器监测可采用现场人工监测或自动化实时监测。

变形监测网的基准点、工作基点的设置应符合：基准点应选择在施工影响范围以外不受扰动的位置，基准点应稳定可靠；工作基点应选在相对稳定和方便使用的位置，在通视条件良好、距离较近的情况下，宜直接将基准点作为工作基点；工作基点应与基准点进行组网和联测。

对同一监测项目，监测时宜符合：采用相同的观测方法和观测路线；使用同一监测仪器和设备；固定观测人员；在基本相同的环境和条件下工作。

监测项目初始值应在相关施工工序之前测定，并取至少连续观测 3 次的稳定值的平均值。

三、监测预警

预测预警值应满足基坑支护结构、周边环境的变形和安全控制要求。监测预警值应由基坑工程设计方确定。

变形监测预警值应包括监测项目的累计变化预警值和变化速率预警值。

基坑及支护结构监测预警值应根据基坑设计安全等级、工程地质条件、设计计算结果及当地工程经验等因素确定；当无当地工程经验时，可按附录 2 确定。

基坑工程周边环境监测预警值应根据监测对象主管部门的要求或建筑检测报告的结论确定，当无具体控制值时，可按附录 3 确定。

监测数据达到监测预警值时，应立即预警，通知有关各方及时分析原因并采取相应措施。

当出现下列情况之一时，必须立即进行危险报警，并应通知有关各方对基坑支护结构和周边环境保护对象采取应急措施。

（1）基坑支护结构的位移值突然明显增大或基坑出现流砂、管涌、隆起、陷落等。

（2）基坑支护结构的支撑或锚杆体系出现过大变形、压屈、断裂、松弛或拔出的迹象。

（3）基坑周边建筑的结构部分出现危害结构的变形裂缝。

（4）基坑周边地面出现较严重的突发裂缝或地下空洞、地面下陷。

（5）基坑周边管线变形突然明显增长或出现裂缝、泄漏等。

（6）冻土基坑经受冻融循环时，基坑周边土体温度显著上升，发生明显的冻融变形。

（7）出现基坑工程设计方提出的其他危险报警情况，或根据当地工程经验判断，出现其他必须进行危险报警的情况。

四、监测频率

监测工作应贯穿于基坑工程和地下工程施工全过程。监测工作应从基坑工程施工前开始，直至地下工程完成为止。对有特殊要求的基坑周边环境的监测应根据需要延续至变形趋于稳定后结束。

仪器监测频率应综合考虑基坑支护、基坑及地下工程的不同施工阶段以及周边环境、自然条件的变化和当地经验确定。

对于应测项目，在无异常和无事故征兆的情况下，开挖后监测频率可按表 8-6 确定。

表 8-6　监测频率

基坑设计安全等级	施工进度		监测频率
一级	开挖深度 h	$\leq h/3$	1 次/（2~3）d
		$h/3 \sim 2h/3$	1 次/（1~2）d
		$2h/3 \sim h$	（1~2）次/d
	底板浇筑后时间/d	≤7	1 次/d
		7~14	1 次/3d
		14~28	1 次/5d
		>28	1 次/7d
二级	开挖深度 h	$\leq h/3$	1 次/3d
		$h/3 \sim 2h/3$	1 次/2d
		$2h/3 \sim h$	1 次/d
	底板浇筑后时间/d	≤7	1 次/2d
		7~14	1 次/3d
		14~28	1 次/7d
		>28	1 次/10d

当基坑支护结构监测值相对稳定，开挖工况无明显变化时，可适当降低对支护结构的监测频率。

当基坑支护结构、地下水位监测值相对稳定时，可适当降低对周边环境的监测频率。

当出现下列情况之一时，应提高监测频率：

（1）监测值达到预警值。

（2）监测值变化较大或者速率加快。

（3）存在勘察未发现的不良地质状况。

（4）超深、超长开挖或未及时加撑等违反设计工况施工。

（5）基坑及周边大量积水、长时间连续降雨、市政管道出现泄漏。

（6）基坑附近地面荷载突然增大或超过设计限制。

（7）支护结构出现开裂。

（8）周边地面突发较大沉降或出现严重开裂。

（9）邻近建筑突发较大沉降、不均匀沉降或出现严重开裂。

（10）基坑底部、侧壁出现管涌、渗漏或流砂等现象。

（11）膨胀土、湿陷性黄土等水敏性特殊土基坑出现防水、排水等防护设施损坏，开挖暴露面有被水浸湿的现象。

（12）多年冻土、季节性冻土等温度敏感性土基坑经历冻、融季节。

（13）高灵敏性软土基坑受施工扰动严重、支撑施作不及时、有软土侧壁挤出、开挖暴露面未及时封闭等异常情况。

（14）出现其他影响基坑及周边环境安全的异常情况。

五、巡视检查

基坑工程施工和使用期内，每天均应由专人进行巡视检查。基坑工程巡视检查宜包括以下内容：

（一）支护结构

（1）支护结构成型质量。

（2）冠梁、支撑、围檩或腰梁是否有裂缝。

（3）冠梁、围檩或腰梁的连续性，有无过大变形。

（4）围檩或腰梁与围护桩的密贴性，围檩与支撑的防坠落措施。

（5）锚杆垫板有无松动、变形。

（6）立柱有无倾斜、沉陷或隆起。

（7）止水帷幕有无开裂、渗漏水。

（8）基坑有无涌土、流砂、管涌。

（9）面层有无开裂、脱落。

（二）施工状况

（1）开挖后暴露的岩土体情况与岩土勘察报告有无差异。

（2）开挖分段长度、分层厚度及支撑（锚杆）设置是否与设计要求一致。

（3）基坑侧壁开挖暴露面是否及时封闭。

（4）支撑、锚杆是否施工及时。

（5）边坡、侧壁及周边地表的截水、排水措施是否到位，坑边或坑底有无积水。

（6）基坑降水、回灌设施运转是否正常。

（7）基坑周边地面有无超载。

（三）周边环境

（1）周边管线有无破损、泄漏情况。

（2）围护墙后土体有无沉陷、裂缝及滑移现象。

（3）周边建筑有无新增裂缝出现。

（4）周边道路（地面）有无裂缝、沉陷。

（5）邻近基坑施工（堆载、开挖、降水或回灌、打桩等）变化情况。

（6）存在水力联系的邻近水体（湖泊、河流、水库等）的水位变化情况。

（四）监测设施

（1）基准点、监测点完好状况。

（2）监测元件的完好及保护情况。

（3）有无影响观测工作的障碍物。

（五）根据设计要求或当地经验确定的其他巡视检查内容

此外，特殊土基坑工程巡视检查还应符合下列规定：

（1）对膨胀土、湿陷性黄土、红黏土、盐渍土，应重点巡视场地内防水、排水等防护设施是否完好，开挖暴露面有无被雨水及各种水源浸湿的现象，是否及时覆盖封闭。

（2）膨胀土基坑开挖时有无较大的原生裂隙面，在干湿循环剧烈季节坡面有无保湿措施。

（3）对多年冻土、季节性冻土等温度敏感性土，当基坑施工及使用阶段经受冻融循环时，应重点巡视开挖暴露面保温、隔热措施是否到位，坡顶、坡脚排水系统设施是否完好。

（4）对高灵敏性软土，应重点巡视施工扰动情况，支撑施作是否及时，侧壁有无软土挤出，开挖暴露面是否及时封闭等。

（5）岩体基坑、土岩组合基坑工程巡视检查还应包括如下内容：

① 岩体结构面产状、结构面含水情况。

② 采用吊脚桩支护形式时，岩肩处岩体有无开裂、掉块。

③ 爆破后岩体是否出现松动。

（六）检查方法及记录

巡视检查宜以目测为主，可辅以锤、钎、量尺、放大镜等工器具以及摄像、摄影等设备进行。

对自然条件、支护结构、施工工况、周边环境、监测设施等的巡视检查情况应做好记录，及时整理，并与仪器监测数据进行综合分析，如发现异常情况时，应及时通知建设方及其他相关单位。

事故案例

2019 年 9 月 26 日 21 时 10 分许，某商业楼西北侧基坑边坡突然发生局部坍塌，将正在绑扎基坑墩柱的 2 名工人和 1 名管理人员掩埋。事故共造成 3 人死亡。

一、事故直接原因

商业楼基坑开挖放坡系数不足且未支护，基坑壁砂土在重力和外力作用下发生局部坍塌。

基坑开挖放坡系数不足。经现场勘查，基坑深度约4.05m，按基坑设计及支护方案，该基坑采取放坡方式进行施工，设计规定放坡系数为1：0.4，施工单位编制的《4#楼土方开挖专项施工方案》确定基坑采用放坡系数为1：1，分层开挖，实际该基坑9月23日机械一次开挖成形，放坡系数未达到规范要求。

基坑壁土质不良且未支护。事故基坑壁局部为粉质砂土，9月23日机械开挖成形后暴露在空气中，连日晴天导致砂土中水分蒸发土层黏结力下降，同时基坑边缘距现场施工主车道距离过近，边坡承受荷载过大，基坑垮塌部位旁为小型绿化区未硬化封闭，对土质产生不利影响，加之边坡未支护，土层在重力和外力共同作用下发生局部坍塌。

二、事故间接原因

专业分包单位安全生产主体责任落实不到位，未按深基坑工程施工安全技术规范组织施工，擅自改变施工方案，开挖的基坑放坡不足且未支护，是事故发生的主要原因。

建设单位深基坑专项施工技术方案与现场部分临建设施存在冲突，施工现场组织、协调、管理不到位，是事故发生的重要原因。

复习思考题

1. 基坑工程的主要内容包括哪几项？
2. 什么样的基坑应采取支护措施？
3. 当出现什么情况时，必须立即进行基坑危险报警，并应通知有关各方对基坑支护结构和周边环境保护对象采取应急措施？

第九章 模板支护

本章学习要点

1. 熟悉模板支护的基础知识；
2. 了解模板支护及支撑体系的危险性分类与管理；
3. 掌握模板支护安全技术要求；
4. 熟悉并掌握模板支护安全管理要求。

模板支护是指新浇混凝土成型的模板以及支撑模板的一整套构造体系，在混凝土施工中是一种临时结构。近年来，模板支护凭借其施工工艺简单、施工速度快、劳动强度低、房屋的整体性好、抗震能力强等优点，被广泛应用于大跨度、大体积的钢筋混凝土的高层、超高层结构施工中，取得了良好的经济效益。与此同时，在建筑施工的伤亡事故中，模板坍塌事故比例增大，现浇混凝土模板支撑没有经过设计计算，支撑系统强度不足、稳定性差，模板上堆物不均匀或超出设计荷载，混凝土浇筑过程中局部荷载过大等都是造成模板坍塌事故的原因，因此，必须加强对模板支护的安全管理。

随着我国建筑工业的不断发展，采用现浇混凝土施工工艺的结构工程已越来越多。在钢筋混凝土结构工程施工中，模板支护不仅对工程费用、劳动量、工程进度和结构质量等都起着重要的作用，而且其安全生产问题也越来越引起人们的关注。因此，提高建筑施工队伍的模板支护安全技术水平，是当前国内外建筑业普遍重视的问题。

近年来，模板支护施工发生的事故逐渐增多，模板支护的安全问题也日益突出。下面我们从工程基础知识、工程属于危险性较大的分部分项工程范围以及安全要求对模板支护进行简述。

第一节 模板支护基础知识

一、模板支护的组成

模板支护由模板面、支架和连接件三部分组成，可简称为“模板”。

模板面：为直接接触新浇混凝土的承力板，包括拼装的板和加肋楞带板。面板的种类有钢、木、胶合板、塑料板等。

支架：为支撑面板用的楞梁、立柱、连接件、斜撑、剪刀撑和水平拉条等构件的总称。其中支架立柱是指直接支撑主楞的受压结构构件，又称支撑柱、立柱。

连接件：为模板面与楞梁的连接、模板面自身的拼接、支架结构自身的连接和其中二者相互连接所用的零配件，包括卡销、螺栓、扣件、卡具、拉杆等。

二、模板面

（一）按使用的材料分类

分为木模板、竹模板、钢模板、塑料模板、铝合金模板、玻璃钢模板等。

1. 木模板

木模板的树种可按各地区实际情况选用，一般多为松木和杉木。由于木模板木材消耗量大，重复使用率低，为了节约木材，在现浇混凝土结构施工中应尽量少用或不用木模板。优点是较适用于外形复杂或异形混凝土构件及冬期施工的混凝土工程；缺点是制作量大、木材资源浪费大等。

2. 胶合板模板

胶合板模板是由木材为基本材料压制而成，表面经酚醛薄膜处理，或经过塑料浸渍饰面或高密度塑料涂层处理的建筑用胶合板。优点是自重轻、板幅大、板面平整、施工安装方便简单，模板的承载力、刚度较好，能多次重复使用；模板的耐磨性强，防水性好；是一种较理想的模板材料，目前应用较多，但它需要消耗较多的木材资源。

3. 竹胶板模板

竹胶板模板以竹篾纵横交错编织热压而成。其纵横向的力学性能差异很小，强度、刚度和硬度比木材高；收缩率、膨胀率、吸水率比木材低，耐水性能好，受潮后不会变形；不仅富有弹性，而且耐磨、耐冲击，使用寿命长、能多次使用；重量较轻，可加工成大面模板；原材料丰富，价格较低，是一种理想的模板材料，应用越来越多，但施工安装不如胶合板模板方便。

4. 组合钢模板

组合钢模板一般做成定型模板，用连接构件拼装成各种形状和尺寸，适用于多种结构形式，在现浇混凝土结构施工中应用广泛。优点是轻便灵活、拆装方便、通用性强、周转率高等；缺点是接缝多且严密性差，导致混凝土成型后外观质量差。在使用过程中应注意保管和维护，防止生锈以延长使用寿命。组合钢模板是一种工具式模板，由具有一定模数和类型的平面模板、角模、连接件和支撑件组成。

5. 塑料模板

这种模板采用玻璃纤维增强的聚丙烯为主要原料，注塑成型。模板结构和规格尺寸与钢模板基本相同，其优点是重量轻、导热系数小、耐腐蚀性好，表面光滑、易脱模，回收率高、加工制作简单等。缺点是模板的承载力和刚度较低，耐热性和耐久性较差。尤其是原材料供应不足和较高的价格，影响其推广应用。塑料模板适宜在地下工程、矿井、堤坝等工程中应用。

6. 玻璃钢圆柱模板

这种模板采用玻璃纤维布为原材料，不饱和聚酯树脂为黏结剂，其优点是重量轻、施工方便，易脱模、表面光滑，易成型、加工制作简单，强度高、可多次使用。缺点是通用性差，一种规格模板只能用于一种直径柱子，而且模板价格较高。玻璃钢材料主要适用于小曲率圆柱模板和玻璃钢衬模等。

7. 铝合金模板

全称为混凝土工程铝合金模板，是继胶合板模板、组合钢模板体系、钢框木(竹)胶合板体系、大模板体系、早拆模板体系后新一代模板系统。铝合金模板以铝合金型材为主要材料，经过机械加工和焊接等工艺制成的适用于混凝土工程的模板，并按照50mm模数设计由面板、肋、主体型材、平面模板、转角模板、早拆装置组合而成。铝合金模板设计和施工应用是混凝土工程模板技术上的革新，也是装配式混凝土技术的推动，更是建造技术工业化的体现。铝合金模板体系按照受力方式不同可分为拉杆体系和拉片体系两大类。

（二）按工艺分类

分为组合式模板、滑动模板、爬模以及飞模、隧道模等。

1. 滑动模板

模板固定于围圈上，用以保证构件截面尺寸及结构的几何形状。模板直接与新浇混凝土接触且随着提升架上滑，承受新浇混凝土的侧压力和模板滑动时的摩阻力，简称滑模。

模板一次组装完成，上面设置有施工作业人员的操作平台。并从下而上采用液压或其他提升装置沿现浇混凝土表面边浇筑混凝土边进行同步滑动提升和连续作业，直到现浇结构的作业部分或全部完成。其特点是施工速度快、结构整体性能好、操作条件方便和工业化程度较高。

2. 爬模

以建筑物的钢筋混凝土墙体为支撑主体，依靠自升式爬升支架使大模板完成提升、下降、就位、校正和固定等工作的模板系统。

3. 飞模

主要由平台板、支撑系统（包括梁、支架、支撑、支腿等）和其他配件（如升降和行走机构等）组成。它是一种大型工具式模板，由于可借助起重机械，从已浇好的楼板下吊运飞出，转移到上层重复使用，称为飞模。因其外形如桌，故又称桌模或台模。

4. 隧道模

一种组合式的、可同时浇筑墙体和楼板混凝土的、外形像隧道的定型模板。

三、支架

支架类型主要包括扣件式钢管支撑体系、碗扣式钢管支撑体系、承插型盘扣式钢管支撑体系、飞模、普通独立钢支撑、铝合金模板支撑体系和塔架。

支架及构配件执行《建筑施工脚手架安全技术统一标准》（GB 51210—2016）和《施工脚手架通用规范》（GB 55023—2022）。

（一）立柱

材质要求符合《碳素结构钢》（GB/T 700—2006）、《低合金高强度结构钢》（GB/T 1591—2018）的规定。支架外观质量要求表面应平直光滑，不应有裂缝、节疤分层、错位、硬弯、毛刺、压痕、深的划道和严重锈蚀。

（二）扣件

材质上分有可锻铸铁或铸钢制作扣件和钢板冲压扣件。扣件验收应有生产许可证、法定检测单位的测试报告和产品质量合格证。当对扣件质量有怀疑时，应按国家标准的规定抽样检测；新、旧扣件均应进行防锈处理；扣件在使用前应逐个挑选，有裂缝、变形、螺滑丝的严禁使用。可锻铸铁或铸钢制作扣件外观质量要求应有生产许可证标志和编号，出厂应有型式检验钢板冲压扣件外观质量要求和产品的型号。商标、生产年号应在醒目处冲压出，字迹、图案应清晰完整。

（三）底座和可调托撑

底座用于支架立杆底部，其作用是增大立杆与垫板的接触面积。从而减少立杆向下传递到垫板的应力，同时控制单根立杆的沉降，其中可调节螺母高低的底座称为可调底座；不可调节螺母高度的称为固定底座。可调底座用于支架立杆底部，将立杆承受的荷载传递到地基基础上应符合《建筑施工承插型盘扣式钢管脚手架安全技术标准》（JGJ/T 231—2021）的规定。

可调托撑：插入立杆顶端可调节高度的托撑。

四、连接件

对拉螺栓及其扣件主要用于柱、墙和梁模板，可控制构件尺寸，并作为模板主楞的支座承受主楞传来的土侧压力，现行国家标准《钢结构设计标准》（GB 50017—2017）规定采用有效截面面积。

第二节　模板支护施工要求

一、模板安装与拆除的施工要求

（一）模板安装要求

（1）模板安装应按设计与施工说明书顺序拼装。木杆、钢管、门架等支架立柱不得混用。

（2）竖向模板和支架立柱支撑部分安装在基土上时，应加设垫板，垫板应有足够强度和支撑面积，且应中心承载。基土应坚实，并应有排水措施。对湿陷性黄土应有防水措施；对特别重要的结构工程可采用混凝土、打桩等措施防止支架柱下沉。对冻胀性土应有防冻融措施。

（3）当满堂或共享空间模板支架立柱高度超过 8m 时，若地基土达不到承载要求，无法防止立柱下沉，则应先施工地面下的工程，再分层回填夯实基土，浇筑地面混凝土垫层，达到强度后方可支模。

（4）模板及其支架在安装过程中，必须设置有效防倾覆的临时固定设施。

（5）现浇钢筋混凝土梁、板，当跨度大于 4m 时，模板应起拱；当设计无具体要求时，起拱高度宜为全跨长度的 1/1000～3/1000。

（6）现浇多层或高层房屋和构筑物，安装上层模板及其支架的要求

① 下层楼板应具有承受上层施工荷载的承载能力，否则应加设支撑支架。

② 上层支架立柱应对准下层支架立柱，并应在立柱底铺设垫板。

③ 当采用悬臂吊模板、桁架支模方法时，其支撑结构的承载能力和刚度必须符合设计构造要求。

（7）当层间高度大于 5m 时，应选用桁架支模或钢管立柱支模。当层间高度小于或等于 5m 时，可采用木立柱支模。

（8）拼装高度为 2m 以上的竖向模板，不得站在下层模板上拼装上层模板。安装过程中应设置临时固定设施。

（9）当承重焊接钢筋骨架和模板一起安装时，应符合下列要求：

① 梁的侧模、底模必须固定在承重焊接钢筋骨架的节点上。

② 安装钢筋模板组合体时，吊索应按模板设计的吊点位置绑扎。

（10）当支架立柱呈一定角度倾斜，或其支架立柱的顶表面倾斜时，应采取可靠措施确保支点稳定，支撑底脚必须有防滑移的可靠措施。

（11）施工时，在已安装好的模板上的实际荷载不得超过设计值。已承受荷载的支架和附件，不得随意拆除或移动。

（12）安装模板时，安装所需各种配件应置于工具箱或工具袋内，严禁散放在模板或脚手板上；安装所用工具应系挂在作业人员身上或置于所佩带的工具袋中，不得掉落。

（13）当模板安装高度超过 3.0m 时，必须搭设脚手架，除操作人员外，脚手架下不得站其他人。

（14）吊运模板时，必须符合安全要求：

① 作业前应检查绳索、卡具、模板上的吊环，必须完整有效，在升降过程中应设专人指挥，统一信号，密切配合。

② 吊运大块或整体模板时，竖向吊运不应少于 2 个吊点，水平吊运不应少于 4 个吊点。吊运必须使用卡环连接，并应稳起稳落，待模板就位连接牢固后，方可摘除卡环。

③ 吊运散装模板时，必须码放整齐，待捆绑牢固后方可起吊。

④ 严禁起重机在输电线路下面工作。

⑤ 遇 5 级及以上大风时，应停止一切吊运作业。

（15）木料应堆放在下风向，离火源不得小于 30m，且料场四周应设置灭火器材。

（二）模板拆除要求

（1）模板的拆除措施应经技术主管部门或负责人批准，拆除模板的时间可按现行国家标准《混凝土结构工程施工质量验收规范》（GB 50204—2015）的有关规定执行。冬期施工的拆模，应符合专门规定。

（2）当混凝土未达到规定强度或已达到设计规定强度，需提前拆模或承受部分超设计荷载时，必须经过计算和技术主管确认其强度能足够承受此荷载后，方可拆除。

（3）在承重焊接钢筋骨架作配筋的结构中，承受混凝土重量的模板。底模及支架应在混凝土强度达到设计要求后再拆除，当设计无具体要求时，同条件养护的混凝土立方体试件抗压强度应符合表 9-1 的规定。

表 9-1 底模拆除时的混凝土强度要求

构件类型	构件跨度/m	达到设计混凝土强度等级值的百分率/%
板	≤2	≥50
	>2，≤8	≥75
	>8	≥100
梁、拱、壳	≤8	≥75
	>8	≥100
悬臂结构		≥100

（4）大体积混凝土的拆模时间除应满足混凝土强度要求外，还应使混凝土内外温差降低到25℃以下时方可拆模。否则应采取有效措施防止产生温度裂缝。

（5）后张预应力混凝土结构的侧模宜在施加预应力前拆除，底模应在施加预应力后拆除。

（6）拆模前应检查所使用的工具有效性和可靠性，扳手等工具必须装入工具袋或系挂在身上，并应检查拆模场所范围内的安全措施。

（7）模板的拆除工作应有专人指挥。作业区应设围栏，其内不得有其他工种作业，并应设专人负责监护。拆下的模板、零配件严禁抛掷。

（8）拆模的顺序和方法应按模板的设计规定进行。当设计无规定时，可采取先支的后拆、后支的先拆、先拆非承重模板、后拆承重模板，并应从上而下进行拆除。拆下的模板不得抛掷，应按指定地点堆放。

（9）多人同时操作时，应明确分工、统一信号或行动，应具有足够的操作面，人员应站在安全处。

（10）高处拆除模板时，应符合有关高处作业的规定。严禁使用大锤和撬棍，操作层上临时拆下的模板堆放不能超过3层。

（11）在提前拆除互相搭连并涉及其他后拆模板的支撑时，应补设临时支撑。拆模时，应逐块拆卸，不得成片撬落或拉倒。

（12）拆模如遇中途停歇，应将已拆松动、悬空、浮吊的模板或支架进行临时支撑牢固或相互连接稳固。对活动部件必须一次拆除。

（13）已拆除了模板的结构，应在混凝土强度达到设计强度值后方可承受全部设计荷载。若在未达到设计强度以前，需在结构上加置施工荷载时，应另行核算，强度不足时，应加设临时支撑。

（14）遇6级或6级以上大风时，应暂停室外的高处作业。雨、雪、霜后应先清扫施工现场，方可进行工作。

（15）拆除有洞口模板时，应采取防止操作人员坠落的措施。洞口模板拆除后，应按现行国家标准《建筑施工高处作业安全技术规范》（JGJ 80—2016）的有关规定及时进行防护。

二、支架立柱安装与拆除的施工要求

（一）支架立柱的安装要求

1. 梁式或桁架式支架安装规定

（1）支撑梁式或桁架式支架的建筑结构应具有足够强度，否则，应另设立柱支撑。

（2）若桁架采用多榀成组排放，在下弦折角处必须加设水平撑。

2. 工具式立柱支撑安装规定

（1）立柱不得接长使用。

（2）所有夹具、螺栓、销子和其他配件应处在闭合或拧紧的位置。

3. 木立柱支撑安装规定

（1）木立柱宜选用整料，当不能满足要求时，立柱的接头不宜超过1个，并应采用对接夹板接头方式。立柱底部可采用垫块垫高，但不得采用单码砖垫高，垫高高度不得超过300mm。

（2）木立柱底部与垫木之间应设置硬木对角楔调整标高，并应用铁钉将其固定在垫木上。

（3）严禁使用板皮替代规定的拉杆。

（4）所有单立柱支撑应在底垫木和梁底模板的中心，并应与底部垫木和顶部梁底模板紧密接触，且不得承受偏心荷载。

（5）当仅为单排立柱时，应在单排立柱的两边每隔 3m 加设斜支撑，且每边不得少于 2 根，斜支撑与地面的夹角应为 60°。

4. 采用扣件式钢管作立柱支撑时的安装规定

（1）每根立柱底部应设置底座及垫板，垫板厚度不得小于 50mm。

（2）当立柱底部不在同一高度时，高处的纵向扫地杆应向低处延长不少于 2 跨，高低差不得大于 1m，立柱距边坡上方边缘不得小于 0.5m。

（3）立柱接头严禁搭接，必须采用对接扣件连接，相邻两立柱的对接接头不得在同步内，且对接接头沿竖向错开的距离不宜小于 500mm，各接头中心距主节点不宜大于步距的 1/3。

（4）严禁将上段的钢管立柱与下段钢管立柱错开固定在水平拉杆上。

（5）立柱支撑的构造要求：

① 8m 以下立柱支撑构造要求。

8m 以下的满堂模板和共享空间模板支架立柱，在外侧周圈应设由下至上的竖向连续式剪刀撑；中间在纵横向应每隔 10m 左右设由下至上的竖向连续式剪刀撑，其宽度宜为 4～6m，并在剪刀撑部位的顶部、扫地杆处设置水平剪刀撑(图 9-1)。剪刀撑杆件的底端应与地面顶紧，夹角宜为 45°～60°。

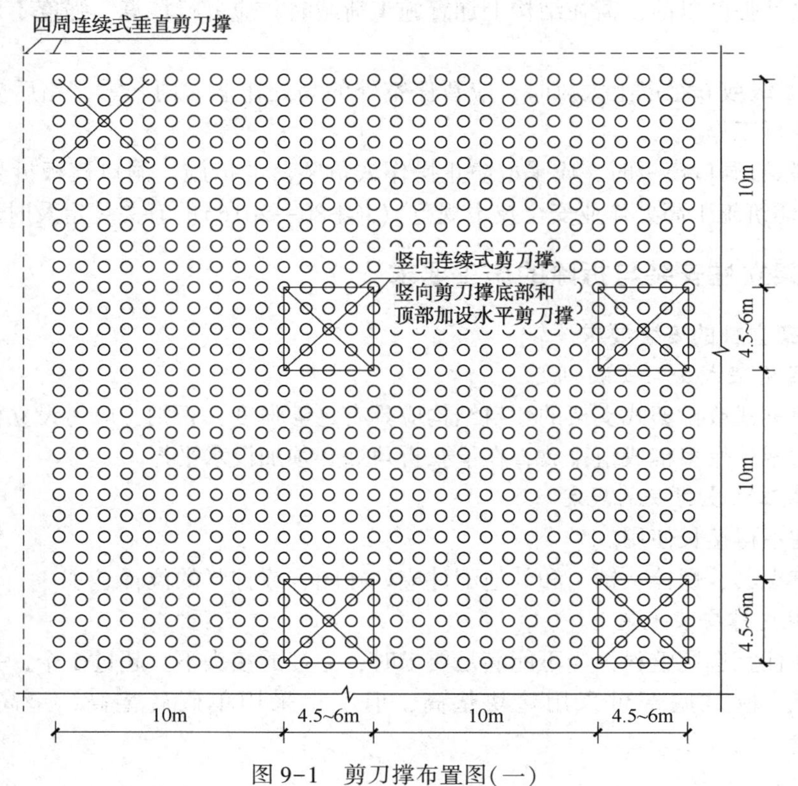

图 9-1　剪刀撑布置图(一)

② 8~20m 的立柱支撑构造要求。

当建筑层高在 8~20m 时，除应满足上述规定外，还应在纵横向相邻的两竖向连续式剪刀撑之间增加之字斜撑，在有水平剪刀撑的部位，应在每个剪刀撑中间处增加一道水平剪刀撑(图 9-2)。

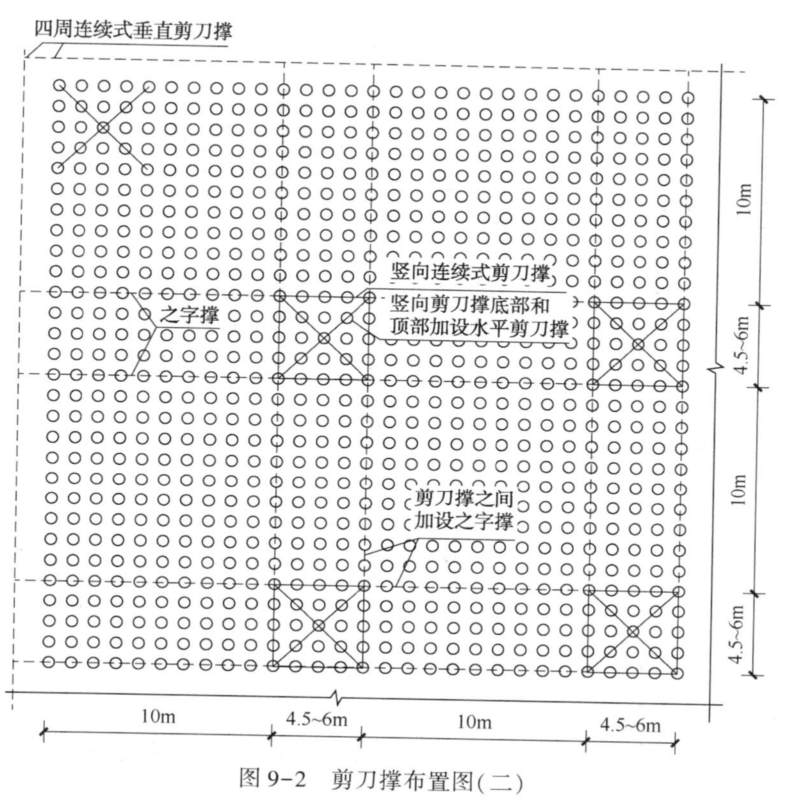

图 9-2 剪刀撑布置图(二)

③ 20m 以上的立柱支撑构造要求。

当建筑层高超过 20m 时，在满足以上规定的基础上，应将所有之字斜撑全部改为连续式剪刀撑(图 9-3)。

(6) 当支架立柱高度超过 5m 时，应在立柱周圈外侧和中间有结构柱的部位，按水平间距 6~9m、竖向间距 2~3m 与建筑结构设置一个固结点。

5. 采用标准门架作支撑时的安装规定

(1) 门架的跨距和间距宜小于 1.2m；支撑架底部垫木上应设固定底座或可调底座。

(2) 门架支撑可沿梁轴线垂直和平行布置。当垂直布置时，在两门架间的两侧应设置交叉支撑；当平行布置时，在两门架间的两侧亦应设置交叉支撑，交叉支撑应与立杆上的锁销锁牢，上下门架的组装连接必须设置连接棒及锁臂。

(3) 当门架支撑高度超过 8m 时，剪刀撑不应大于 4 个间距，并应采用扣件与门架立杆扣牢。

(4) 顶部操作层应采用挂扣式脚手板满铺。

6. 悬挑结构立柱支撑的安装要求

(1) 多层悬挑结构模板的上下立柱应保持在同一条垂直线上。

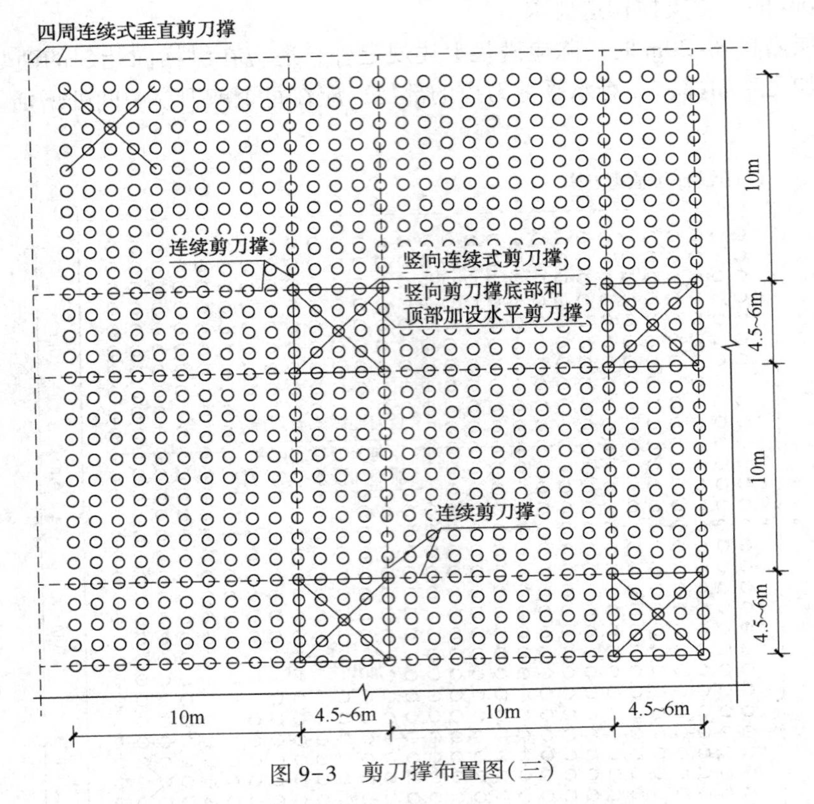

图 9-3　剪刀撑布置图(三)

（2）多层悬挑结构模板的立柱应连续支撑，并不得少于 3 层。

（二）支架立柱的拆除要求

（1）当拆除钢楞、木楞、钢桁架时，应在其下面临时搭设防护支架，使所拆楞梁及桁架先落在临时防护支架上。

（2）当立柱的水平拉杆超出 2 层时，应首先拆除 2 层以上的拉杆。当拆除最后一道水平拉杆时，应和拆除立柱同时进行。

（3）当拆除 4~8m 跨度的梁下立柱时，应先从跨中开始，对称地分别向两端拆除。拆除时，严禁采用连梁底板向旁侧一片拉倒的拆除方法。

（4）对于多层楼板模板的立柱，当上层及以上楼板正在浇筑混凝土时，下层楼板立柱的拆除，应根据下层楼板结构混凝土强度的实际情况，经过计算确定。

（5）拆除平台、楼板下的立柱时，作业人员应站在安全处。

（6）对已拆下的钢楞、木楞、桁架、立柱及其他零配件应及时运到指定地点。对有芯钢管立柱运出前应先将芯管抽出或用销卡固定。

三、普通模板安装与拆除的施工要求

（一）基础模板的安装及拆除要求

1. 基础及地下工程模板应符合的规定

（1）地面以下支模应先检查土壁的稳定情况，当有裂纹及塌方危险迹象时，应采取安全防范措施后，方可下人作业。当深度超过 2m 时，操作人员应设梯上下。

（2）距基槽（坑）上口边缘1m内不得堆放模板。向基槽（坑）内运料应使用起重机、溜槽或绳索；运下的模板严禁立放在基槽（坑）土壁上。

（3）斜支撑与侧模的夹角不应小于45°，支在土壁的斜支撑应加设垫板，底部的对角楔木应与斜支撑连牢。高大长脖基础若采用分层支模时，其下层模板应经就位校正并支撑稳固后，方可进行上一层模板的安装。

（4）在有斜支撑的位置，应在两侧模间采用水平撑连成整体。

2. 拆除条形基础、杯形基础、独立基础或设备基础的模板时应符合的规定

（1）拆除前应先检查基槽（坑）土壁的安全状况，发现有松软、龟裂等不安全因素时，应在采取安全防范措施后，方可进行作业。

（2）模板和支撑杆件等应随拆随运，不得在离槽（坑）上口边缘1m以内堆放。

（3）拆除模板时，施工人员必须站在安全地方。应先拆内外木楞、再拆木面板；钢模板应先拆钩头螺栓和内外钢楞，后拆U形卡和L形插销，拆下的钢模板应妥善传递或用绳钩放置地面，不得抛掷。拆下的小型零配件应装入工具袋内或小型箱笼内，不得随处乱扔。

（二）柱模板安装与拆除的要求

1. 柱模板安装要求

（1）现场拼装柱模时，应适时地安设临时支撑进行固定，斜撑与地面的倾角宜为60°，严禁将大片模板系在柱子钢筋上。

（2）待四片柱模就位组拼经对角线校正无误后，应立即自下而上安装柱箍。

（3）若为整体预组合柱模，吊装时应采用卡环和柱模连接，不得采用钢筋钩代替。

（4）柱模校正后，应采用斜撑或水平撑进行四周支撑，以确保整体稳定。当高度超过4m时，应群体或成列同时支模，并应将支撑连成一体，形成整体框架体系。当需单根支模时，柱宽大于500mm应每边在同一标高上设置不得少于2根斜撑或水平撑。斜撑与地面的夹角宜为45°～60°，下端尚应有防滑移的措施。

（5）角柱模板的支撑，除满足上款要求外，还应在里侧设置能承受拉力和压力的斜撑。

2. 柱模拆除的方法

柱模拆除应分别采用分散拆和分片拆两种方法。

（1）分散拆除的顺序

拆除拉杆或斜撑、自上而下拆除柱箍或横楞、拆除竖楞，自上而下拆除配件及模板、运走分类堆放、清理、拔钉、钢模维修、刷防锈油或脱模剂、入库备用。

（2）分片拆除的顺序

拆除全部支撑系统、自上而下拆除柱箍及横楞、拆掉柱角U形卡、分2片或4片拆除模板、原地清理、刷防锈油或脱模剂、分片运至新支模地点备用。

柱子拆下的模板及配件不得向地面抛掷。

（三）墙模板安装与拆除的要求

1. 墙模板安装的要求

（1）当采用散拼定型模板支模时，应自下而上进行，必须在下一层模板全部紧固后，方可进行上一层安装。当下层不能独立安设支撑件时，应采取临时固定措施。

（2）当采用预拼装的大块墙模板进行支模安装时，严禁同时起吊2块模板，并应边就

位、边校正、边连接，固定后方可摘钩。

（3）安装电梯井内墙模前，必须在板底下200mm处牢固地满铺一层脚手板。

（4）模板未安装对拉螺栓前，板面应向后倾一定角度。

（5）当钢楞长度需接长时，接头处应增加相同数量和不小于原规格的钢楞，其搭接长度不得小于墙模板宽或高的15%。

（6）拼接时的U形卡应正反交替安装，间距不得大于300mm；两块模板对接接缝处的U形卡应满装。

（7）对拉螺栓与墙模板应垂直，松紧应一致，墙厚尺寸应正确。

（8）墙模板内外支撑必须坚固、可靠，应确保模板的整体稳定。当墙模板外面无法设置支撑时，应在里面设置能承受拉力和压力的支撑。多排并列且间距不大的墙模板，当其与支撑互成一体时，应采取措施，防止灌筑混凝土时引起邻近模板变形。

2. 拆除墙模的要求

（1）墙模分散拆除顺序：拆除斜撑或斜拉杆、自上而下拆除外楞及对拉螺栓、分层自上而下拆除木楞或钢楞及零配件和模板、运走分类堆放、拔钉清理或清理检修后刷防锈油或脱模剂、入库备用。

（2）预组拼大块墙模拆除顺序：拆除全部支撑系统、拆卸大块墙模接缝处的连接型钢及零配件、拧去固定埋设件的螺栓及大部分对拉螺栓、挂上吊装绳扣并略拉紧吊绳后，拧下剩余对拉螺栓，用方木均匀敲击大块墙模立楞及钢模板，使其脱离墙体，用撬棍轻轻外撬大块墙模板使全部脱离，指挥起吊、运走、清理、刷防锈油或脱模剂备用。

（3）拆除每一大块墙模的最后两个对拉螺栓后，作业人员应撤离大模板下侧，以后的操作均应在上部进行。个别大块模板拆除后产生局部变形者应及时整修好。

（4）大块模板起吊时，速度要慢，应保持垂直，严禁模板碰撞墙体。

（四）梁、板模板安装与拆除的要求

1. 独立梁和整体楼盖梁结构模板的安装要求

（1）安装独立梁模板时应设安全操作平台，并严禁操作人员站在独立梁底模或柱模支架上操作及上下通行。

（2）底模与横楞应拉结好，横楞与支架、立柱应连接牢固。

（3）安装梁侧模时，应边安装边与底模连接，当侧模高度多于2块时，应采取临时固定措施。

（4）起拱应在侧模内外楞连固前进行。

（5）单片预组合梁模，钢楞与板面的拉结应按设计规定制作，并应按设计吊点试吊无误后，方可正式吊运安装，侧模与支架支撑稳定后方准摘钩。

2. 楼板或平台板模板的安装要求

（1）当预组合模板采用桁架支模时，桁架与支点的连接应固定牢靠，桁架支撑应采用平直通长的型钢或木方。

（2）当预组合模板块较大时，应加钢楞后方可吊运。当组合模板为错缝拼配时，板下横楞应均匀布置，并应在模板端穿插销。

（3）安装单块模板，必须待支架搭设稳固、板下横楞与支架连接牢固后进行。

（4）U形卡应按设计规定安装。

3. 拆除梁、板模板的安全要求

（1）梁、板模板应先拆梁侧模，再拆板底模，最后拆除梁底模，并应分段分片进行，严禁成片撬落或成片拉拆。

（2）拆除时，作业人员应站在安全的地方进行操作，严禁站在已拆或松动的模板上进行拆除作业。

（3）拆除模板时，严禁用铁棍或铁锤乱砸，已拆下的模板应妥善传递或用绳钩放至地面。

（4）严禁作业人员站在悬臂结构边缘敲拆下面的底模。

（5）待分片、分段的模板全部拆除后，方允许将模板、支架、零配件等按指定地点运出堆放，并进行拔钉、清理、整修、刷防锈油或脱模剂，入库备用。

（五）其他结构模板的安装要求

（1）安装圈梁、阳台、雨篷及挑檐等模板时，其支撑应独立设置，不得支搭在施工脚手架上。

（2）安装悬挑结构模板时，应搭设脚手架或悬挑工作台，并应设置防护栏杆和安全网。作业处的下方不得有人通行或停留。

（3）烟囱、水塔及其他高大构筑物的模板，应编制专项施工设计和安全技术措施，并应详细地向操作人员进行交底后方可安装。

（4）在危险部位进行作业时，操作人员应系好安全带。

四、滑模装置安装与拆除的施工要求

（1）滑模装置的组装和拆除应按施工方案的要求进行，应指定专人负责现场统一指挥，并应对作业人员进行专项安全技术交底。

（2）组装和拆除滑模装置前，在建(构)筑物周围和垂直运输设施运行周围应划出警戒区、拉警戒线、设置明显的警示标志，并应设专人监护，非操作人员严禁进入警戒线内。

（3）滑模装置的安装和拆除作业应在白天进行；当遇到雷、雨、雾、雪、风速大于8.0m/s以上等恶劣天气时，不应进行滑模装置的安装和拆除作业。

（4）滑模装置上的施工荷载不应超过施工方案设计的允许荷载。

（5）每次初滑、空滑时，应全面检查滑模装置；正常滑升过程中应定期检查；每次检查确认安全后方可继续使用。

（6）当滑模施工过程中发现安全隐患时，应及时排除，严禁强行组织滑升。

（7）滑模装置系统上的施工机具设备、剩余材料、活动盖板与部件、吊架、杂物等应先清理，捆扎牢固，集中下运，严禁抛掷。

（8）滑模装置宜分段整体拆除，各分段应采取临时固定措施，在起重吊索绷紧后再割除支撑杆或解除与体外支撑杆的连接，下运至地面分拆，分类维护和保养。

（9）滑模施工中的现场管理、劳动保护、通信与信号、防雷、消防等要求，应符合现行行业标准《液压滑动模板施工安全技术规程》(JGJ 65—2013)的有关规定。

五、爬升模板安装与拆除的施工要求

（一）爬升模板的安装要求

（1）进入施工现场的爬升模板系统中的大模板、爬升支架、爬升设备、脚手架及附件等，应按施工组织设计及有关图纸验收，合格后方可使用。

（2）爬升模板安装时，应统一指挥，设置警戒区与通信设施，做好原始记录。并应符合下列规定：

① 检查工程结构上预埋螺栓孔的直径和位置，并应符合图纸要求。

② 爬升模板的安装顺序应为底座、立柱、爬升设备、大模板、模板外侧吊脚手。

（3）施工过程中爬升大模板及支架时，应符合下列规定：

① 爬升前，应检查爬升设备的位置、牢固程度、吊钩及连接杆件等，确认无误后，拆除相邻大模板及脚手架间的连接杆件，使各个爬升模板单元彻底分开。

② 爬升时，应先收紧千斤钢丝绳，吊住大模板或支架，然后拆卸穿墙螺栓，并检查再无任何连接，卡环和安全钩无问题，调整好大模板或支架的重心，保持垂直，开始爬升。爬升时，作业人员应站在固定件上，不得站在爬升件上爬升，爬升过程中应防止晃动与扭转。

③ 每个单元的爬升不宜中途交接班，不得隔夜再继续爬升。每单元爬升完毕应及时固定。

④ 大模板爬升时，新浇混凝土的强度不应低于 $1.2N/mm^2$。支架爬升时的附墙架穿墙螺栓受力处的新浇混凝土强度应达到 $10N/mm^2$ 以上。

⑤ 爬升设备每次使用前均应检查，液压设备应由专人操作。

（4）作业人员应背工具袋，以便存放工具和拆下的零件，防止物件跌落。且严禁高空向下抛物。

（5）每次爬升组合安装好的爬升模板、金属件应涂刷防锈漆，板面应涂刷脱模剂。

（6）爬模的外附脚手架或悬挂脚手架应满铺脚手板，脚手架外侧应设防护栏杆和安全网。爬架底部亦应满铺脚手板和设置安全网。

（7）每步脚手架间应设置爬梯，作业人员应由爬梯上下，进入爬架应在爬架内上下，严禁攀爬模板、脚手架和爬架外侧。

（8）脚手架上不应堆放材料，脚手架上的垃圾应及时清除。如需临时堆放少量材料或机具，必须及时取走，且不得超过设计荷载的规定。

（9）所有螺栓孔均应安装螺栓，螺栓应采用 50~60N·m 的扭矩紧固。

（二）爬升模板的拆除要求

（1）拆除爬模应有拆除方案，且应由技术负责人签署意见，应向有关人员进行安全技术交底后，方可实施拆除。

（2）拆除时应先清除脚手架上的垃圾杂物，并应设置警戒区由专人监护。

（3）拆除时应设专人指挥，严禁交叉作业。拆除顺序应为：悬挂脚手架和模板、爬升设备、爬升支架。

（4）已拆除的物件应及时清理、整修和保养，并运至指定地点备用。

（5）遇 5 级以上大风应停止拆除作业。

六、隧道模安装与拆除的施工要求

（一）隧道模安装的要求

（1）组装好的半隧道模应按模板编号顺序吊装就位。并应将两个半隧道模顶板边缘的角钢用连接板和螺栓进行连接。

（2）合模后应采用千斤顶升降模板的底沿，按导墙上所确定的水准点调整到设计标高，并应采用斜支撑和垂直支撑调整模板的水平度和垂直度，再将连接螺栓拧紧。

（3）支卸平台构架的支设，必须符合的规定：

① 支卸平台的设计应便于支卸平台吊装就位，平台的受力应合理。

② 平台桁架中立柱下面的垫板，必须落在楼板边缘以内 400mm 左右，并应在楼层下相应位置加设临时垂直支撑。

③ 支卸平台台面的顶面，必须和混凝土楼面齐平，并应紧贴楼面边缘。相邻支卸平台间的空隙不得过大。支卸平台外周边应设安全护栏和安全网。

（4）山墙作业平台应符合的要求：

① 隧道模拆除吊离后，应将特制 U 形卡承托对准山墙的上排对拉螺栓孔，从外向内插入，并用螺帽紧固。U 形卡承托的间距不得大于 1.5m。

② 将作业平台吊至已埋设的 U 形卡位置就位，并将平台每根垂直杆件上的水平杆件落入 U 形卡内，平台下部靠墙的垂直支撑用穿墙螺栓紧固。

③ 每个山墙作业平台的长度不应超过 7.5m，且不应小于 2.5m，并应在端头分别增加外挑 1.5m 的三角平台。作业平台外周边应设安全护栏和安全网。

（二）隧道模拆除要求

（1）拆除前应对作业人员进行安全技术交底和技术培训。

（2）拆除导墙模板时，应在新浇混凝土强度达到 $1.0N/mm^2$后，方可拆模。

（3）拆除隧道模应按下列顺序进行：

① 新浇混凝土强度应在达到承重模板拆模要求后，方准拆模。

② 应采用长柄手摇螺帽杆将连接顶板的连接板上的螺栓松开，并将隧道模分成 2 个半隧道模。

③ 拔除穿墙螺栓，并旋转垂直支撑杆和墙体模板的螺旋千斤顶，让滚轮落地，使隧道模脱离顶板和墙面。

④ 放下支卸平台防护栏杆，先将一边的半隧道模推移至支卸平台上，然后推另一边半隧道模。

⑤ 为使顶板不超过设计允许荷载，经设计核算后，应加设临时支撑柱。

七、组合铝合金模板支护的施工要求

（一）安装准备

（1）模板施工前应制定详细的施工方案。施工方案应包括模板安装、拆除、安全措施等各项内容。

（2）模板安装前应向施工班组进行技术交底。操作人员应熟悉模板施工方案、模板施工图、支撑系统设计图。

（3）模板安装现场应设有测量控制点和测量控制线，并应进行楼面抄平和采取模板底面垫平措施。

（4）模板进场时应按下列规定进行模板、支撑的材料验收。

① 应检查铝合金模板出厂合格证。

② 应按模板及配件规格、品种与数量明细表、支撑系统明细表核对进场产品的数量。

③ 模板使用前应进行外观质量检查，模板表面应平整，无油污、破损和变形，焊缝应无明显缺陷。

(5) 模板安装前表面应涂刷脱模剂，且不得使用影响现浇混凝土结构性能或妨碍装饰工程施工的脱模剂。

(二) 模板安装

(1) 模板及其支撑应按照配模设计的要求进行安装，配件应安装牢固。

(2) 整体组拼时，应先支设墙、柱模板，调整固定后再架设梁模板及楼板模板。

(3) 墙、柱模板的基面应调平，下端应与定位基准靠紧垫平。在墙柱模板上继续安装模板时，模板应有可靠的支撑点。

(4) 模板的安装应符合的规定：

① 墙两侧模板的对拉螺栓孔应平直相对，穿插螺栓时不得斜拉硬顶。当改变孔位时应采用机具钻孔，严禁用电、气焊灼孔。

② 背楞宜取用整根杆件。背楞搭接时，上下道背楞接头宜错开设置，错开位置不宜少于400mm，接头长度不应少于200mm(图9-4)。当上下接头位置无法错开时，应采用具有足够承载力的连接件。

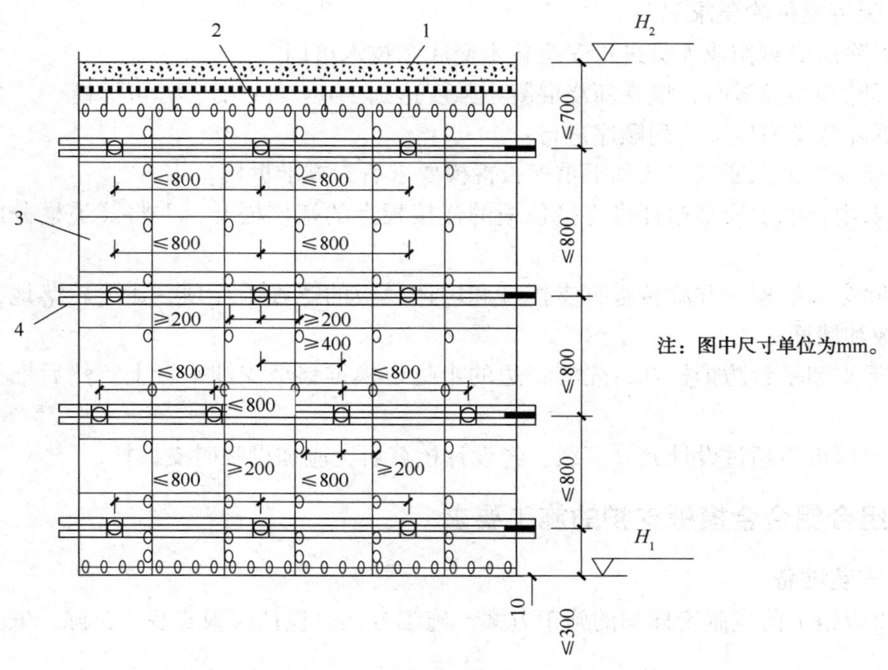

图9-4 背楞接头搭接示意图

1—楼板；2—楼板阴角模板；3—内墙柱模板；4—背楞

③ 对跨度大于4m的现浇钢筋混凝土梁、板，其模板应按设计要求起拱，当设计无具体要求时，起拱高度宜为构件跨度的1/1000~3/1000。起拱不得减少构件的截面高度。

④ 固定在模板上的预埋件、预留孔、预留洞、吊模角钢、窗台盖板不得遗漏，且应安装牢固。

⑤ 早拆模板支撑系统的上、下层竖向支撑的轴线偏差不应大于15mm，支撑立柱垂直度

偏差不应大于层高的1/300。

（三）模板拆除

（1）模板及其支撑系统拆除的时间、顺序及安全措施应严格遵照模板专项施工技术方案。

（2）模板早拆：拆模前应按要求填写审批表，并经监理批准后方可拆除。模板拆除后应按要求填写质量验收记录表。

模板早拆的设计与施工应符合下列规定：

① 拆除早拆模板时，严禁挠动保留部分的支撑系统。

② 严禁竖向支撑随模板拆除后再进行二次支顶。

③ 支撑杆应始终处于承受荷载状态，结构荷载传递的转换应可靠。

④ 拆除模板、支撑时的混凝土强度应符合现行国家标准《混凝土结构工程施工质量验收规范》（GB 50204—2015）及《组合铝合金模板支护技术规程》（JGJ 386—2016）第4章的有关规定。

（3）模板拆除时，应符合下列规定：

① 模板应根据专项施工方案规定的墙、梁、楼板拆模时间依次及时拆除。

② 模板拆除时应先拆除侧面模板，再拆除承重模板。

③ 支撑件和连接件应逐件拆卸，模板应逐块拆卸传递，拆除时不得损伤模板和混凝土。

④ 拆下的模板应及时进行清理，清理后的模板和配件应分类堆放整齐，不得倚靠模板或支撑构件堆放。

（四）安全措施

（1）模板支护应编制安全专项施工方案，并应经施工企业技术负责人和总监理工程师审核签字。层高超过3.3m的可调钢支撑模板支护或超过一定规模的模板支护安全专项施工方案，施工单位应组织专家进行专项技术论证。

（2）模板装拆和支架搭设、拆除前，应进行施工操作安全技术交底，并应有交底记录；模板安装、支架搭设完毕，应按规定组织验收，并应经责任人签字确认。

（3）高处作业时，应符合现行行业标准《建筑施工高处作业安全技术规范》（JGJ 80—2016）的有关规定。

（4）安装墙、柱模板时，应及时固定支撑，防止倾覆。

（5）施工过程中的检查项目应符合下列规定：

① 可调钢支撑等支架基础应坚实、平整，承载力应符合设计要求，并应能承受支架上部荷载。

② 可调钢支撑等支架底部应按设计要求设置底座或预埋螺栓，规格应符合设计要求。

③ 可调钢支撑等支架立杆的规格尺寸、连接方式、间距和垂直度应符合设计要求。

④ 销钉、对拉螺栓、定位撑条、承接模板与斜撑的预埋螺栓等连接件的个数、间距应符合设计要求；螺栓螺帽应扭紧。

（6）模板支架使用期间，不得擅自拆除支架结构杆件。

（7）在大风地区或大风季节施工，应验算风荷载产生的上浮力影响，且应有抗风的临时加固措施，防止模板上浮。雷雨季节施工应有防湿滑、避雷措施。

（8）在模板搭设或拆除过程中，当停止作业时，应采取措施保证已搭设或拆除后剩余部分模板的安全。

第三节　模板支护安全管理要求

一、施工前的安全准备工作

（一）审查手续

按专项施工方案审查，应审查模板结构设计与施工说明书中的荷载、计算方法、节点构造和安全措施，设计审批手续应齐全。

（二）安全技术交底及培训

（1）从事模板作业的人员，应经安全技术培训，考核合格后方可上岗。从事高处作业人员，应定期体检，不符合要求的不得从事高处作业。

（2）应进行全面的安全技术交底，操作班组应熟悉设计与施工说明书，并应做好模板安装作业的分工准备。模板支护应编制施工设计和安全技术措施，并应严格按施工设计与安全技术措施的规定进行施工。满堂模板、建筑层高 8m 及以上和梁跨大于或等于 15m 的模板，在安装、拆除作业前，工程技术人员应以书面形式向作业班组进行施工操作的安全技术交底，作业班组应对照书面交底进行上、下班的自检和互检。

（三）模板和配件的选用要求

（1）模板及配件进场应有出厂合格证或当年的检验报告，安装前应对所用部件（立柱、楞梁、吊环、扣件等）进行认真检查，不符合要求者不得使用，并应运至工地指定地点堆放。

（2）对负荷面积大和高 4m 以上的支架立柱采用扣件式钢管时，除应有合格证外，对所用扣件应采用扭矩扳手进行抽检，达到合格后方可承力使用。

（四）防护设施和器具

（1）备齐操作所需的一切安全防护设施和器具。

（2）安装和拆除模板时，操作人员应佩戴安全帽、系安全带、穿防滑鞋。安全帽和安全带应定期检查，不合格者严禁使用。

二、施工过程的安全要求

（1）施工过程中的检查项目应符合的要求：

① 立柱底部基土应回填夯实。

② 垫木应满足设计要求。

③ 底座位置应正确，顶托螺杆伸出长度应符合规定。

④ 立杆的规格尺寸和垂直度应符合要求，不得出现偏心荷载。

⑤ 扫地杆、水平拉杆、剪刀撑等的设置应符合规定，固定应可靠。

⑥ 安全网和各种安全设施应符合要求。

（2）在高处安装和拆除模板时，周围应设安全网或搭脚手架，并应加设防护栏杆。在临街面及交通要道地区，应设警示牌，派专人看管。

（3）作业时，模板和配件不得随意堆放，模板应放平放稳，严防滑落。脚手架或操作平台上临时堆放的模板不宜超过 3 层，连接件应放在箱盒或工具袋中，不得散放在脚手板上。

脚手架或操作平台上的施工总荷载不得超过其设计值。

（4）多人共同操作或扛抬组合钢模板时，必须密切配合、协调一致、互相呼应。

（5）施工用的临时照明和行灯的电压不得超过36V；当为满堂模板、钢支架及特别潮湿的环境时，不得超过12V。照明行灯及机电设备的移动线路应采用绝缘橡胶套电缆线。

（6）有关避雷、防触电和架空输电线路的安全距离应符合现行国家标准《施工现场临时用电安全技术规范》(JGJ 46—2005)的有关规定。施工用的临时照明和动力线应采用绝缘线和绝缘电缆线，且不得直接固定在钢模板上。夜间施工时，应有足够的照明，并应制定夜间施工的安全措施。施工用临时照明和机电设备线严禁非电工乱拉乱接。同时还应经常检查线路的完好情况，严防绝缘破损漏电伤人。

（7）模板安装高度在2m及以上时，应符合现行国家标准《建筑施工高处作业安全技术规范》(JGJ 80—2016)的有关规定。

（8）模板安装时，上下应有人接应，随装随运，严禁抛掷；且不得将模板支搭在门窗框上，也不得将脚手板支搭在模板上，并严禁将模板与上料井架及有车辆运行的脚手架或操作平台支成一体。

（9）支模过程中如遇中途停歇，应将已就位模板或支架连接稳固，不得浮搁或悬空。拆模中途停歇时，应将已松扣或已拆松的模板、支架等拆下运走，防止构件坠落或作业人员扶空坠落伤人。

（10）作业人员严禁攀登模板、斜撑杆、拉条或绳索等，不得在高处的墙顶、独立梁或在其模板上行走。

（11）模板施工中应设专人负责安全检查，发现问题应报告有关人员处理。当遇险情时，应立即停工和采取应急措施；待修复或排除险情后，方可继续施工。

（12）寒冷地区冬期施工用钢模板时，不宜采用电热法加热混凝土，否则应采取防触电措施。

（13）在大风地区或大风季节施工时，模板应有抗风的临时加固措施。

（14）当钢模板高度超过15m时，应安设避雷设施，避雷设施的接地电阻不得大于4Ω。

（15）当遇大雨、大雾、沙尘、大雪或6级以上大风等恶劣天气时，应停止露天高处作业。5级及以上风力时，应停止高空吊运作业。雨、雪停止后，应及时清除模板和地面上的积水及冰雪。

三、模板使用后的安全要求

（一）使用后的木模板

应拔除铁钉，分类进库，堆放整齐。若为露天堆放，顶面应遮防雨篷布。

（二）使用后的钢模、钢构件应符合的要求

（1）使用后的钢模、桁架、钢楞和立柱应将黏结物清理洁净，清理时严禁采用铁锤敲击的方法。

（2）清理后的钢模、桁架、钢楞、立柱，应逐块、逐榀、逐根进行检查，发现翘曲、变形、扭曲、开焊等必须修理完善。

（3）清理整修好的钢模、桁架、钢楞、立柱应刷防锈漆。

（4）钢模板及配件，使用后必须进行严格清理检查，已损坏断裂的应剔除，不能修复的

应报废。螺栓的螺纹部分应整修上油，然后应分别按规格分类装在箱笼内备用。

（5）钢模板及配件等修复后，应进行检查验收。凡检查不合格者应重新整修。待合格后方准使用。

（6）钢模板由拆模现场运至仓库或维修场地时，装车不宜超出车栏杆，少量高出部分必须拴牢，零配件应分类装箱，不得散装运输。

（7）经过维修、刷油、整理合格的钢模板及配件，如需运往其他施工现场或入库，必须分类装入集装箱内，杆应成捆、配件应成箱，清点数量，入库或接收单位验收。

（8）装车时，应轻搬轻放，不得相互碰撞。卸车时，严禁成捆从车上推下和拆散抛掷。

（9）钢模板及配件应放入室内或敞篷内，当需露天堆放时，应装入集装箱内，底部垫高100mm，顶面应遮盖防水篷布或塑料布，集装箱堆放高度不宜超过2层。

四、模板支护的质量检查要求

（一）模板、支架杆件和连接件的进场检查要求

（1）模板表面应平整；胶合板模板的胶合层不应脱胶翘角；支架杆件应平直，应无严重变形和锈蚀；连接件应无严重变形和锈蚀，并不应有裂纹。

（2）模板的规格和尺寸，支架杆件的直径和壁厚，连接件的质量，应符合设计要求。

（3）施工现场组装的模板，其组成部分的外观和尺寸，应符合设计要求；必要时，应对模板、支架杆件和连接件的力学性能进行抽样检查；在进场时和周转使用前全数检查外观质量。

（二）模板安装后应检查尺寸偏差

固定在模板上的预埋件、预留孔和预留洞，应检查其数量和尺寸。

（三）采用扣件式钢管作模板支架时，质量检查要求

（1）梁下支架立杆间距的偏差不宜大于50mm，板下支架立杆间距的偏差不宜大于100mm；水平杆间距的偏差不宜大于50mm。

（2）应检查支架顶部承受模板荷载的水平杆与支架立杆连接的扣件数量，采用双扣件构造设置的抗滑移扣件，其上下应顶紧，间隙不应大于2mm。

（3）支架顶部承受模板荷载的水平杆与支架立杆连接的扣件拧紧力矩，不应小于40N·m，且不应大于65N·m；支架每步双向水平杆应与立杆扣接，不得缺失。

（四）采用碗扣式、盘扣式或盘销式钢管架作模板支架时，质量检查要求

（1）插入立杆顶端可调托座伸出顶层水平杆的悬臂长度，不应超过650mm。

（2）水平杆杆端与立杆连接的碗扣、插接和盘销的连接状况，不应松脱。

（3）按规定设置的竖向和水平斜撑。

事故案例

2016年11月24日，某发电厂三期扩建工程发生冷却塔施工平台坍塌特别重大事故，造成74人死亡、2人受伤，直接经济损失10197.2万元。

一、事故直接原因

施工单位在7号冷却塔第50节筒壁混凝土强度不足的情况下，违规拆除第50节模板，

致使第50节筒壁混凝土失去模板支护，不足以承受上部荷载，从底部最薄弱处开始坍塌，造成第50节及以上筒壁混凝土和模架体系连续倾塌坠落。坠落物冲击与筒壁内侧连接的平桥附着拉索，导致平桥也整体倒塌。

二、事故间接原因

冷却塔施工单位安全生产管理机制不健全；对项目部管理不力；现场施工管理混乱；安全技术措施存在严重漏洞；拆模等关键工序管理失控。

工程总承包单位对施工方案审查不严，对分包施工单位缺乏有效管控，未发现和制止施工单位项目部违规拆模等行为。

监理单位未按照规定要求细化监理措施，对拆模工序等风险控制点失管失控，未纠正施工单位违规拆模行为。

建设单位及其上级公司未按规定组织对工期调整的安全影响进行论证和评估；项目建设组织管理混乱。

复习思考题

1. 模板支护的主要组成部分是什么？
2. 模板支护按工艺主要有哪几类？
3. 施工过程中的检查项目应包括什么要求？

第十章 高处作业

本章学习要点

1. 了解高处作业的定义和分级；
2. 掌握高处作业一般要求；
3. 熟悉建筑施工高处作业的安全规范。

第一节 高处作业的基本要求

一、高处作业定义及分级

（一）定义

根据《高处作业分级》（GB/T 3608—2008）中规定：

（1）高处作业是指在距坠落高度基准面 2m 或 2m 以上有可能坠落的高处进行的作业。只要作业处有可能导致人员坠落的坑、井、洞或空间，其高度达到 2m 及以上，就属于高处作业。

（2）坠落基准面是指可能发生坠落的范围内最低的水平面，如地面、楼梯平台、相邻较低建筑物的屋面、基坑底面、脚手架的通道板等。

（3）可能坠落范围是以作业位置为中心，可能坠落范围半径为半径划成的与水平面垂直的柱形空间。

（4）可能坠落范围半径是指为确定可能坠落范围而规定的相对作业位置的一段水平距离，其大小取决于作业现场的地形，地势或建筑物分布等有关的基础高度，具体的规定是在统计了许多高处坠落事故案例的基础上作出的。

可能坠落范围半径 R 的大小如下：当 $2m \leqslant h_b \leqslant 5m$，$R$ 为 3m；当 $5m < h_b \leqslant 15m$，R 为 4m；当 $15m < h_b \leqslant 30m$，R 为 5m；当 $h_b > 30m$，R 为 6m。（h_b 为基础高度）

（二）高处作业的级别

（1）高处作业高度分为 2~5m，5~15m，15~30m 及 30m 以上四个区段。

（2）直接引起坠落的客观危险因素分为以下几种：

① 阵风风力五级（风速 8.0m/s）以上。

② 平均气温等于或低于 5℃的作业环境。

③ 接触冷水温度等于或低于 12℃的作业。

④ 作业场地有冰、雪、霜、水、油等易滑物。

⑤ 作业场所光线不足，能见度差。

⑥ 作业活动范围与危险电压带电体的距离小于表 10-1 的规定。

表 10-1 作业活动范围与危险电压带电体的距离

危险电压带电体的电压等级/kV	距离/m	危险电压带电体的电压等级/kV	距离/m
≤10	1.7	220	4.0
35	2.0	330	5.0
63～110	2.5	500	6.0

⑦ 摆动、立足迹不是平面或只有很小的平面，即任一边小于 500mm 的矩形平面、直径小于 500mm 的圆形平面或具有类似尺寸的其他形状的平面，致使作业者无法维持正常姿势。

⑧ 存在有毒气体或空气中含氧量低于 19.5%的作业环境。

⑨ 可能会引起各种灾害事故的作业环境和抢救突然发生的各种灾害事故。

二、高处作业一般要求

在建筑施工中，高处作业多，其中高处坠落、物体打击是事故预防的重点之一。由于高处作业活动面小，四周临空，风力大，且垂直交叉作业多，因此是一项十分复杂、危险的工作，稍有疏忽，就将造成严重事故。高处作业必须严格执行《建筑施工高处作业安全技术规范》(JGJ 80—2016)。

(1) 建筑施工中凡涉及临边与洞口作业、攀登与悬空作业、操作平台、交叉作业及安全网搭设的，应在施工组织设计或施工方案中制定高处作业安全技术措施。

(2) 高处作业施工前，应按类别对安全防护设施进行检查、验收，验收合格后方可进行作业，并应做验收记录。验收可分层或分阶段进行。

(3) 高处作业施工前，应对作业人员进行安全技术交底，并应记录。应对初次作业人员进行培训。

(4) 应根据要求将各类安全警示标志悬挂于施工现场各相应部位，夜间应设红灯警示。高处作业施工前，应检查高处作业的安全标志、工具、仪表、电气设施和设备，确认其完好后，方可进行施工。

(5) 高处作业人员应根据作业的实际情况配备相应的高处作业安全防护用品，并应按规定正确佩戴和使用相应的安全防护用品、用具。

(6) 对施工作业现场可能坠落的物料，应及时拆除或采取固定措施。高处作业所用的物料应堆放平稳，不得妨碍通行和装卸。工具应随手放入工具袋；作业中的走道、通道板和登高用具，应随时清理干净；拆卸下的物料及余料和废料应及时清理运走，不得随意放置或向下丢弃。传递物料时不得抛掷。

(7) 高处作业应按现行国家标准《建设工程施工现场消防安全技术规范》(GB 50720—2011)的规定，采取防火措施。

(8) 在雨、霜、雾、雪等天气进行高处作业时，应采取防滑、防冻和防雷措施，并应及时清除作业面上的水、冰、雪、霜。

当遇有 6 级以上强风、浓雾、沙尘暴等恶劣气候，不得进行露天攀登与悬空高处作业。雨雪天气后，应对高处作业安全设施进行检查，当发现有松动、变形、损坏或脱落等现象时，应立即修理完善，维修合格后方可使用。

(9) 对需临时拆除或变动的安全防护设施，应采取可靠措施，作业后应立即恢复。

(10) 安全防护设施验收应包括下列主要内容：

① 防护栏杆的设置与搭设。

② 攀登与悬空作业的用具与设施搭设。

③ 操作平台及平台防护设施的搭设。

④ 防护棚的搭设。

⑤ 安全网的设置。

⑥ 安全防护设施、设备的性能与质量、所用的材料、配件的规格。

⑦ 设施的节点构造，材料配件的规格、材质及其与建筑物的固定、连接状况。

(11) 安全防护设施验收资料应包括下列主要内容：

① 施工组织设计中的安全技术措施或施工方案。

② 安全防护用品用具、材料和设备产品合格证明。

③ 安全防护设施验收记录。

④ 预埋件隐蔽验收记录。

⑤ 安全防护设施变更记录。

(12) 应有专人对各类安全防护设施进行检查和维修保养，发现隐患应及时采取整改措施。

(13) 安全防护设施宜采用定型化、工具化设施，防护栏应为黑黄或红白相间的条纹标示，盖件应为黄或红色标示。

三、高处作业检查项目

(一) 安全帽

安全帽是防冲击的主要防护用品，每顶安全帽上都应有制造厂名称、商标、型号、许可证号、检验部门批量验证及工厂检验合格证；佩戴安全帽时必须系紧下颌帽带，防止安全帽掉落。

(二) 安全网

应重点检查安全网的材质及使用情况；每张安全网出厂前，必须有国家指定的监督检验部门批量验证和工厂检验合格证。

(三) 安全带

安全带用于防止人体坠落发生，从事高处作业人员必须按规定正确佩戴使用；安全带的带体上缝有永久字样的商标、合格证和检验证，合格证上注有产品名称、生产年月、拉力试验、冲击试验、制造厂名、检验员姓名等信息。

(四) 临边防护

临边防护栏杆应定型化、工具化、连续性；护栏的任何部位应能承受任何方向的 1000N 的外力。

(五) 洞口防护

洞口的防护设施应定型化、工具化、严密性；不能出现作业人员随意找材料盖在预留洞口上的临时做法，防止发生坠落事故；楼梯口、电梯井口应设防护栏杆，井内每隔两层(不大于 10m)设置一道安全平网或其他形式的水平防护，并不得留有杂物。

（六）通道口防护

通道口防护应具有严密性、牢固性的特点；为防止在进出施工区域的通道处发生物体打击事故，在出入口的物体坠落半径内搭设防护棚，顶部采用 50mm 木脚手板铺设，两侧封闭密目式安全网；建筑物高度大于 24m 或使用竹笆脚手板等低强度材料时，应采用双层防护棚，以提高防砸能力。

（七）攀登作业

使用梯子进行高处作业前，必须保证地面坚实平整，不得使用其他材料对梯脚进行加高处理。

（八）悬空作业

悬空作业应保证使用索具、吊具、料具等设备的合格可靠；悬空作业部位应有牢靠的立足点，并视具体环境配备相应的防护栏杆、防护网等安全措施。

（九）移动式操作平台

移动式操作平台应按方案设计要求进行组装使用，作业面的四周必须按临边作业要求设置防护栏杆，并应布置登高扶梯。

（十）悬挑式物料钢平台

悬挑式物料钢平台应按照方案设计要求进行组装使用，其结构应稳固，严禁将悬挑式物料钢平台放置在外防护架体上；平台边缘必须按临边作业设置防护栏杆及挡脚板，防止出现物料滚落伤人事故。

第二节 临边作业与洞口作业

一、临边作业

（一）定义

临边作业是指在工作面边沿无围护或围护设施高度低于 800mm 的高处作业，包括楼板边、楼梯段边、屋面边、阳台边，各类坑、沟、槽等边沿的高处作业。

（二）作业安全要求

（1）坠落高度基准面 2m 及以上进行临边作业时，应在临空一侧设置防护栏杆，并应采用密目式安全立网或工具式栏板封闭。

（2）施工的楼梯口、楼梯平台和梯段边，应安装防护栏杆；外设楼梯口、楼梯平台和梯段边还应采用密目式安全立网封闭。

（3）建筑物外围边沿处，对没有设置外脚手架的工程，应设置防护栏杆；对有外脚手架的工程，应采用密目式安全立网全封闭。密目式安全立网应设置在脚手架外侧立杆上，并应与脚手杆紧密连接。

（4）施工升降机、龙门架和井架物料提升机等在建筑物间设置的停层平台两侧，应设置防护栏杆、挡脚板，并应采用密目式安全立网或工具式栏板封闭。

（5）停层平台口应设置高度不低于 1.80m 的楼层防护门，并应设置防外开装置。井架物料提升机通道中间，应分别设置隔离设施。

二、洞口作业

(一) 定义

在地面、楼面、屋面和墙面等有可能使人和物料坠落，其坠落高度大于或等于 2m 的洞口处的高处作业。

(二) 作业安全要求

(1) 洞口作业时，应采取防坠落措施，并应符合下列规定：

① 当竖向洞口短边边长小于 500mm 时，应采取封堵措施；当垂直洞口短边边长大于或等于 500mm 时，应在临空一侧设置高度不小于 1.2m 的防护栏杆，并应采用密目式安全立网或工具式栏板封闭，设置挡脚板。

② 当非竖向洞口短边边长为 25~500mm 时，应采用承载力满足使用要求的盖板覆盖，盖板四周搁置应均衡，且应防止盖板移位。

③ 当非竖向洞口短边边长为 500~1500mm 时，应采用盖板覆盖或防护栏杆等措施，并应固定牢固。

④ 当非竖向洞口短边边长大于或等于 1500mm 时，应在洞口作业侧设置高度不小于 1.2m 的防护栏杆，洞口应采用安全平网封闭。

(2) 电梯井口应设置防护门，其高度不应小于 1.5m，防护门底端距地面高度不应大于 50mm，并应设置挡脚板。

(3) 在电梯施工前，电梯井道内应每隔 2 层且不大于 10m 加设一道安全平网。电梯井内的施工层上部，应设置隔离防护设施。

(4) 洞口盖板应能承受不小于 1kN 的集中荷载和不小于 $2kN/m^2$ 的均布荷载，有特殊要求的盖板应另行设计。

(5) 墙面等处落地的竖向洞口、窗台高度低于 800mm 的竖向洞口及框架结构在浇筑完混凝土未砌筑墙体时的洞口，应按临边防护要求设置防护栏杆。

三、防护栏杆

(1) 临边作业的防护栏杆应由横杆、立杆及挡脚板组成，防护栏杆应符合下列规定：

① 防护栏杆应为两道横杆，上杆距地面高度应为 1.2m，下杆应在上杆和挡脚板中间设置。

② 当防护栏杆高度大于 1.2m 时，应增设横杆，横杆间距不应大于 600mm。

③ 防护栏杆立杆间距不应大于 2m。

④ 挡脚板高度不应小于 180mm。

(2) 防护栏杆立杆底端应固定牢固，并应符合下列规定：

① 当在土体上固定时，应采用预埋或打入方式固定。

② 当在混凝土楼面、地面、屋面或墙面固定时，应将预埋件与立杆连接牢固。

③ 当在砌体上固定时，应预先砌入相应规格含有预埋件的混凝土块，预埋件应与立杆连接牢固。

(3) 防护栏杆杆件的规格及连接，应符合下列规定：

① 当采用钢管作为防护栏杆杆件时，横杆及栏杆立杆应采用脚手钢管，并应采用扣件、

焊接、定型套管等方式进行连接固定。

② 当采用其他材料作防护栏杆杆件时，应选用与钢管材质强度相当的材料，并应采用螺栓、销轴或焊接等方式进行连接固定。

（4）防护栏杆的立杆和横杆的设置、固定及连接。

防护栏杆的立杆和横杆的设置、固定及连接应确保防护栏杆在上下横杆和立杆任何部位处，均能承受任何方向 1kN 的外力作用。当栏杆所处位置有发生人群拥挤、物件碰撞等可能时，应加大横杆截面或加密立杆间距。

（5）防护栏杆应张挂密目式安全立网或其他材料封闭。

第三节　攀登与悬空作业

一、攀登作业

（一）定义

借助登高用具或登高设施进行的高处作业。

（二）作业安全要求

（1）登高作业应借助施工通道、梯子及其他攀登设施和用具。

（2）攀登作业设施和用具应牢固可靠；当采用梯子攀爬作业时，踏面荷载不应大于 1.1kN；当梯面上有特殊作业时，应按实际情况进行专项设计。

（3）同一梯子上不得两人同时作业。在通道处使用梯子作业时，应有专人监护或设置围栏。脚手架操作层上严禁架设梯子作业。

（4）便携式梯子宜采用金属材料或木材制作，并应符合现行国家标准的规定。

（5）使用单梯时梯面应与水平面呈 75°夹角，踏步不得缺失，梯格间距宜为 300mm，不得垫高使用。

（6）折梯张开到工作位置的倾角应符合现行国家标准规定，并应有整体的金属撑杆或可靠的锁定装置。

（7）固定式直梯应采用金属材料制成，并应符合现行国家标准的规定；梯子净宽应为 400~600mm，固定直梯的支撑应采用不小于∠70×6 的角钢，埋设与焊接应牢固。直梯顶端的踏步应与攀登顶面齐平，并应加设 1.1~1.5m 高的扶手。

（8）使用固定式直梯攀登作业时，当攀登高度超过 3m 时，宜加设护笼；当攀登高度超过 8m 时，应设置梯间平台。

（9）钢结构安装时，应使用梯子或其他登高设施攀登作业。坠落高度超过 2m 时，应设置操作平台。

（10）当安装屋架时，应在屋脊处设置扶梯。扶梯踏步间距不应大于 400mm。屋架杆件安装时搭设的操作平台，应设置防护栏杆或使用作业人员拴挂安全带的安全绳。

（11）深基坑施工应设置扶梯、人坑踏步及专用载人设备或斜道等设施。采用斜道时，应加设间距不大于 400mm 的防滑条等防滑措施。作业人员严禁沿坑壁、支撑或乘运土工具上下。

二、悬空作业

（一）定义

在周边无任何防护设施或防护设施不能满足防护要求的临空状态下进行的高处作业。

（二）作业安全要求

（1）悬空作业立足处的设置应牢固，并应配置登高和防坠落装置和设施。

（2）构件吊装和管道安装时的悬空作业应符合下列规定：

① 钢结构吊装，构件宜在地面组装，安全设施应一并设置。

② 吊装钢筋混凝土屋架、梁、柱等大型构件前，应在构件上预先设置登高通道、操作立足点等安全设施。

③ 在高空安装大模板、吊装第一块预制构件或单独的大中型预制构件时，应站在作业平台上操作。

④ 钢结构安装施工宜在施工层搭设水平通道，水平通道两侧应设置防护栏杆；当利用钢梁作为水平通道时，应在钢梁一侧设置连续的安全绳，安全绳宜采用钢丝绳。

⑤ 钢结构、管道等安装施工的安全防护宜采用工具化、定型化设施。

（3）严禁在未固定、无防护设施的构件及管道上进行作业或通行。

（4）当利用吊车梁等构件作为水平通道时，临空面的一侧应设置连续的栏杆等防护措施。当安全绳为钢索时，钢索的一端应采用花篮螺栓收紧；当安全绳为钢丝绳时，钢丝绳的自然下垂度不应大于绳长的1/20，并不应大于100mm。

（5）模板支撑体系搭设和拆卸的悬空作业，应符合下列规定：

① 模板支撑的搭设和拆卸应按规定程序进行，不得在上下同一垂直面上同时装拆模板。

② 在坠落基准面2m及以上高处搭设与拆除柱模板及悬挑结构的模板时，应设置操作平台。

③ 在进行高处拆模作业时应配置登高用具或搭设支架。

（6）绑扎钢筋和预应力张拉的悬空作业应符合下列规定：

① 绑扎立柱和墙体钢筋，不得沿钢筋骨架攀登或站在骨架上作业。

② 在坠落基准面2m及以上高处绑扎柱钢筋和进行预应力张拉时，应搭设操作平台。

（7）混凝土浇筑与结构施工的悬空作业应符合下列规定：

① 浇筑高度2m及以上的混凝土结构构件时，应设置脚手架或操作平台。

② 悬挑的混凝土梁和檐、外墙和边柱等结构施工时，应搭设脚手架或操作平台。

（8）屋面作业时应符合下列规定：

① 在坡度大于25°的屋面上作业，当无外脚手架时，应在屋檐边设置不低于1.5m高的防护栏杆，并应采用密目式安全立网全封闭。

② 在轻质型材等屋面上作业，应搭设临时走道板，不得在轻质型材上行走；安装轻质型材板前，应采取在梁下支设安全平网或搭设脚手架等安全防护措施。

（9）外墙作业时应符合下列规定：

① 门窗作业时，应有防坠落措施，操作人员在无安全防护措施时，不得站立在樘子、阳台栏板上作业。

② 高处作业不得使用座板式单人吊具，不得使用自制吊篮。

第四节 操作平台

一、定义

由钢管、型钢及其他等效性能材料等组成搭设制作的供施工现场高处作业和载物的平台，包括移动式、落地式、悬挑式等平台。

二、作业安全要求

（一）一般规定

（1）操作平台应通过设计计算，并应编制专项方案，架体构造与材质应满足国家现行相关标准的规定。

（2）操作平台的架体结构应采用钢管、型钢及其他等效性能材料组装，并应符合现行国家标准《钢结构设计标准》（GB 50017—2017）及国家现行有关脚手架标准的规定。平台面铺设的钢、木或竹胶合板等材质的脚手板，应符合材质和承载力要求，并应平整满铺及可靠固定。

（3）操作平台的临边应设置防护栏杆，单独设置的操作平台应设置供人上下、踏步间距不大于400mm的扶梯。

（4）应在操作平台明显位置设置标明允许负载值的限载牌及限定允许的作业人数，物料应及时转运，不得超重、超高堆放。

（5）操作平台使用中应每月不少于1次定期检查，应由专人进行日常维护工作，及时消除安全隐患。

（二）移动式操作平台

（1）移动式操作平台面积不宜大于10m^2，高度不宜大于5m，高宽比不应大于2∶1，施工荷载不应大于1.5kN/m^2。

（2）移动式操作平台的轮子与平台架体连接应牢固，立柱底端离地面不得大于80mm，行走轮和导向轮应配有制动器或刹车闸等制动措施。

（3）移动式行走轮承载力不应小于5kN，制动力矩不应小于2.5N·m，移动式操作平台架体应保持垂直，不得弯曲变形，制动器除在移动情况外，均应保持制动状态。

（4）移动式操作平台移动时，操作平台上不得站人。

（5）移动式升降工作平台应符合现行国家标准的要求。

（三）落地式操作平台

（1）落地式操作平台架体构造应符合下列规定：

① 操作平台高度不应大于15m，高宽比不应大于3∶1。

② 施工平台的施工荷载不应大于2.0kN/m^2；当接料平台的施工荷载大于2.0kN/m^2时，应进行专项设计。

③ 操作平台应与建筑物进行刚性连接或加设防倾措施，不得与脚手架连接。

④ 用脚手架搭设操作平台时，其立杆间距和步距等结构要求应符合国家现行相关脚手架规范的规定；应在立杆下部设置底座或垫板、纵向与横向扫地杆，并应在外立面设置剪刀

撑或斜撑。

⑤ 操作平台应从底层第一步水平杆起逐层设置连墙件，且连墙件间隔不应大于 4m，并应设置水平剪刀撑。连墙件应为可承受拉力和压力的构件，并应与建筑结构可靠连接。

（2）落地式操作平台搭设材料及搭设技术要求、允许偏差应符合国家现行相关脚手架标准的规定。

（3）落地式操作平台应按国家现行相关脚手架标准的规定计算受弯构件强度、连接扣件抗滑承载力、立杆稳定性、连墙杆件强度与稳定性及连接强度、立杆地基承载力等。

（4）落地式操作平台一次搭设高度不应超过相邻连墙件两步。

（5）落地式操作平台拆除应由上而下逐层进行，严禁上下同时作业，连墙件应随施工进度逐层拆除。

（四）悬挑式操作平台

（1）悬挑式操作平台设置应符合下列规定：

① 操作平台的搁置点、拉结点、支撑点应设置在稳定的主体结构上，且应可靠连接。

② 严禁将操作平台设置在临时设施上。

③ 操作平台的结构应稳定可靠，承载力应符合设计要求。

（2）悬挑式操作平台的悬挑长度不宜大于 5m，均布荷载不应大于 5.5kN/m^2，集中荷载不应大于 15kN，悬挑梁应锚固固定。

（3）采用斜拉方式的悬挑式操作平台，平台两侧的连接吊环应与前后两道斜拉钢丝绳连接，每一道钢丝绳应能承载该侧所有荷载。

（4）采用支撑方式的悬挑式操作平台，应在钢平台下方设置不少于两道斜撑，斜撑的一端应支撑在钢平台主结构钢梁下，另一端应支撑在建筑物主体结构。

（5）采用悬臂梁式的操作平台，应采用型钢制作悬挑梁或悬挑桁架，不得使用钢管，其节点应采用螺栓或焊接的刚性节点。当平台板上的主梁采用与主体结构预埋件焊接时，预埋件、焊缝均应经设计计算，建筑主体结构应同时满足强度要求。

（6）悬挑式操作平台应设置 4 个吊环，吊运时应使用卡环，不得使吊钩直接钩挂吊环。吊环应按通用吊环或起重吊环设计，并应满足强度要求。

（7）悬挑式操作平台安装时，钢丝绳应采用专用的钢丝绳夹连接，钢丝绳夹数量应与钢丝绳直径相匹配，且不得少于 4 个。建筑物锐角、利口周围系钢丝绳处应加衬软垫物。

（8）悬挑式操作平台的外侧应略高于内侧；外侧应安装防护栏杆并应设置防护挡板全封闭。

（9）人员不得在悬挑式操作平台吊运、安装时上下。

第五节　交叉作业

一、定义

垂直空间贯通状态下，可能造成人员或物体坠落，并处于坠落半径内、上下左右不同层面的立体作业。

二、作业安全要求

（一）一般规定

（1）交叉作业时，下层作业位置应处于上层作业的坠落半径之外，高空作业坠落半径应按表 10-2 确定。安全防护棚和警戒隔离区范围的设置应视上层作业高度确定，并应大于坠落半径。

表 10-2 坠落半径

序号	上层作业高度 h_b	着落半径/m
1	$2m \leq h_b \leq 5m$	3
2	$5m < h_b \leq 15m$	4
3	$15m < h_b \leq 30m$	5
4	$h_b > 30m$	6

（2）交叉作业时，坠落半径内应设置安全防护棚或安全防护网等安全隔离措施。当尚未设置安全隔离措施时，应设置警戒隔离区，人员严禁进入隔离区。

（3）处于起重机臂架回转范围内的通道，应搭设安全防护棚。

（4）施工现场人员进出的通道口，应搭设安全防护棚。

（5）不得在安全防护棚棚顶堆放物料。

（6）当采用脚手架搭设安全防护棚架构时，应符合国家现行相关脚手架标准的规定。

（7）对不搭设脚手架和设置安全防护栏时的交叉作业，应设置安全防护网，当在多层、高层建筑外立面施工时，应在二层及每隔四层设一道固定的安全防护网，同时设一道随施工高度提升的安全防护网。

（二）安全措施

（1）安全防护棚搭设应符合下列规定：

① 当安全防护棚为非机动车辆通行时，棚底至地面高度不应小于 3m；当安全防护棚为机动车辆通行时，棚底至地面高度不应小于 4m。

② 当建筑物高度大于 24m 并采用木质板搭设时，应搭设双层安全防护棚。两层防护的间距不应小于 700mm，安全防护棚的高度不应小于 4m。

③ 当安全防护棚的顶棚采用竹笆或木质板搭设时，应采用双层搭设，间距不应小于 700mm；当采用木质板或与其等强度的其他材料搭设时，可采用单层搭设，木板厚度不应小于 50mm。防护棚的长度应根据建筑物高度与可能坠落半径确定。

（2）安全防护网搭设应符合下列规定：

① 安全防护网搭设时，应每隔 3m 设一根支撑杆，支撑杆水平夹角不宜小于 45°。

② 当在楼层设支撑杆时，应预埋钢筋环或在结构内外侧各设一道横杆。

③ 安全防护网应外高里低，网与网之间应拼接严密。

三、建筑施工安全网

（一）一般规定

建筑施工安全网的选用应符合下列规定：

(1) 安全网材质、规格、物理性能、耐火性、阻燃性应满足现行国家标准《安全网》(GB 5725—2009)的规定。

(2) 密目式安全立网的网目密度应为10cm×10cm面积上大于或等于2000目。

① 采用平网防护时，严禁使用密目式安全立网代替平网使用。

② 密目式安全立网使用前，应检查产品分类标记、产品合格证、网目数及网体重量，确认合格方可使用。

(二) 安全网搭设

(1) 安全网搭设应绑扎牢固、网间严密。安全网的支撑架应具有足够的强度和稳定性。

(2) 密目式安全立网搭设时，每个开眼环扣应穿入系绳，系绳应绑扎在支撑架上，间距不得大于450mm。相邻密目网间应紧密结合或重叠。

(3) 当立网用于龙门架、物料提升架及井架的封闭防护时，四周边绳应与支撑架贴紧，边绳的断裂张力不得小于3kN，系绳应绑在支撑架上，间距不得大于750mm。

(4) 用于电梯井、钢结构和框架结构及构筑物封闭防护的平网，应符合下列规定：

① 平网每个系结点上的边绳应与支撑架靠紧，边绳的断裂张力不得小于7kN，系绳沿网边应均匀分布，间距不得大于750mm。

② 电梯井内平网网体与井壁的空隙不得大于25mm，安全网拉结应牢固。

事故案例

2019年8月28日上午9时06分，某房地产开发有限公司开发的某综合楼项目建筑工地，发生一起一般高处坠落事故，造成2人死亡、1人受伤、直接经济损失248.3万余元。

一、事故直接原因

建筑工地第14号高处作业吊篮的悬吊平台两侧工作钢丝绳长短不一，其中左侧工作钢丝绳未垂落到地面，造成该侧提升机下降过程中，因无工作钢丝绳缠绕致使吊篮的悬吊平台左侧突然下坠、悬吊平台倾覆，导致马某某、刘某两人从悬吊平台上高空坠落死亡，张某某从悬吊平台上高空坠落后由于双手抓住安全绳滑落一定距离坠落受伤。

二、事故间接原因

一是事发第14号高处作业吊篮的悬吊平台两侧均未设置安全钢丝绳；二是马某某、刘某、张某某3人均未系安全带、未佩戴安全帽；三是3人均无建筑施工高处作业吊篮安装拆卸作业资格，属无证作业；四是建筑工地多个高处作业吊篮的悬吊平台均未设置安全钢丝绳，相邻的悬吊平台违规共用一个悬挂机构。

复习思考题

1. 高处作业的定义是什么？
2. 列出三个直接引起坠落的客观危险因素。
3. 简述临边作业的安全要求。

第十一章　施工用电安全管理与技术

本章学习要点

1. 熟悉建筑施工现场临时用电安全管理要求；
2. 掌握建筑施工现场临时用电安全技术要求。

第一节　建筑施工临时用电安全管理

施工现场临时用电是指在建筑施工过程中利用电能而采取的架设线路、配备设施等行为。由于建筑施工现场条件差、人员复杂、工作紧张，施工过程中极易发生电气事故。为此，应遵守以下基本要求。

一、总体要求

建筑施工现场临时用电工程专用的电源中性点直接接地的220/380V三相四线制低压电力系统，必须符合下列规定：

（1）采用三级配电系统；

（2）采用TN-S接零保护系统；

（3）采用二级漏电保护系统。

二、建筑施工临时用电施工组织设计

（一）施工组织设计要求

按照《施工现场临时用电安全技术规范》（JGJ 46—2005）的规定，临时用电设备在5台及以上或设备总容量在50kW及以上者，应编制临时用电施工组织设计；临时用电设备在5台以下和设备总容量在50kW以下者，应制定安全用电技术措施及电气防火措施。

（二）施工现场临时用电组织设计的主要内容

（1）现场勘测。

（2）确定电源进线、变电所或配电室、配电装置、用电设备位置及线路走向。

（3）进行负荷计算。

（4）选择变压器。

（5）设计配电系统。

① 设计配电线路，选择导线或电缆；

② 设计配电装置，选择电器；

③ 设计接地装置；

④ 绘制临时用电工程图纸，主要包括用电工程总平面图、配电装置布置图、配电系统接线图、接地装置设计图。

（6）设计防雷装置。

（7）确定防护措施。

（8）制定安全用电措施和电气防火措施。

（三）按图施工要求

临时用电工程图纸应单独绘制，临时用电工程应按图施工。

（四）组织设计变更要求

临时用电组织设计及变更时，必须履行“编制、审核、批准”程序，由电气工程技术人员组织编制，经相关部门审核及具有法人资格企业的技术负责人批准后实施。变更用电组织设计时应补充有关图纸资料。

（五）工程投用要求

临时用电工程必须经编制、审核、批准部门和使用单位共同验收，合格后方可投入使用。

三、人员要求及操作制度

（一）电工及用电人员要求

（1）电工必须经过现行国家标准考核合格后，持证上岗工作。

（2）安装、巡检、维修或拆除临时用电设备和线路，必须由电工完成，并应有人监护。电工等级应同工程的难易程度和技术复杂性相适应。

（3）其他用电人员必须通过相关安全教育培训和技术交底，考核合格后方可上岗工作。

（4）各类用电人员应掌握安全用电基本知识和所用设备的性能，并应符合下列规定：

① 使用电气设备前必须按规定穿戴和配备好相应的劳动防护用品，并应检查电气装置和保护设施，严禁设备带“缺陷”运转。

② 保管和维护所用设备，发现问题及时报告解决。

③ 暂时停用设备的开关箱必须分断电源隔离开关，并应关门上锁。

④ 移动电气设备时，必须经电工切断电源并做妥善处理后进行。

（二）电工及用电人员操作制度

（1）禁止使用或安装木质配电箱、开关箱、移动箱。电动施工机械必须实行一闸一机一漏一箱一锁。且开关箱与所控固定机械之间的距离不得大于5m。

（2）严禁以取下（给上）熔断器方式对线路停（送）电。严禁维修时约时停（送）电，严禁以三相电源插头代替负荷开关启动（停止）电动机运行。严禁使用220V电压行灯。

（3）严禁频繁按动漏电保护器和私拆漏电保护器。

（4）严禁长时间超铭牌额定值运行电气设备。

（5）严禁在同一配电系统中一部分设备做保护接零，另一部分做保护接地。

（6）严禁直接使用刀闸启动（停止）4kW以上电动设备。严禁直接在刀闸上或熔断器上挂接负荷线。

四、安全技术档案

（一）技术档案内容

施工现场临时用电必须建立安全技术档案，并应包括下列内容：

（1）用电组织设计的全部资料。

（2）修改用电组织设计的资料，包括补充的图纸、计算资料。

（3）用电技术交底资料。

（4）用电工程检查验收表。

（5）电气设备的试、检验凭单和调试记录。

（6）接地电阻、绝缘电阻和漏电保护器漏电动作参数测定记录表。

（7）定期检(复)查表。

（8）电工安装、巡检、维修、拆除工作记录。

（二）技术档案管理

安全技术档案应由主管该现场的电气技术人员负责建立与管理。其中“电工安装、巡检、维修、拆除工作记录”可指定电工代管，每周由项目经理审核认可，并应在临时用电工程拆除后统一归档。

（三）工程定期检查

临时用电工程应定期检查。要求定期检查时，应复查接地电阻值和绝缘电阻值。临时用电工程定期检查应按分部、分项工程进行，对安全隐患必须及时处理，并应履行复查验收手续。

第二节　建筑施工临时用电安全技术

一、外电线路及电气设备防护

（一）外电线路防护

（1）在建工程不得在外电架空线路正下方施工、搭设作业棚、建造生活设施或堆放构件、架具、材料及其他杂物等。

（2）在建工程(含脚手架)的周边与外电架空线路的边线之间的最小安全操作距离应符合表 11-1 规定。

表 11-1　在建工程(含脚手架)的周边与架空线路的安全操作距离

外电线路电压等级/kV	<1	1~10	35~110	220	330~500
最小安全操作距离/m	4.0	6.0	8.0	10	15

注：上、下脚手架的斜道不宜设在有外电线路的一侧。

（3）施工现场的机动车道与外电架空线路交叉时，架空线路的最低点与路面的最小垂直距离应符合表 11-2 规定。

表 11-2　施工现场的机动车道与架空线路交叉时的最小垂直距离

外电线路电压等级/kV	<1	1~10	35
最小垂直距离/m	6.0	7.0	7.0

（4）起重机严禁越过无防护设施的外电架空线路作业。在外电架空线路附近吊装时，起重机的任何部位或被吊物边缘在最大偏斜时与架空线路边线的最小安全距离应符合表 11-3 规定。

表 11-3　起重机与架空线路边线的最小安全距离

安全距离/m	电压/kV						
	<1	10	35	110	220	330	500
沿垂直方向	1.5	3.0	4.0	5.0	6.0	7.0	8.5
沿水平方向	1.5	2.0	3.5	4.0	6.0	7.0	8.5

（5）施工现场开挖沟槽边缘与外电埋地电缆沟槽边缘之间的距离不得小于 0.5m。

（6）当达不到上面(2)~(4)条中的规定时，必须采取绝缘隔离防护措施，并应悬挂醒目的警告标志。架设防护设施时，必须经有关部门批准，采用线路暂时停电或其他可靠的安全技术措施，并应有电气工程技术人员和专职安全人员监护。防护设施与外电线路之间的安全距离不应小于表 11-4 所列数值。防护设施应坚固、稳定，且对外电线路的隔离防护应达到 IP30 级。

表 11-4　防护设施与外电线路之间的最小安全距离

外电线路电压等级/kV	≤10	35	110	220	330	500
最小安全距离/m	1.7	2.0	2.5	4.0	5.0	6.0

（7）当上面第(6)条规定的防护措施无法实现时，必须与有关部门协商，采取停电、迁移外电线路或改变工程位置等措施，未采取上述措施的严禁施工。

（8）在外电架空线路附近开挖沟槽时，必须会同有关部门采取加固措施，防止外电架空线路电杆倾斜、悬倒。

（二）电气设备防护

（1）电气设备现场周围不得存放易燃易爆物、污染和腐蚀介质，否则应予清除或做防护处置，其防护等级必须与环境条件相适应。

（2）电气设备设置场所应能避免物体打击和机械损伤，否则应做防护处置。

二、接地与防雷

（一）一般规定

（1）在施工现场专用变压器的供电 TN-S 接零保护系统中，电气设备的金属外壳必须与保护零线连接。保护零线应由工作接地线、配电室(总配电箱)电源侧零线或总漏电保护器电源侧零线处引出(见图 11-1)。

（2）当施工现场与外电线路共用同一供电系统时，电气设备的接地、接零保护应与原系统保持一致。不得一部分设备做保护接零，另一部分设备做保护接地。采用 TN 系统做保护接零时，工作零线(N 线)必须通过总漏电保护器，保护零线(PE 线)必须由电源进线零线重复接地处或总漏电保护器电源侧零线处，引出形成局部 TN-S 接零保护系统(见图 11-2)。

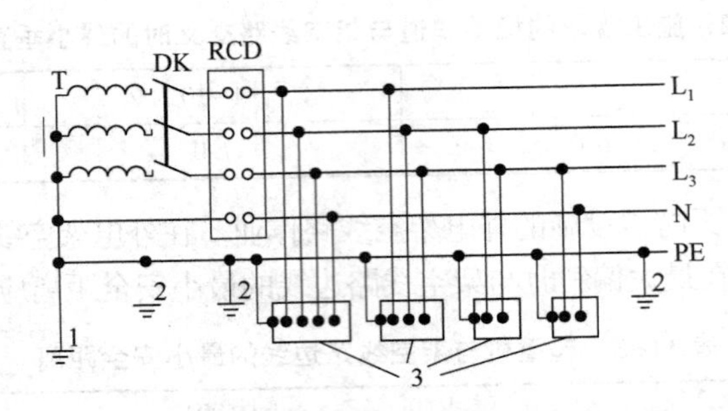

图 11-1　专用变压器供电时 TN-S 接零保护系统示意

1—工作接地；2—PE 线重复接地；3—电气设备金属外壳(正常不带电的外露可导电部分)；
L_1、L_2、L_3—相线；N—工作零线；PE—保护零线；DK—总电源隔离开关；
RCD—总漏电保护器(兼有短路、过载、漏电保护功能的漏电断路器)；T—变压器

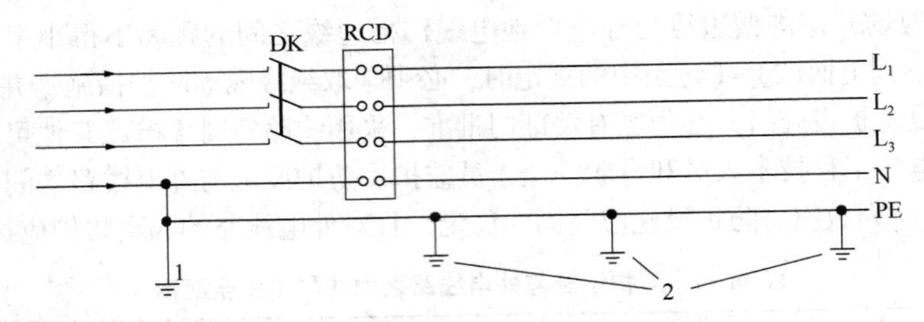

图 11-2　三相四线供电时局部 TN-S 接零保护系统保护零线引出示意

1—NPE 线重复接地；2—PE 线重复接地；L_1、L_2、L_3—相线；N—工作零线；PE—保护零线；
DK—总电源隔离开关；RCD—总漏电保护器(兼有短路、过载、漏电保护功能的漏电断路器)

(3) 在 TN 接零保护系统中，通过总漏电保护器的工作零线与保护零线之间不得再做电气连接。

(4) 在 TN 接零保护系统中，PE 零线应单独敷设。重复接地线必须与 PE 线相连接，严禁与 N 线相连接。

(5) 使用一次侧由 50V 以上电压的接零保护系统供电，二次侧为 50V 及以下电压的安全隔离变压器时，二次侧不得接地，并应将二次线路用绝缘管保护或采用橡皮护套软线。当采用普通隔离变压器时，其二次侧一端应接地；且变压器正常不带电的外露可导电部分应与一次回路保护零线相连接。以上变压器尚应采取防直接接触带电体的保护措施。

(6) 施工现场的临时用电电力系统严禁利用大地做相线或零线。

(7) 接地装置的设置应考虑土壤干燥或冻结等季节变化的影响，并应符合表 11-5 的规定，接地电阻值在四季中均应符合接地与接地电阻的要求。但防雷装置的冲击接地电阻值只考虑在雷雨季节中土壤干燥状态的影响。

表 11-5　接地装置的季节系数 ψ 值

埋深/m	水平接地体	长 2~3m 的垂直接地体
0.5	1.4~1.8	1.2~1.4
0.8~10	1.25~1.45	1.15~1.3
2.5~3.0	1.0~1.1	1.0~1.1

（8）PE 线所用材质与相线、工作零线（N 线）相同时，其最小截面应符合表 11-6 规定。

表 11-6 PE 线截面与相线截面的关系

相线芯线截面 S/mm²	PE 线最小截面/mm²	相线芯线截面 S/mm²	PE 线最小截面/mm²
$S \leq 16$	5	$S>35$	$S/2$
$16<S \leq 35$	16		

注：大地比较干燥时；取表中较小值；比较潮湿时，取表中较大值。

（9）保护零线必须采用绝缘导线。配电装置和电动机械相连接的 PE 线应为截面不小于 2.5mm² 的绝缘多股铜线。手持式电动工具的 PE 线应为截面不小于 1.5mm² 的绝缘多股铜线。

（10）PE 线上严禁装设开关或熔断器，严禁通过工作电流，且严禁断线。

（11）相线、N 线、PE 线的颜色标记必须符合以下规定：相线 L_1(A)、L_2(B)、L_3(C) 相序的绝缘颜色依次为黄、绿、红色；N 线的绝缘颜色为淡蓝色；PE 线的绝缘颜色为绿/黄双色。任何情况下上述颜色标记严禁混用和互相代用。

（二）保护接地

（1）在 TN 系统中，下列电气设备不带电的外露可导电部分应做保护接零：

① 电机、变压器、电气、照明器具、手持式电动工具的金属外壳。

② 电气设备传动装置的金属部件。

③ 配电柜与控制柜的金属框架。

④ 配电装置的金属箱体、框架及靠近带电部分的金属围栏和金属门。

⑤ 电力线路的金属保护管、敷线的钢索、起重机的底座和轨道、滑升模板金属操作平台等。

⑥ 安装在电力线路杆（塔）上的开关、电容器等电气装置的金属外壳及支架。

（2）城防、人防、隧道等潮湿或条件特别恶劣施工现场的电气设备必须采用保护接零。

（3）在 TN 系统中，下列电气设备不带电的外露可导电部分，可不做保护接零：

① 在木质、沥青等不良导电地坪的干燥房间内，交流电压 380V 及以下的电气装置金属外壳（当维修人员可能同时触及电气设备金属外壳和接地金属物件时除外）。

② 安装在配电柜、控制柜金属框架和配电箱的金属箱体上，且与其可靠电气连接的电气测量仪表、电流互感器、电气的金属外壳。

（三）接地与接地电阻

（1）单台容量超过 100kV·A 或使用同一接地装置并联运行且总容量超过 100kV·A 的电力变压器或发电机的工作接地电阻值不得大于 4Ω。单台容量不超过 100kV·A 或使用同一接地装置并联运行且总容量不超过 100kV·A 的电力变压器或发电机的工作接地电阻值不得大于 10Ω。在土壤电阻率大于 1000Ω·m 的地区，当达到上述接地电阻值有困难时，工作接地电阻值可提高到 30Ω。

（2）TN 系统中的保护零线除必须在配电室或总配电箱处做重复接地外，还必须在配电系统的中间处和末端处做重复接地。在 TN 系统中，保护零线每一处重复接地装置的接地电阻值不应大于 10Ω。在工作接地电阻值允许达到 10Ω 的电力系统中，所有重复接地的等效电阻值不应大于 10Ω。

(3) 在 TN 系统中，严禁将单独敷设的工作零线再做重复接地。

(4) 每一接地装置的接地线应采用 2 根及以上导体，在不同点与接地体做电气连接。不得采用铝导体做接地体或地下接地线。垂直接地体宜采用角钢、钢管或光面圆钢，不得采用螺纹钢。接地可利用自然接地体，但应保证其电气连接和热稳定。

(5) 移动式发电机供电的用电设备，其金属外壳或底座应与发电机电源的接地装置有可靠的电气连接。

(6) 移动式发电机系统接地应符合电力变压器系统接地的要求。下列情况可不另做保护接零：

① 移动式发电机和用电设备固定在同一金属支架上，且不供给其他设备用电时。

② 不超过 2 台的用电设备由专用的移动式发电机供电，供电、用电设备间距不超过 50m，且供电、用电设备的金属外壳之间有可靠的电气连接时。

③ 在有静电的施工现场内，对集聚在机械设备上的静电应采取接地泄漏措施。每组专设的静电接地体的接地电阻值不应大于 100Ω，高土壤电阻率地区不应大于 1000Ω。

(四) 防雷

(1) 在土壤电阻率低于 200Ω · m 区域的电杆可不另设防雷接地装置，但在配电室的架空进线或出线处应将绝缘子铁脚与配电室的接地装置相连接。

(2) 施工现场内的起重机、井字架、龙门架等机械设备，以及钢脚手架和正在施工的在建工程等的金属结构，当在相邻建筑物、构筑物等设施的防雷装置接闪器的保护范围以外时，应按表 11-7 规定安装防雷装置。表 11-7 中地区年均雷暴日应按《施工现场临时用电安全技术规范》(JGJ 46—2005) 相应要求执行。当最高机械设备上避雷针(接闪器)的保护范围能覆盖其他设备，且又最后退出现场，则其他设备可不设防雷装置。确定防雷装置接闪器的保护范围按《施工现场临时用电安全技术规范》(JGJ 46—2005) 中的滚球法。

表 11-7 施工现场内机械设备及高架设施需安装防雷装置的规定

地区年平均雷暴日/d	机械设备高度/m	地区年平均雷暴日/d	机械设备高度/m
≤15	≥50	≥40，<90	≥20
>15，<40	≥32	≥90 及雷害特别严重地区	≥12

(3) 安装避雷针(接闪器)的机械设备，所有固定的动力、控制、照明、信号及通信线路，宜采用钢管敷设。钢管与该机械设备的金属结构体应做电气连接。

(4) 施工现场内所有防雷装置的冲击接地电阻值不得大于 30Ω。

(5) 做防雷接地机械上的电气设备，所连接的 PE 线必须同时做重复接地，同一台机械电气设备的重复接地和机械的防雷接地可共用同一接地体，但接地电阻应符合重复接地电阻值的要求。

三、配电室及自备电源

(一) 配电室

(1) 配电室应靠近电源，并应设在灰尘少、潮气少、振动小、无腐蚀介质、无易燃易爆物及道路畅通的地方。

(2) 成列的配电柜和控制柜两端应与重复接地线及保护零线做电气连接。

（3）配电室和控制室应能自然通风，并应采取防止雨雪侵入和动物进入的措施。

（4）配电室布置应符合下列要求：

① 配电柜正面的操作通道宽度，单列布置或双列背对背布置不小于 1. 5m，双列面对面布置不小于 2m。

② 配电柜后面的维护通道宽度，单列布置或双列面对面布置不小于 0. 8m，双列背对背布置不小于 1. 5m，个别地点有建筑物结构凸出的地方，则此点通道宽度可减少 0. 2m。

③ 配电柜侧面的维护通道宽度不小于 1m。

④ 配电室的顶棚与地面的距离不低于 3m。

⑤ 配电室内设置值班或检修室时，该室边缘距配电柜的水平距离大于 1m，并采取屏障隔离。

⑥ 配电室内的裸母线与地面垂直距离小于 2. 5m 时，采用遮栏隔离，遮栏下面通道的高度不小于 1. 9m。

⑦ 配电室围栏上端与其正上方带电部分的净距不小于 0. 075m。

⑧ 配电装置的上端距顶棚不小于 0. 5m。

⑨ 配电室内的母线涂刷有色油漆，以标志相序；以柜正面方向为基准，其涂色符合表 11-8 规定。

表 11-8　母 线 涂 色

相别	颜色	垂直排列	水平排列	引下排列
L_1(A)	黄	上	后	左
L_2(B)	绿	中	中	中
L_3(C)	红	下	前	右
N	淡蓝	—	—	—

⑩ 配电室的建筑物和构筑物的耐火等级不低于 3 级，室内配置砂箱和可用于扑灭电气火灾的灭火器。

⑪ 配电室的门向外开并配锁。

⑫ 配电室的照明分别设置正常照明和事故照明。

（5）配电柜应装设电度表，并应装设电流、电压表。电流表与计费电度表不得共用一组电流互感器。

（6）配电柜应装设电源隔离开关及短路、过载、漏电保护器。电源隔离开关分断时应有明显可见分断点。

（7）配电柜应编号，并应有用途标记。

（8）配电柜或配电线路停电维修时，应挂接地线，并应悬挂“禁止合闸、有人工作”停电标志牌。停送电必须由专人负责。

（9）配电室应保持整洁，不得堆放任何妨碍操作、维修的杂物。

（二）230/400V 自备发电机组

（1）发电机组及其控制、配电、修理室等可分开设置；在保证电气安全距离和满足防火要求情况下可合并设置。

（2）发电机组的排烟管道必须伸出室外。发电机组及其控制、配电室内必须配置可用于扑灭电气火灾的灭火器，严禁存放储油桶。

（3）发电机组电源必须与外电线路电源联锁，严禁并列运行。

（4）发电机组应采用电源中性点直接接地的三相四线制供电系统和独立设置 TN-S 接零保护系统，其工作接地电阻值应符合接地与接地电阻的要求。

（5）发电机控制屏宜装设下列仪表：①交流电压表；②交流电流表；③有功功率表；④电度表；⑤功率因数表；⑥频率表；⑦直流电流表。

（6）发电机供电系统应设置电源隔离开关及短路、过载、漏电保护器。电源隔离开关分断时应有明显可见分断点。

（7）发电机组并列运行时，必须装设同期装置，并在机组同步运行后再向负载供电。

四、配电线路

（一）架空线路

（1）架空线必须采用绝缘导线。

（2）架空线必须架设在专用电杆上，严禁架设在树木、脚手架及其他设施上。

（3）架空线导线截面的选择应符合下列要求：

① 导线中的计算负荷电流不大于其长期连续负荷允许载流量。

② 线路末端电压偏移不大于其额定电压的 5%。

③ 三相四线制线路的 N 线和 PE 线截面不小于相线截面的 50%，单相线路的零线截面与相线截面相同。

④ 按机械强度要求，绝缘铜线截面不小于 $10mm^2$，绝缘铝线截面不小于 $16mm^2$。

⑤ 在跨越铁路、公路、河流、电力线路档距内，绝缘铜线截面不小于 $16mm^2$，绝缘铝线截面不小于 $25mm^2$。

（4）架空线在一个档距内，每层导线的接头数不得超过该层导线条数的 50%，且一条导线应只有一个接头。在跨越铁路、公路、河流、电力线路档距内，架空线不得有接头。

（5）架空线路相序排列应符合下列规定：

① 动力、照明线在同一横担上架设时，导线相序排列是：面向负荷从左侧起依次为 L_1、N、L_2、L_3、PE。

② 动力、照明线在二层横担上分别架设时，导线相序排列是：上层横担面向负荷从左侧起依次为 L_1、L_2、L_3；下层横担面向负荷从左侧起依次为 L_1（L_2、L_3）、N、PE。

（6）架空线路的档距不得大于 35m。

（7）架空线路的线间距不得小于 0.3m，靠近电杆的两导线的间距不得小于 0.5m。

（8）架空线路横担间的最小垂直距离不得小于表 11-9 所列数值；横担宜采用角钢或方木，低压铁横担角钢应按表 11-10 选用，方木横担截面应按 80mm×80mm 选用；横担长度应按表 11-11 选用。

表 11-9　横担间的最小垂直距离　　单位：m

排列方式	直线杆	分支或转角杆
高压与低压	1.2	1.0
低压与低压	0.6	0.3

表 11-10 低压铁横担角钢选用

导线截面/mm^2	直线杆	分支或转角杆	
		二线及三线	四线及以上
16 25 35 50	∠50×5	2×∠50×5	2×∠50×5
70 95 120	∠63×5	2×∠63×5	2×∠70×6

表 11-11 横担长度选用

单位：m

二线	三线、四线	五线
0.7	1.5	1.8

（9）架空线路与邻近线路或固定物的距离应符合表 11-12 的规定。

表 11-12 架空线路与邻近线路或固定物的距离

<table>
<tr><td>项目</td><td colspan="7">距离类别</td></tr>
<tr><td rowspan="2">最小净空距离/m</td><td colspan="2">架空线路的过引线、接下线与邻线</td><td colspan="2">架空线与架空线电杆外缘</td><td colspan="3">架空线与摆动最大时树梢</td></tr>
<tr><td colspan="2">0.13</td><td colspan="2">0.05</td><td colspan="3">0.50</td></tr>
<tr><td rowspan="3">最小垂直距离/m</td><td rowspan="2">架空线同杆架设下方的通信、广播线路</td><td colspan="3">架空线最大弧垂与地面</td><td rowspan="2">架空线最大弧垂与暂设工程顶端</td><td colspan="2">架空线与邻近电力线路交叉</td></tr>
<tr><td>施工现场</td><td>机动车道</td><td>铁路轨道</td><td>1kV 以下</td><td>1~10kV</td></tr>
<tr><td>1.0</td><td>4.0</td><td>6.0</td><td>7.5</td><td>2.5</td><td>1.2</td><td>2.5</td></tr>
<tr><td rowspan="2">最小水平距离/m</td><td colspan="2">架空线电杆与路基边缘</td><td colspan="2">架空线电杆与铁路轨道边缘</td><td colspan="3">架空线边线与建筑物凸出部分</td></tr>
<tr><td colspan="2">1.0</td><td colspan="2">杆高(m)+3.0</td><td colspan="3">1.0</td></tr>
</table>

（10）架空线路宜采用钢筋混凝土杆或木杆。钢筋混凝土杆不得有露筋、宽度大于 0.4mm 的裂纹和扭曲；木杆不得腐朽，其梢径不应小于 140mm。

（11）电杆埋设深度宜为杆长的 1/10 加 0.6m，回填土应分层夯实。在松软土质处宜加大埋入深度或采用卡盘等加固。

直线杆和 15°以下的转角杆，可采用单横担单绝缘子，但跨越机动车道时应采用单横担双绝缘子；15°到 45°的转角杆应采用双横担双绝缘子；45°以上的转角杆，应采用十字横担。

（12）架空线路绝缘子应按下列原则选择：

① 直线杆采用针式绝缘子；

② 耐张杆采用蝶式绝缘子。

（13）电杆的拉线宜采用不少于 3 根 D4.0mm 的镀锌钢丝。拉线与电杆的夹角应在 30°~45°。拉线埋设深度不得小于 1m。电杆拉线如从导线之间穿过，应在高于地面 2.5m 处装设拉线绝缘子。

（14）因受地形环境限制不能装设拉线时，可采用撑杆代替拉线，撑杆埋设深度不得小于 0. 8m，其底部应垫底盘或石块。撑杆与电杆的夹角宜为 30°。

（15）接户线在档距内不得有接头，进线处离地高度不得小于 2. 5m。接户线最小截面应符合表 11-13 规定。接户线线间及与邻近线路间的距离应符合表 11-14 的要求。

表 11-13　接户线的最小截面

接户线架设方式	接户线长度/m	接户线截面/mm²	
		铜线	铝线
架空或沿墙敷设	10~25	6. 0	10. 0
	≤10	4. 0	6. 0

表 11-14　接户线线间及与邻近线路间的距离

接户线架设方式	接户线档距/m	接户线档距/mm
架空敷设	≤25	150
	>25	200
沿墙敷设	≤6	100
	>6	150
架空接户线与广播电话线交叉时的距离/mm		接户线在上部，600 接户线在下部，300
架空或沿墙敷设的接户线零线和相线交叉时的距离/mm		100

（16）架空线路必须有短路保护。采用熔断器做短路保护时，其熔体额定电流不应大于明敷绝缘导线长期连续负荷允许载流量的 1. 5 倍。采用断路器做短路保护时，其瞬动过流脱扣器脱扣电流整定值应小于线路末端单相短路电流。

（17）架空线路必须有过载保护。采用熔断器或断路器做过载保护时，绝缘导线长期连续负荷允许载流量不应小于熔断器熔体额定电流或断路器长延时过流脱扣器脱扣电流整定值的 1. 25 倍。

（二）电缆线路

（1）电缆中必须包含全部工作芯线和用作保护零线或保护线的芯线。需要三相四线制配电的电缆线路必须采用五芯电缆。五芯电缆必须包含淡蓝、绿/黄两种颜色绝缘芯线。淡蓝色芯线必须用作 N 线；绿/黄双色芯线必须用作 PE 线，严禁混用。

（2）电缆截面的选择应符合前面架空线导线截面的选择要求规定，根据其长期连续负荷允许载流量和允许电压偏移确定。

（3）电缆线路应采用埋地或架空敷设，严禁沿地面明设，并应避免机械损伤和介质腐蚀。埋地电缆路径应设方位标志。

（4）电缆类型应根据敷设方式、环境条件选择。埋地敷设宜选用铠装电缆；当选用无铠装电缆时，应能防水、防腐。架空敷设宜选用无铠装电缆。

（5）电缆直接埋地敷设的深度不应小于 0. 7m，并应在电缆紧邻上、下、左、右侧均匀敷设不小于 50mm 厚的细砂，然后覆盖砖或混凝土板等硬质保护层。

（6）埋地电缆在穿越建筑物、构筑物、道路、易受机械损伤、介质腐蚀场所及引出地面从 2. 0m 高到地下 0. 2m 处，必须加设防护套管，防护套管内径不应小于电缆外径的 1. 5 倍。

（7）埋地电缆与其附近外电电缆和管沟的平行间距不得小于 2m，交叉间距不得小于 1m。

(8）埋地电缆的接头应设在地面上的接线盒内，接线盒应能防水、防尘、防机械损伤，并应远离易燃、易爆、易腐蚀场所。

(9）架空电缆应沿电杆、支架或墙壁敷设，并采用绝缘子固定，绑扎线必须采用绝缘线，固定点间距应保证电缆能承受自重所带来的荷载，敷设高度应符合架空线路敷设高度的要求，但沿墙壁敷设时最大弧垂距地不得小于2.0m。架空电缆严禁沿脚手架、树木或其他设施敷设。

(10）在建工程内的电缆线路必须采用电缆埋地引入，严禁穿越脚手架引入。电缆垂直敷设应充分利用在建工程的竖井、垂直孔洞等，并宜靠近用电负荷中心，固定点每楼层不得少于一处。电缆水平敷设宜沿墙或门口刚性固定，最大弧垂距地不得小于2.0m。装饰装修工程或其他特殊阶段，应补充编制单项施工用电方案。电源线可沿墙角、地面敷设，但应采取防机械损伤和电火措施。

(11）电缆线路必须有短路保护和过载保护，短路保护和过载保护器与电缆的选配应符合架空线路必须有短路保护和架空线路必须有过载保护的要求。

（三）室内配线

(1）室内配线必须采用绝缘导线或电缆。

(2）室内配线应根据配线类型采用瓷瓶、瓷(塑料)夹、嵌绝缘槽、穿管或钢索敷设。潮湿场所或埋地非电缆配线必须穿管敷设，管口和管接头应密封；当采用金属管敷设时，金属管必须做等电位连接，且必须与PE线相连接。

(3）室内非埋地明敷主干线距地面高度不得小于2.5m。

(4）架空进户线的室外端应采用绝缘子固定，过墙处应穿管保护，距地面高度不得小于2.5m，并应采取防雨措施。

(5）室内配线所用导线或电缆的截面应根据用电设备或线路的计算负荷确定，但铜线截面不应小于1.5mm^2，铝线截面不应小于2.5mm^2。

(6）钢索配线的吊架间距不宜大于12m。采用瓷夹固定导线时，导线间距不应小于35mm，瓷夹间距不应大于800mm；采用瓷瓶固定导线时，导线间距应小于100mm，瓷瓶间距不应大于1.5m；采用护套绝缘导线或电缆时，可直接敷设于钢索上。

(7）室内配线必须有短路保护和过载保护，短路保护和过载保护器与绝缘导线、电缆的选配应符合架空线路必须有短路保护和架空线路必须有过载保护的要求。对穿管敷设的绝缘导线线路，其短路保护熔断器的熔体额定电流不应大于穿管绝缘导线长期连续负荷允许载流量的2.5倍。

五、配电箱及开关箱

（一）配电箱及开关箱的设置

(1）配电系统应设置配电柜或总配电箱、分配电箱、开关箱，实行三级配电。配电系统宜使三相负荷平衡。220V或380V单相用电设备宜接入220/380V三相四线系统；当单相照明线路电流大于30A时，宜采用220/380V三相四线制供电。室内配电柜的设置应符合配电室的规定。

(2）总配电箱以下可设若干分配电箱；分配电箱以下可设若干开关箱。总配电箱应设在靠近电源的区域，分配电箱应设在用电设备或负荷相对集中的区域，分配电箱与开关箱的距离不得超过30m，开关箱与其控制的固定式用电设备的水平距离不宜超过3m。

(3) 每台用电设备必须有各自专用的开关箱，严禁用同一个开关箱直接控制2台及2台以上用电设备(含插座)。

(4) 动力配电箱与照明配电箱宜分别设置。当合并设置为同一配电箱时，动力和照明应分路配电；动力开关箱与照明开关箱必须分设。

(5) 配电箱、开关箱应装设在干燥、通风及常温场所，不得装设在有严重损伤作用的瓦斯、烟气、潮气及其他有害介质中，亦不得装设在易受外来固体物撞击、强烈振动、液体浸溅及热源烘烤场所。否则，应予清除或做防护处理。

(6) 配电箱、开关箱周围应有足够2人同时工作的空间和通道，不得堆放任何妨碍操作、维修的物品，不得有灌木、杂草。

(7) 配电箱、开关箱应采用冷轧钢板或阻燃绝缘材料制作，钢板厚度应为1.2~2.0mm，其中开关箱箱体钢板厚度不得小于1.2mm，配电箱箱体钢板厚度不得小于1.5mm，箱体表面应做防腐处理。

(8) 配电箱、开关箱应装设端正、牢固。固定式配电箱、开关箱的中心点与地面的垂直距离应为1.4~1.6m。移动式配电箱、开关箱应装设在坚固、稳定的支架上。其中心点与地面的垂直距离宜为0.8~1.6m。

(9) 配电箱、开关箱内的电气(含插座)应先安装在金属或非木质阻燃绝缘电气安装板上，然后方可整体紧固在配电箱、开关箱箱体内。金属电气安装板与金属箱体应做电气连接。

(10) 配电箱、开关箱内的电气(含插座)应按其规定位置紧固在电气安装板上，不得歪斜和松动。

(11) 配电箱的电气安装板上必须分设N线端子板和PE线端子板。N线端子板必须与金属电气安装板绝缘；PE线端子板必须与金属电气安装板做电气连接。进出线中的N线必须通过N线端子板连接；PE线必须通过PE线端子板连接。

(12) 配电箱、开关箱内的连接线必须采用铜芯绝缘导线。导线绝缘的颜色标志应按相线、N线、PE线的颜色标记规定要求配置并排列整齐；导线分支接头不得采用螺栓压接，应采用焊接并做绝缘包扎，不得有外露带电部分。

(13) 配电箱、开关箱的金属箱体、金属电气安装板以及电气正常不带电的金属底座、外壳等必须通过PE线端子板与PE线做电气连接，金属箱门与金属箱体必须通过采用编织软铜线做电气连接。

(14) 配电箱、开关箱的箱体尺寸应与箱内电气的数量和尺寸相适应，箱内电气安装板板面电气安装尺寸可按照表11-15确定。

表11-15　配电箱、开关箱内电气安装尺寸选择值

间距名称	最小净距/mm
并列电气(含单极熔断器)间	30
电气进、出线瓷管(塑胶管)孔与电气边沿间	15A，30 20~30A，50 60A及以上，80
上、下排电气进出线瓷管(塑胶管)孔间	25
电气进、出线瓷管(塑胶管)孔至板边	40
电气至板边	40

（15）配电箱、开关箱中导线的进线口和出线口应设在箱体的下底面。

（16）配电箱、开关箱的进、出线口应配置固定线卡，进出线应加绝缘护套并成束卡固在箱体上，不得与箱体直接接触。移动式配电箱、开关箱的进、出线应采用橡皮护套绝缘电缆，不得有接头。

（17）配电箱、开关箱外形结构应能防雨、防尘。

（二）电气装置的选择

（1）配电箱、开关箱内的电气必须可靠、完好，严禁使用破损、不合格的电气。

（2）总配电箱的电气应具备电源隔离，正常接通与分断电路，以及短路、过载、漏电保护功能。电气设置应符合下列原则：

① 当总路设置总漏电保护器时，还应装设总隔离开关、分路隔离开关以及总断路器、分路断路器或总熔断器、分路熔断器。当所设总漏电保护器是同时具备短路、过载、漏电保护功能的漏电断路器时，可不设总断路器或总熔断器。

② 当各分路设置分路漏电保护器时，还应装设总隔离开关、分路隔离开关以及总断路器、分路断路器或总熔断器、分路熔断器。当分路所设漏电保护器是同时具备短路、过载、漏电保护功能的漏电断路器时，可不设分路断路器或分路熔断器。

③ 隔离开关应设置于电源进线端，应采用分断时具有可见分断点，并能同时断开电源所有极的隔离电气。如采用分断时具有可见分断点的断路器，可不另设隔离开关。

④ 熔断器应选用具有可靠灭弧分断功能的产品。

⑤ 总开关电气的额定值、动作整定值应与分路开关电气的额定值、动作整定值相适应。

（3）总配电箱应装设电压表、总电流表、电度表及其他需要的仪表。专用电能计量仪表的装设应符合当地供用电管理部门的要求。装设电流互感器时，其二次回路必须与保护零线有一个连接点，且严禁断开电路。

（4）分配电箱应装设总隔离开关、分路隔离开关以及总断路器、分路断路器或总熔断器、分路熔断器。其设置和选择应符合电气设置原则的要求。

（5）开关箱必须装设隔离开关、断路器或熔断器，以及漏电保护器。当漏电保护器是同时具有短路、过载、漏电保护功能的漏电断路器时，可不装设断路器或熔断器。隔离开关应采用分断时具有可见分断点，能同时断开电源所有极的隔离电气，并应设置于电源进线端。当断路器是具有可见分断点时，可不另设隔离开关。

（6）开关箱中的隔离开关只可直接控制照明电路和容量不大于 3. 0kW 的动力电路，但不应频繁操作。容量大于 3. 0kW 的动力电路应采用断路器控制，操作频繁时还应附设接触器或其他启动控制装置。

（7）开关箱中各种开关电气的额定值和动作整定值应与其控制用电设备的额定值和特性相适应。通用电动机开关箱中电气的规格可按《施工现场临时用电安全技术规范》（JGJ 46—2005）要求选配。

（8）漏电保护器应装设在总配电箱、开关箱靠近负荷的一侧，且不得用于启动电气设备的操作。

（9）漏电保护器的选择应符合现行国家标准《剩余电流动作保护器（RCD）的一般要求》（GB/T 6829—2017）和《剩余电流动作保护装置安装和运行》（GB/T 13955—2017）的规定。

（10）开关箱中漏电保护器的额定漏电动作电流不应大于 30mA，额定漏电动作时间不应大于0.1s。使用于潮湿或有腐蚀介质场所的漏电保护器应采用防溅型产品，其额定漏电动作电流不应大于15mA，额定漏电动作时间不应大于0.1s。

（11）总配电箱中漏电保护器的额定漏电动作电流应大于30mA，额定漏电动作时间应大于0.1s，但其额定漏电动作电流与额定漏电动作时间的乘积不应大于30mA·s。

（12）总配电箱和开关箱中漏电保护器的极数和线数必须与其负荷侧负荷的相数和线数一致。

（13）配电箱、开关箱中的漏电保护器宜选用无辅助电源型(电磁式)产品，或选用辅助电源故障时能自动断开的辅助电源型(电子式)产品。当选用辅助电源故障时不能自动断开的辅助电源型(电子式)产品时，应同时设置缺相保护。

（14）漏电保护器应按产品说明书安装、使用。对搁置已久重新使用或连续使用的漏电保护器应逐月检测其特性，发现问题应及时修理或更换。漏电保护器的正确使用接线方法应按图11-3选用。

（15）配电箱、开关箱的电源进线端严禁采用插头和插座做活动连接。

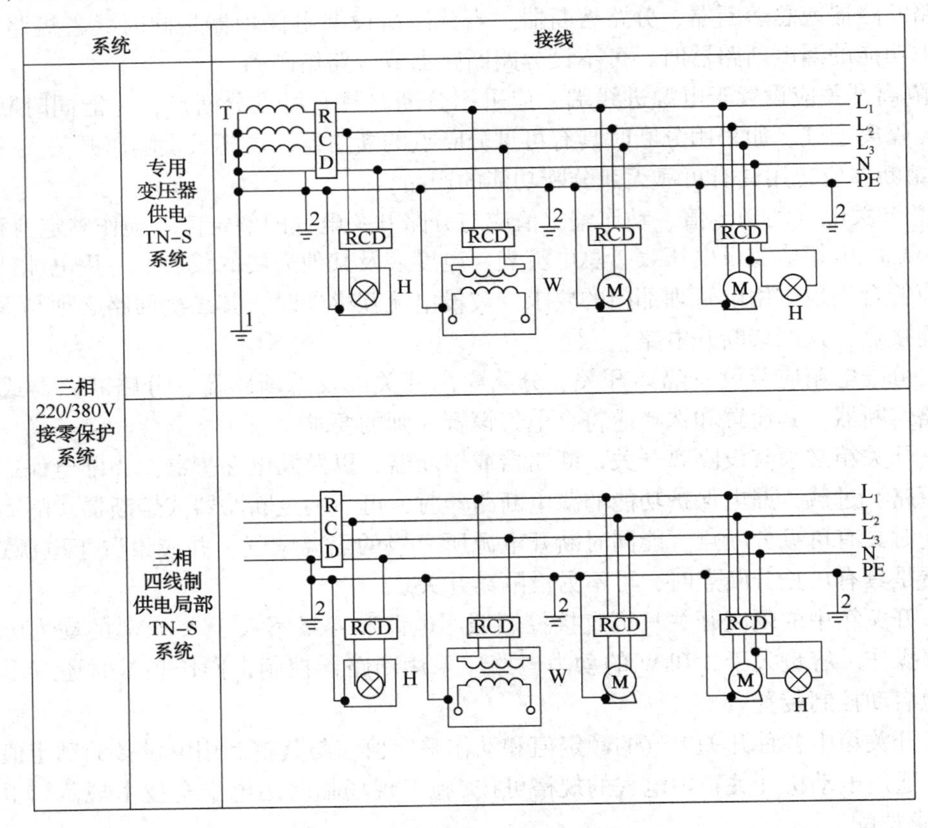

图11-3 漏电保护器使用接线方法示意

L_1、L_2、L_3—相线；N—工作零线；PE—保护零线、保护线；

1—工作接地；2—重复接地；T—变压器；RCD—漏电保护器；H—照明器；W—电焊机；M—电动机

（三）使用与维护

（1）配电箱、开关箱应有名称、用途、分路标记及系统接线图。

（2）配电箱、开关箱箱门应配锁，并应由专人负责。

（3）配电箱、开关箱应定期检查、维修。检查、维修人员必须是专业电工。检查、维修时必须按规定穿、戴绝缘鞋、手套，必须使用电工绝缘工具，并应做检查、维修工作记录。

（4）对配电箱、开关箱进行定期维修、检查时，必须将其前一级相应的电源隔离开关分闸断电，并悬挂"禁止合闸、有人工作"停电标志牌，严禁带电作业。

（5）配电箱、开关箱必须按照下列顺序操作。

① 送电操作顺序为：总配电箱→分配电箱→开关箱。

② 停电操作顺序为：开关箱→分配电箱→总配电箱；但出现电气故障的紧急情况可除外。

（6）施工现场停止作业1小时以上时，应将动力开关箱断电上锁。

（7）开关箱的操作人员必须符合用电人员应掌握知识的规定。

（8）配电箱、开关箱内不得放置任何杂物，并应保持整洁。

（9）配电箱、开关箱内不得随意挂接其他用电设备。

（10）配电箱、开关箱内的电气配置和接线严禁随意改动。熔断器的熔体更换时，严禁采用不符合原规格的熔体代替。漏电保护器每天使用前应启动漏电试验按钮试跳一次，试跳不正常时严禁继续使用。

（11）配电箱、开关箱的进线和出线严禁承受外力，严禁与金属尖锐断口、强腐蚀介质和易燃易爆物接触。

六、电动建筑机械和手持式电动工具

（一）一般规定

（1）施工现场中电动建筑机械和手持式电动工具的选购、使用、检查和维修应遵守下列规定：

① 选购的电动建筑机械、手持式电动工具及其用电安全装置符合相应的国家现行有关强制性标准的规定，且具有产品合格证和使用说明书。

② 建立和执行专人专机负责制，并定期检查和维修保养。

③ 接地符合《施工现场临时用电安全技术规范》（JGJ 46—2005）中接地与防雷相关要求，运行时产生振动的设备的金属基座、外壳与PE线的连接点不少于2处。

④ 漏电保护符合《施工现场临时用电安全技术规范》（JGJ 46—2005）中电气装置的选择要求。

⑤ 按使用说明书使用、检查、维修。

（2）塔式起重机、外用电梯、滑升模板的金属操作平台及需要设置避雷装置的物料提升机，除应连接凹线外，还应做重复接地。设备的金属结构构件之间应保证电气连接。

（3）手持式电动工具中的塑料外壳Ⅱ类工具和一般场所手持式电动工具中的Ⅲ类工具可不连接PE线。

（4）电动建筑机械和手持式电动工具的负荷线应按其计算负荷选用无接头的橡皮护套铜芯软电缆，其性能应符合现行国家标准《额定电压450/750V及以下橡皮绝缘电缆 第1部分：一般要求》（GB/T 5013.1—2008）和《额定电压450/750V及以下橡皮绝缘电缆 第4部分：软线和软电缆》（GB/T 5013.4—2008）的要求；其截面可按《施工现场临时用电安全技术规范》

(JGJ 46—2005)要求选配。电缆芯线数应根据负荷及其控制电气的相数和线数确定：三相四线时，应选用五芯电缆；三相三线时，应选用四芯电缆；当三相用电设备中配置有单相用电气具时，应选用五芯电缆；单相二线时，应选用三芯电缆。电缆芯线应符合《施工现场临时用电安全技术规范》(JGJ 46—2005)电缆线路规定，其中PE线应采用绿/黄双色绝缘导线。

(5) 每一台电动建筑机械或手持式电动工具的开关箱内，除应装设过载、短路、漏电保护器外，还应按《施工现场临时用电安全技术规范》(JGJ 46—2005)开关箱要求装设隔离开关或具有可见分断点的断路器，以及按照《施工现场临时用电安全技术规范》(JGJ 46—2005)开关箱要求装设控制装置。正、反向运转控制装置中的控制电气应采用接触器、继电器等自动控制电气，不得采用手动双向转换开关作为控制电气。控制电气规格可按《施工现场临时用电安全技术规范》(JGJ 46—2005)要求选配。

(二) 起重机械

(1) 塔式起重机的电气设备应符合现行国家标准《塔式起重机安全规程》(GB 5144—2006)中的要求。

(2) 塔式起重机应按《施工现场临时用电安全技术规范》(JGJ 46—2005)中防雷要求做重复接地和防雷接地。轨道式塔式起重机接地装置的设置应符合下列要求：

① 轨道两端各设一组接地装置。

② 轨道的接头处做电气连接，两条轨道端部做环形电气连接。

③ 较长轨道每隔不大于30m加一组接地装置。

(3) 塔式起重机与外电线路的安全距离应符合《施工现场临时用电安全技术规范》(JGJ 46—2005)中起重机与架空线路边线的最小安全距离的要求。

(4) 轨道式塔式起重机的电缆不得拖地行走。

(5) 需要夜间工作的塔式起重机，应设置正对工作面的投光灯。

(6) 塔身高于30m的塔式起重机，应在塔顶和臂架端部设红色信号灯。

(7) 在强电磁波源附近工作的塔式起重机，操作人员应戴绝缘手套和穿绝缘鞋，并应在吊钩与机体间采取绝缘隔离措施，或在吊钩吊装地面物体时，在吊钩上挂接临时接地装置。

(8) 外用电梯梯笼内、外均应安装紧急停止开关。

(9) 外用电梯和物料提升机的上、下极限位置应设置限位开关。

(10) 外用电梯和物料提升机在每日工作前必须对行程开关、限位开关、紧急停止开关、驱动机构和制动器等进行空载检查，正常后方可使用。检查时必须有防坠落措施。

(三) 桩工机械

(1) 潜水式钻孔机电机的密封性能应符合现行国家标准《外壳防护等级(IP代码)》(GB/T 4208—2017)中的IP68级的规定。

(2) 潜水电机的负荷线应采用防水橡皮护套铜芯软电缆，长度不应小于1.5m，且不得承受外力。

(3) 潜水式钻孔机开关箱中的漏电保护器必须符合《施工现场临时用电安全技术规范》(JGJ 46—2005)中对潮湿场所选用漏电保护器的要求。

(四) 夯土机械

(1) 夯土机械开关箱中的漏电保护器必须符合《施工现场临时用电安全技术规范》(JGJ 46—2005)中对潮湿场所选用漏电保护器的要求。

（2）夯土机械PE线的连接点不得少于2处。

（3）夯土机械的负荷线应采用耐气候型橡皮护套铜芯软电缆。

（4）使用夯土机械必须按规定穿戴绝缘用品，使用过程应有专人调整电缆，电缆长度不应大于50m。电缆严禁缠绕、扭结和被夯土机械跨越。

（5）多台夯土机械并列工作时，其间距不得小于5m；前后工作时，其间距不得小于10m。

（6）夯土机械的操作扶手必须绝缘。

（五）焊接机械

（1）电焊机械应放置在防雨、干燥和通风良好的地方。焊接现场不得有易燃、易爆物品。

（2）交流弧焊机变压器的一次侧电源线长度不应大于5m，其电源进线处必须设置防护罩。发电机式直流电焊机的换向器应经常检查和维护，应消除可能产生的异常电火花。

（3）电焊机械开关箱中的漏电保护器必须符合《施工现场临时用电安全技术规范》（JGJ 46—2005）中额定漏电动作电流及动作时间的要求。交流电焊机械应配装防二次侧触电保护器。

（4）电焊机械的二次线应采用防水橡皮护套铜芯软电缆，电缆长度不应大于30m，不得采用金属构件或结构钢筋代替二次线的地线。

（5）使用电焊机械焊接时必须穿戴防护用品。严禁露天冒雨从事电焊作业。

（六）手持式电动工具

（1）空气湿度小于75%的一般场所可选用Ⅰ类或Ⅱ类手持式电动工具，其金属外壳与PE线的连接点不得少于2处；除塑料外壳Ⅱ类工具外，相关开关箱中漏电保护器的额定漏电动作电流不应大于15mA，额定漏电动作时间不应大于0.1s，其负荷线插头应具备专用的保护触头。所用插座和插头在结构上应保持一致，避免导电触头和保护触头混用。

（2）在潮湿场所或金属构架上操作时，必须选用Ⅱ类或由安全隔离变压器供电的Ⅲ类手持式电动工具。金属外壳Ⅱ类手持式电动工具使用时，必须符合《施工现场临时用电安全技术规范》（JGJ 46—2005）中手持式电动工具的要求；其开关箱和控制箱应设置在作业场所外面。在潮湿场所或金属构架上严禁使用Ⅰ类手持式电动工具。

（3）狭窄场所必须选用由安全隔离变压器供电的Ⅲ类手持式电动工具，其开关箱和安全隔离变压器均应设置在狭窄场所外面，并连接PE线。漏电保护器的选择应符合《施工现场临时用电安全技术规范》（JGJ 46—2005）中使用于潮湿或有腐蚀介质场所漏电保护器的要求。操作过程中，应有人在外面监护。

（4）手持式电动工具的负荷线应采用耐气候型的橡皮护套铜芯软电缆，并不得有接头。

（5）手持式电动工具的外壳、手柄、插头、开关、负荷线等必须完好无损，使用前必须做绝缘检查和空载检查，在绝缘合格、空载运转正常后方可使用。绝缘电阻不应小于表11-16规定的数值。

（6）使用手持式电动工具时，必须按规定穿戴绝缘防护用品。

表 11-16 手持式电动工具绝缘电阻限值

测量部位	绝缘电阻/MΩ		
	Ⅰ类	Ⅱ类	Ⅲ类
带电零件与外壳之间	2	7	1

注：绝缘电阻用500V兆欧表测量。

（七）其他电动建筑机械

（1）混凝土搅拌机、插入式振动器、平板振动器、地面抹光机、水磨石机、钢筋加工机械、木工机械、盾构机械、水泵等设备的漏电保护应符合《施工现场临时用电安全技术规范》(JGJ 46—2005)中额定漏电动作电流及动作时间的要求。

（2）混凝土搅拌机、插入式振动器、平板振动器、地面抹光机、水磨石机、钢筋加工机械、木工机械、盾构机械的负荷线必须采用耐气候型橡皮护套铜芯软电缆，并不得有任何破损和接头。水泵的负荷线必须采用防水橡皮护套铜芯软电缆，严禁有任何破损和接头，并不得承受任何外力。盾构机械的负荷线必须固定牢固，距地高度不得小于2.5m。

（3）对混凝土搅拌机、钢筋加工机械、木工机械、盾构机械等设备进行清理、检查、维修时，必须首先将其开关箱分闸断电，呈现可见电源分断点，并关门上锁。

七、现场照明

（一）一般规定

（1）在坑、洞、井内作业、夜间施工或厂房、道路、仓库、办公室、食堂、宿舍、料具堆放场及自然采光差等场所，应设一般照明、局部照明或混合照明。在一个工作场所内，不得只设局部照明。停电后，操作人员需及时撤离的施工现场，必须装设自备电源的应急照明。

（2）现场照明应采用高光效、长寿命的照明光源。对需大面积照明的场所，应采用高压汞灯、高压钠灯或混光用的卤钨灯等。

（3）照明器的选择必须按下列环境条件确定：

① 正常湿度一般场所，选用开启式照明器。

② 潮湿或特别潮湿场所，选用密闭型防水照明器或配有防水灯头的开启式照明器。

③ 含有大量尘埃但无爆炸和火灾危险的场所，选用防尘型照明器。

④ 有爆炸和火灾危险的场所，按危险场所等级选用防爆型照明器。

⑤ 存在较强振动的场所，选用防振型照明器。

⑥ 有酸碱等强腐蚀介质场所，选用耐酸碱型照明器。

（4）照明器具和器材的质量应符合国家现行有关强制性标准的规定，不得使用绝缘老化或破损的器具和器材。

（5）无自然采光的地下大空间施工场所，应编制单项照明用电方案。

（二）照明供电

（1）一般场所宜选用额定电压为220V的照明器。

（2）下列特殊场所应使用安全特低电压照明器：

① 隧道、人防工程、高温、有导电灰尘、比较潮湿或灯具离地面高度低于2.5m等场所

的照明，电源电压不应大于36V。

② 潮湿和易触及带电体场所的照明，电源电压不得大于24V。

③ 特别潮湿场所、导电良好的地面、锅炉或金属容器内的照明，电源电压不得大于12V。

（3）使用行灯（手持式照明灯具）时应符合下列要求：

① 电源电压不大于36V。

② 灯体与手柄应坚固、绝缘良好并耐热耐潮湿。

③ 灯头与灯体结合牢固，灯头无开关。

④ 灯泡外部有金属保护网。

⑤ 金属网、反光罩、悬吊挂钩固定在灯具的绝缘部位上。

（4）远离电源的小面积工作场地、道路照明、警卫照明或额定电压为12~36V照明的场所，其电压允许偏移值为额定电压值的−10%~5%；其余场所电压允许偏移值为额定电压值的±5%。

（5）照明变压器必须使用双绕组型安全隔离变压器，严禁使用自耦变压器。

（6）照明系统宜使三相负荷平衡，其中每一单相回路上，灯具和插座数量不宜超过25个，负荷电流不宜超过15A。

（7）携带式变压器的一次侧电源线应采用橡皮护套或塑料护套铜芯软电缆，中间不得有接头，长度不宜超过3m，其中绿/黄双色线只可作PE线使用，电源插销应有保护触头。

（8）工作零线截面应按下列规定选择：

① 单相二线及二相二线线路中，零线截面与相线截面相同。

② 三相四线制线路中，当照明器为白炽灯时，零线截面不小于相线截面的50%；当照明器为气体放电灯时，零线截面按最大负载相的电流选择。

③ 在逐相切断的三相照明电路中，零线截面与最大负载相相线截面相同。

（9）室内、室外照明线路的敷设应符合《施工现场临时用电安全技术规范》（JGJ 46—2005）中配电线路要求。

（三）照明装置

（1）照明灯具的金属外壳必须与PE线相连接，照明开关箱内必须装设隔离开关、短路与过载保护电气和漏电保护器，并应符合《施工现场临时用电安全技术规范》（JGJ 46—2005）中开关箱的规定。

（2）室外220V灯具距地面不得低于3m，室内220V灯具距地面不得低于2.5m。普通灯具与易燃物距离不宜小于300mm；聚光灯、碘钨灯等高热灯具与易燃物距离不宜小于500mm，且不得直接照射易燃物。达不到规定安全距离时，应采取隔热措施。

（3）路灯的每个灯具应单独装设熔断器保护。灯头线应做防水弯。

（4）荧光灯管应采用管座固定或用吊链悬挂。荧光灯的镇流器不得安装在易燃的结构物上。

（5）碘钨灯及钠、铊、铟等金属卤化物灯具的安装高度宜在3m以上，灯线应固定在接线柱上，不得靠近灯具表面。

（6）投光灯的底座应安装牢固，应按需要的光轴方向将枢轴拧紧固定。

（7）螺口灯头及其接线应符合下列要求：

① 灯头的绝缘外壳无损伤、无漏电。

② 相线接在与中心触头相连的一端，零线接在与螺纹口相连的一端。

（8）灯具内的接线必须牢固，灯具外的接线必须做可靠的防水绝缘包扎。

（9）暂设工程的照明灯具宜采用拉线开关控制，开关安装位置宜符合下列要求：

① 拉线开关距地面高度为 2～3m，与出入口的水平距离为 0.15～0.2m，拉线的出口向下。

② 其他开关距地面高度为 1.3m，与出入口的水平距离为 0.15～0.2m。

（10）灯具的相线必须经开关控制，不得将相线直接引入灯具。

（11）对夜间影响飞机或车辆通行的在建工程及机械设备，必须设置醒目的红色信号灯，其电源应设在施工现场总电源开关的前侧，并应设置外电线路停止供电时的应急自备电源。

事故案例

2020 年 8 月 1 日上午 8 时 26 分许，某公司管业北区钢结构库房项目施工现场，3 名作业人员在移动脚手架过程中，脚手架顶部不慎触碰上方架空高压电线，引发触电事故，致使 3 人当场死亡。

一、事故直接原因

3 名作业人员安全意识淡薄，未经任何安全教育培训，没有风险辨识能力，不清楚、不掌握作业场所重大危险因素。在未取得特种作业操作资格的情况下，违规进行高处作业和电焊作业，且未佩戴必要安全防护用品，盲目冒险在 10kV 高压线危险距离内移动脚手架，致使金属脚手架顶部不慎触碰高压线单相线，导致 3 人触电死亡，是事故发生的直接原因。

二、事故间接原因

工程建设项目相关建设、施工单位，安全生产主体责任不落实，严重违反建筑施工和电力行业相关法律法规及安全标准，在未办理相关土地、规划和施工许可的情况下，违规发包、超资质承揽工程，且在未征得电力企业及其主管部门同意的情况下擅自降低高压线距地面垂直安全距离，违规组织人员在电力设施危险区域施工作业，安排无证人员进行特种作业。项目安全管理混乱，未建立安全生产责任制，未按规定制定并实施钢结构工程专项施工方案，未配备专职安全管理人员，未开展隐患排查治理工作，没有对作业人员进行必要的安全教育和风险告知，现场安全管理严重缺失，是造成事故发生的主要原因。

有关部门监管职责履行不到位，对担负的建筑领域"打非治违"职责认识不清，排查整治违法建设、违规施工行为不细致、不深入，没有将非法违法建设项目纳入日常监管范围，致使该工程存在的土地、规划、建设领域违法违规行为没有得到及时发现和查处，是造成事故发生的重要原因。

复习思考题

1. 建筑施工临时用电必须符合哪几条总体要求？
2. 配电箱、开关箱操作顺序是什么？
3. 简述配电系统的三级配电要求。

第十二章 起重机械与吊装

本章学习要点

1. 了解施工升降机、塔式起重机的安全管理知识；
2. 熟悉施工升降机、塔式起重机的安全装置；
3. 熟悉常用的起重吊装机械，掌握起重吊装安全管理知识。

第一节 施工升降机

一、施工升降机简介

建筑施工升降机(又称施工电梯)是一种使工作笼(吊笼)沿导轨架做垂直(或倾斜)运动的机械，用来运送人员和物料。建筑施工升降机是高层建筑施工中运送施工人员上下及建筑材料和工具设备必备的重要运输设施之一。

建筑施工升降机由钢结构(天轮架、吊笼、导轨架、前附着架、后附着架、底笼)、驱动装置(电动机、涡轮减速箱、齿轮、齿条、钢丝绳及配重)、安全装置(防坠安全器、限制器、限位器、行程开关及缓冲器弹簧)和电气设备(操纵装置、电缆及电缆筒)四部分组成。

施工升降机按其传动形式分为齿轮齿条驱动(SC 型)、卷扬机钢丝绳驱动(SS 型)和混合驱动(SH 型)三种。齿轮齿条驱动的建筑施工升降机的工作笼内装有驱动装置，驱动装置的输出齿轮与导轨架上的齿条相啮合，当控制驱动电动机正、反转时，吊笼将沿着导轨架上、下移动。

用卷扬机钢丝绳驱动的建筑施工升降机，它的吊笼沿导轨架上、下移动是借助于卷扬机收、放钢丝绳来实现的。SC 型与 SS 型建筑施工升降机相比较：前者可靠性好，可以客货两用，但成本较高；后者由于安全性差，故只能用于货运。

二、施工升降机安全装置

对于客货两用的建筑施工升降机，对其安全的可靠性要求比较高。因此，SC 系列施工升降机装有许多不同类型的安全装置，有机械的、电气的以及机械电气的联锁。其主要的安全装置是：

(一) 防坠安全器

防坠安全器按其工作特性可分为单向式和双向式两种。

(二) 缓冲弹簧

在建筑施工升降机的底架上有缓冲弹簧，以便当吊笼发生坠落事故时，减轻吊笼的冲击。缓冲弹簧有圆锥卷弹簧和圆柱螺旋弹簧两种。

（三）上、下限位器

为防止吊笼上、下时超过需停位置时，因司机误操作和电气故障等原因继续上升或下降引发事故而设置。

（四）上、下极限限位器

因为施工升降机属客货两用梯，所以对安全要求比货运提升设备要高得多。上、下极限限位器是在上、下限位器一时不起作用，吊笼继续上行或下降到设计规定的最高极限或最低极限位置时能及时切断电源，以保证吊笼安全。

（五）安全钩

安全钩是为防止吊笼到达预先设定位置，上限位器和上极限限位器因各种原因不能及时动作，吊笼继续向上运行，将导致吊笼冲击导轨架顶部而发生倾翻坠落事故而设置的。安全钩是安装在吊笼上部的最后一道安全装置，它能使吊笼上行到导轨顶部的时候，安全钩住导轨架，保证吊笼不发生倾翻坠落事故。

（六）吊笼门、底笼门联锁装置

施工升降机的吊笼门、底笼门均装有电气联锁开关，它们能有效地防止因吊笼门或底笼门未关闭就启动运行而造成人员坠落或物料滚落，只有当吊笼门和底笼门完全关闭时才能启动运行。

（七）急停开关

当吊笼在运行过程中发生各种原因的紧急情况时，司机应能及时按下急停开关，使吊笼立即停止，防止事故的发生。

急停开关必须是非自行复位的电气安全装置。

第二节　起重吊装

起重吊装是建筑施工中危险性较大的分部分项工程，在日常的起重吊装作业中存在着起重设备故障、操作人员操作不规范和周边环境等吊装事故隐患，因此必须加强对起重吊装工程的管理，防止起重吊装事故的发生。

起重吊装工程是指建筑施工中采用相应的机械设备和设施来完成结构吊装和设施安装的一种分部分项工程。起重吊装作业是指使用起重设备将吊物提升或移动至指定位置，并按要求安装固定的施工过程。

一、起重吊装作业基本要求

起重吊装作业危险性大，必须遵守以下安全规定和安全技术要求。

（一）起重吊装作业基本安全规定

起重吊装作业前，必须编制吊装作业的专项施工方案，并应进行安全技术措施交底；作业中，未经技术负责人批准，不得随意更改。起重吊装作业前，应检查起重吊装所使用的机械、滑轮、吊具和地锚等，应确保其完好，符合安全要求。

起重机操作人员、司索工等特种作业人员必须持特种作业资格证书上岗。严禁非起重机驾驶人员驾驶、操作起重机。起重作业人员必须穿防滑鞋、戴安全帽，高处作业应佩挂安全带，并应系挂可靠和严格遵守高挂低用。

（二）起重吊装作业基本安全技术要求

（1）吊装作业区四周应设置明显标志，严禁非操作人员入内。夜间不宜作业，当需夜间作业时，应有足够的照明设施。起重设备通行的道路应平整，承载力应满足设备通行要求。

（2）登高梯子的上端应固定，高空用的吊篮和临时工作台应固定牢靠，并应设不低于1.2m的防护栏杆。吊篮和工作台的脚手板应铺平绑牢，严禁出现探头板。吊移操作平台时，平台上面严禁站人。当构件吊起时，所有人员不得站在吊物下方，并应保持一定的距离。

（3）绑扎所用的吊索、卡环、绳扣等的规格应按计算确定。起吊前，应对起重机钢丝绳及连接部位和索具设备进行检查。高空吊装屋架、梁和斜吊法吊装柱时，应于构件两端绑扎溜绳，由操作人员控制构件的平衡和稳定。构件吊装和翻身扶直时的吊点必须符合设计规定。异型构件或无设计规定时，应经计算确定，并保证使构件起吊平稳。

（4）安装所使用的螺栓、钢楔（或木楔）、钢垫板、垫木和电焊条等材质应符合设计要求的材质标准及现行国家标准的有关规定。

（5）吊装大、重、新结构构件和采用新的吊装工艺时，应先进行试吊，确认无问题后，方可正式起吊。大雨、雾、大雪及六级以上大风等恶劣天气应停止吊装作业。事后应及时清理冰雪并应采取防滑和防漏电措施。雨雪过后作业前，应先试吊，确认制动器灵敏可靠后方可进行作业。

（6）吊起的构件应确保在起重机吊杆顶的正下方，严禁采用斜拉、斜吊，严禁起吊埋于地下或黏结在地面上的构件。

（7）起重机靠近架空输电线路作业或在架空输电线路下行走时，与架空输电线的安全距离应符合现行行业标准《施工现场临时用电安全技术规范》（JGJ 46—2019）和其他相关标准的规定。当需要在小于规定的安全距离范围内进行作业时，必须采取严格的安全保护措施，并应经供电部门审查批准。

（8）采用双机抬吊时，宜选用同类型或性能相近的起重机，负载分配应合理，单机载荷不得超过额定起重量的80%。两机应协调起吊和就位，起吊的速度应平稳缓慢。起吊过程中，在起重机行走、回转、俯仰吊臂、起落吊钩等动作前，起重司机应鸣声示意。一次只宜进行一个动作，待前一动作结束后，再进行下一动作。

（9）开始起吊时，应先将构件吊离地面200~300mm后暂停，检查起重机的稳定性、制动装置的可靠性、构件的平衡性和绑扎的牢固性等，待确认无误后，方可继续起吊。已吊起的构件不得长久停滞在空中。严禁超载吊装和起吊重量不明的重大构件和设备。严禁在吊起的构件上行走或站立。不得用起重机载运人员，不得在构件上堆放或悬挂零星物件。严禁在已吊起的构件下面或起重臂下旋转范围内作业或行走。起吊时不得忽快忽慢和突然制动。回转时动作应平稳，当回转未停稳前不得做反向动作。

（10）因故（天气、下班、停电等）或暂停作业时，对吊装中未形成空间稳定体系的部分，应采取有效的临时固定措施。

（11）高处作业所使用的工具和零配件等，必须放在工具袋（盒）内，严防掉落，并严禁上下抛掷。

（12）吊装中的焊接作业应选择合理的焊接工艺，避免发生过大的变形，冬季焊接应有焊前预热（包括焊条预热）措施，焊接时应有防风防水措施，焊后应有保温措施。高处安装中的电、气焊作业，应严格采取安全防火措施，并应设专人看护。在作业部位下面周围10m内不得有人。

(13) 已安装好的结构构件，未经有关设计和技术部门批准不得用作受力支撑点和在构件上随意凿洞开孔。不得在其上堆放超过设计荷载的施工荷载。对临时固定的构件，必须在完成了永久固定，并经检查确认无误后，方可拆除临时固定工具措施。

(14) 对起吊物进行移动、吊升、停止、安装时的全程应用旗语或通用手势信号进行指挥，信号不明不启动，上下相互协调联系应采用通信工具。

二、起重吊装机械

(一) 履带式起重机

履带式起重机的优点是对场地、路面要求不高，可负重行驶，可360°回转；起重臂可接长使用。其缺点在于行驶慢，对路面有破坏，稳定性差。

履带式起重机的安装、拆卸与运行：

1. 准备工作

(1) 安装单位应取得国家有关部门颁发的相应类型和等级的起重机安装资质并在有效期内。

(2) 安装单位应在安装前，按规定向特种设备安全监督管理部门书面告知。

(3) 从事安装与拆卸工作的作业人员应齐全并持证上岗。

(4) 安装与拆卸之前，施工单位应按设备技术文件的要求，结合场地和吊装机具等条件，编写详细的作业指导书(包括安全保证措施)并得到有关部门的批准。

(5) 安装与拆卸之前，应仔细检查起重机各部件、液压与电气系统等的现状是否符合要求，如有缺陷和安全隐患，应及时校正与消除。

(6) 吊装机具应安全可靠，严禁使用有安全隐患、未经检测合格的或不在有效期内的机具。

2. 安装

(1) 安装与拆卸应严格按照作业指导书(包括安全保证措施)分步骤有序进行，并对整个过程做详细记录，有关部门应对实施过程进行监督。

(2) 在起重条件许可时，进行部件地面拼装工作，减少高处作业。

(3) 安装过程中，吊装的部件未连接稳固前不得停止作业；已安装就位的部件，应保证其安全稳定。

(4) 首次安装履带起重机应在厂家技术人员的指导下作业。

(5) 带有自安装装置的履带起重机安装时宜优先采用自安装工艺。

(6) 整机安装完成后，应按规定进行检测，检测合格后才能投入使用。

(7) 安装单位应配合有关部门完成起重机的试验、验收及交付工作。

3. 拆卸

(1) 拆卸时需将重机停放到拆卸方案指定的位置。

(2) 拆卸过程中，不得随意切割钢构件、螺栓、钢丝绳等。

(3) 起吊每一部件时，应确认已解除连接，不得斜拉歪吊，防止碰撞。

(4) 拆卸时应确保摆放部件、起吊部件、剩余构件的安全稳定。

（5）拆卸过程和暂时存放期间，谨防零部件丢失、损坏。

（6）拆卸不宜夜间作业，确需夜晚作业时，照明应符合场地作业安全要求。

（7）高处作业应严格执行有关安全规定。

（8）拆卸完毕，所有部件、配件应整理登记：丢失、损坏应作出说明，并做好移交管理工作。

4. 运行

（1）履带起重机从业人员应满足所从事作业种类对健康的要求。

（2）履带起重机从业人员应持证上岗。

（3）履带起重机操作人员应掌握《起重机 手势信号》（GB/T 5082—2019）规定的起重指挥信号和所操作履带起重机的技术性能、维护保养及使用方法。

（4）履带起重机操作人员作业时应着工作装，将长发扎入帽内。

（5）履带起重机操作人员作业时应集中精力，严禁酒后操作。

（6）操作人员必须听从指挥人员的指挥，明确指挥意图，方可作业。当指挥人员所发信号违反安全规定时，操作人员有权拒绝执行。在作业过程中，操作人员对任何人发出的“紧急停止”信号都应服从。

（7）初次动作、变换动作时起重机操作人员应鸣铃或鸣号警示。工作中突然断电时，应将所有的控制器扳回零位，重新工作前进行必要的检查。

（8）不得采用自由下降的方式下降吊钩及重物。

（9）对安全保护装置应做定期检查、维护保养，起重机上配备的安全限位、保护装置，要求灵敏可靠，严禁擅自调整、拆修。严禁操作缺少安全装置或安全装置失效的起重机。不得用限位开关等安全保护装置停车。

（10）吊钩应具有防脱钩装置。

（11）钢丝绳的检验及报废应符合《起重机 钢丝绳 保养、维护、检验和报废》（GB/T 5972—2023）的规定。

（12）操作室应有起重机特性曲线表，挡风玻璃应保持清洁，视野清晰开阔。

（13）夜间作业时，机上及作业区域应有符合安全规定和施工要求的照明。

（14）履带起重机应按规定配备消防器材，操作人员应掌握其使用方法。

（15）履带起重机及吊物与输电线的安全距离应符合《起重机械安全规程 第1部分：总则》（GB/T 6067—2010）的规定。

（16）电动式履带起重机的安全接地应满足设备技术文件的要求。

（17）履带起重机的作业环境满足《履带起重机》（GB/T 14560—2022）有关要求。

（二）汽车式起重机

汽车式起重机的起重机构装在汽车底盘上。其优点是行驶速度快，可上公路，伸缩臂变化快，可全回转。其缺点是吊装时必须用撑脚（支腿），不能负重行驶。

（三）塔式起重机

与履带式起重机和汽车起重机相比，其应用范围更广，我们在本章第三节进行介绍。

三、起重吊装工程检查验收

起重吊装工程应及时进行检查验收。检查验收内容主要包括以下：

（1）检查特种作业人员持证上岗情况，上岗证书人员与现场人员是否一致，是否已接受了交底和安全教育。

（2）检查施工人员劳动保护用品佩戴情况（戴安全帽，高空作业系挂安全带，穿绝缘鞋等）并检查安全防护用品合格证。

（3）检查吊索、卡环、平衡梁、起重绳等吊装工具的完好情况，核对选用型号是否与方案一致；检查起重机械的维修保养及年检记录。

（4）检查高处作业行走和站立处的脚手板、临空处的栏杆或安全网，上、下梯子是否可靠牢固，检查高处作业所用的料具防坠落措施。

（5）检查登高作业爬梯与地面夹角宜为60°～70°、梯子底部防滑装置；搭设悬挂的梯子，检查其悬挂点和捆扎是否牢固可靠。

（6）吊装前，检查在安全架是否绑好安全绳，安装时高空作业人员应将安全带拴于安全绳上，确保安全。

（7）检查吊装构件的吊点是否与方案一致，吊耳是否牢固可靠。

（8）检查吊车回转半径内是否有障碍物，如有问题及时清除。

（9）吊车停吊时，勘察地理强度，仔细调整吊车液压支腿，确保吊车的稳定性，避免支腿下沉而失稳。

（10）开始起吊时，应先将构件吊离地面200～300mm后停止起吊，并检查起重机的稳定性、制动装置的可靠性、构件的平衡性和绑扎的牢固性等，待确认无误后，方可继续起吊。已吊起的构件不得长久停滞在空中。

第三节　塔式起重机

塔机一般由金属结构、工作机构和电气系统三部分组成。金属结构包括标准节、平衡臂、起重臂、塔帽和底座等。工作机构有起升、变幅、回转和行走四部分。电气系统包括电动机、控制器、配电柜、连接线路、信号及照明装置等。

一、工作机构

（一）起升机构

在起重机中，用以提升或下降货物的机构称为起升机构，一般采用卷扬式（又称卷扬机）。起升机构是起重机中最重要、最基本的机构，一般由驱动装置、钢丝绳卷绕系统、取物装置和安全保护装置等组成。

（二）回转机构

起重机的回转机构能使被起吊重物绕起重机的回转中心做圆弧运动，实现在水平面内运输重物的目的。

（三）变幅机构

用来改变起重机幅度的机构称为起重机的变幅机构。变幅机构可以扩大起重机的作业范围，当变幅机构与回转机构协同工作时，起重机的作业范围是一个环形空间。

（四）行走机构

行走机构仅用于轨道行走式，由电机、减速器、台车、车轮、夹轨器、终点限位开关、缓冲器等组成。

二、安全装置

塔机的安全保护装置可分为行程限位器、载荷限制器、钢丝绳防脱装置、风速仪、报警装置和紧急安全开关几部分。

（一）行程限位器

1. 起升高度限位器

（1）俯仰变幅动臂用的吊钩高度限位器。对动臂变幅的塔机，当吊钩装置顶部至起重臂下端最小距离为800mm处时，应能立即停止运动，对设有变幅重物平移功能的动臂变幅的塔机，还应同时切断向外变幅控制回路电源，但应有下降和向内变幅运动。

（2）小车变幅用的吊钩高度限位器。对小车变幅的塔机，吊钩装置顶部升至小车架下端的最小距离为800mm处时，应能立即停止起升运动，但应有下降运动。所有型式塔机，当钢丝绳松弛可能造成卷筒乱绳或反卷时应设置下限位，在吊钩不能再下降或卷筒上钢丝绳只剩3圈时，应能立即停止下降运动。

2. 幅度限制器

（1）对动臂变幅的塔机，应设置幅度限位开关，在臂架到达相应的极限位置前开关动作，停止臂架再往极限方向变幅。对动臂变幅的塔机，应设置臂架极限位置的限制装置。该装置应能有效防止臂架向后倾翻。

（2）对小车变幅的塔机，应设置小车行程限位开关和终端缓冲装置。限位开关动作后应保证小车停车时期终端部距缓冲装置最小距离为200mm。

3. 运行限位器

对于轨道运行的塔机，每个运行方向应设置限位装置，其中包括限位开关、缓冲器和终端止挡。应保证开关动作后塔机停车时其终端部距缓冲器最小距离为1000mm，缓冲器距终端止挡最小距离为1000mm。

4. 回转限位器

回转限位开关用以限制塔机的回转角度，防止扭断或损坏电缆。凡是不装设中央集电环的塔机，均应配置回转限位开关。对回转处不设继电器供电的塔机，应设置正反两个方向回转限位开关，开关动作时臂架旋转角度应不大于±540°。

（二）载荷限制器

1. 起重量限制器

当起重量大于最大额定起重量并小于110%额定起重量时，应停止上升方向动作，但应有下降方向动作。具有多挡变速的起升机构，限制器应对各挡位具有防止超载的作用。

2. 起重力矩限制器

当起重力矩大于相应幅度额定值并小于额定值110%时，应停止上升和向外变幅动作，但应有下降和内变幅动作。力矩限制器控制定码变幅的触点和控制定幅变码的触点应分别设置，且能分别调整。

（三）钢丝绳防脱装置

滑轮、起升卷筒及动臂变幅卷筒均应设有钢丝绳防脱装置，该装置表面与滑轮或卷筒侧板边缘间的间隙不应超过钢丝绳直径的20%，装置可能与钢丝绳接触面，不应有棱角。

（四）风速仪

对臂根铰点高度超过50m的塔机，应配备风速仪，当风速大于工作允许风速时，应能发出停止作业的警报。

（五）报警装置

塔机应装有报警装置。在塔机达到额定起重力矩和/或额定起重量的90%以上时，装置应能向司机发出连续的声光报警。在塔机达到额定起重力矩和/或额定起重量的100%以上时，装置应能发出连续清晰的声光报警，且只有在降低到额定工作能力100%以内时，报警才能停止。

（六）紧急安全开关

"急停开关"通常为手动控制的按压式开关(按键为红色)，串联接入设备的控制电路，用于紧急情况下直接断开控制电路电源从而快速停止设备避免非正常工作。急停开关必须是非自行复位的电气安全装置。

三、塔式起重机基础及地基处理要求

塔式起重机基础应根据塔机型号和采用的基础形式，按现行行业标准《塔式起重机混凝土基础工程技术标准》(JGJ/T 187—2019)、《混凝土预制拼装塔机基础技术规程》(JGJ/T 197—2010)、《大型塔式起重机混凝土基础工程技术规程》(JGJ/T 301—2013)的规定进行设计。

《危险性较大的分部分项工程安全管理规定》指出，搭设总高度200m及以上，或搭设基础标高在200m及以上的塔式起重机安装和拆卸工程为超过一定规模的危险性较大的分部分项工程，其专项施工方案应按规定组织专家论证。

塔式起重机安装前，必须经维修保养，并应进行全面的检查，确认合格后方可安装。

塔式起重机的基础及其地基承载力应符合使用说明书和设计图纸的要求。安装前应对基础进行验收，合格后方可安装。基础周围应有排水设施。

行走式塔式起重机的轨道及基础应按使用说明书的要求进行设置，且应符合现行国家标准《塔式起重机安全规程》(GB 5144—2006)及《塔式起重机》(GB/T 5031—2019)的规定。

内爬式塔式起重机的基础、锚固、爬升支撑结构等应根据使用说明书提供的荷载进行设计计算，并应对内爬式塔式起重机的建筑承载结构进行验算。

四、塔式起重机的检查

塔式起重机检查分技术资料审核和现场设备检查两部分，技术资料审核在申报时由资料审核员进行，现场设备检查在技术资料审核合格后由2~3名检验员进行，其中电气类1名、机械类1~2名。

（一）技术资料审核

资料审核员必须对技术资料进行认真核对，做到资料与受检设备相符，基础资料与受检设备基础相一致。

（二）现场设备检查

现场设备检查要对 10 个大项 83 个小项进行检查，其中包括涉及塔机使用安全的关键项 22 项。现场设备检查又具体分为常规检查、运行检查和载荷试验三部分。

现场监护人着重作业运行检查，运行检查主要包括以下内容：

（1）外观检查司机室内的操作装置及相关标牌、标志，司机室内总电源开关状态信号指示。

（2）检查紧急断电开关的设置及其有效性，人为断开供电电源重新接通电源后，查看失压保护是否有效、动作试验检查零位保护是否有效。

零位保护方法：

① 断开总电源，将任一机构控制器手柄扳离零位，再接通总电源，该机构不能启动（机构运行采用自动复位型控制装置控制的除外）；

② 必须先将控制器手柄置于零位后，恢复供电，该机构才能启动。

（3）采用通电试验方法，断开供电电源任意一根相线或将任意两相线换接，观察总电源接触器是否接通，判定断错相保护的有效性。相序保护：①断开主开关，在其输出端，分别断开三相交流电源的任意一根导线后，闭合主开关，检查起重机能否启动；②断开主开关，在其输出端，调换三相交流电源中的任意两根导线的相互位置后，闭合主开关，检查起重机能否启动。

（4）外观检查，操作观察回转机构制动器。

（5）动作试验，目测检查回转限制器。

（6）用经纬仪测量塔机塔身轴线对支撑面的侧向垂直度。

（7）做动作试验，检查轨道式塔机防风装置的工作状况；大车运行至轨道端部，检查行程限位器的工作状况。

（8）外观检查、空载试验大车缓冲器和端部止挡。

（9）将吊钩放到最低工作位置，检查卷筒上钢丝绳安全圈数。外观检查吊钩有无裂纹、剥裂等缺陷，用卡尺测量吊钩危险端面磨损量；外观检查吊钩的开口度，必要时用卡尺测量。

（10）检查塔机上是否有清晰的产品标志。

（11）检查有无高度限位器及其动作距离是否符合规定要求。

（12）检查幅度限位器的安装及工作状况。

（13）外观检查、空载试验小车缓冲器和端部止挡。

（14）对最大变幅速度超过 40m/min 的塔机，动作试验检查其强迫换速情况。

（15）动作试验，实际测量动臂式塔机幅度限位开关和防后翻装置。

（16）手动试验起重量限制器的有效性。

（17）手动试验力矩限制器的有效性。

（18）空载试验：进行空载起升、变幅、回转、行走试验，检查各机构运行和操纵、控制系统是否有异常。

五、群塔施工要求

任意两台塔式起重机之间的最小架设距离应符合以下规定：

（1）低位塔式起重机的起重臂端部与另一台塔式起重机的塔身之间的距离不得小于2m。

（2）高位塔式起重机的最低位置的部件（或吊钩升至最高点或平衡重的最低部位）与低位塔式起重机中处于最高位置部件之间的垂直距离不得小于2m。

两台相邻塔式起重机的安全距离如果控制不当，很可能会造成重大安全事故。当相邻工地发生多台塔式起重机交错作业时，应在协调相互作业关系的基础上，编制各自的专项使用方案，确保任意两台塔式起重机不发生触碰。

第四节　物料提升机

物料提升机是一种固定装置的机械输送设备，主要适用于粉状、颗粒状及小块物料的连续垂直提升，设置了断绳保护安全装置、停靠安全装置、缓冲装置、上下高度及极限限位器、防松绳装置等安全保护装置。

物料提升机检查评定保证项目应包括安全装置、防护设施、附墙架与缆风绳、钢丝绳、安拆、验收与使用；物料提升机检查评定一般项目应包括基础与导轨架、动力与传动、通信装置、卷扬机操作棚、避雷装置。

一、物料提升机保证项目的检查评定

物料提升机保证项目的检查评定应符合下列规定：

1. 安全装置

（1）应安装起重量限制器、防坠安全器，并应灵敏可靠。

（2）安全停层装置应符合规范要求，并应定型化。

（3）应安装上行程限位并灵敏可靠，安全越程不应小于3m。

（4）安装高度超过30m的物料提升机应安装渐进式防坠安全器及自动停层、语音影像信号监控装置。

2. 防护设施

（1）应在地面进料口安装防护围栏和防护棚，防护围栏、防护棚的安装高度和强度应符合规范要求。

（2）停层平台两侧应设置防护栏杆、挡脚板，平台脚手板应铺满、铺平。

（3）平台门、吊笼门安装高度、强度应符合规范要求，并应定型化。

3. 附墙架与缆风绳

（1）附墙架结构、材质、间距应符合产品说明书要求。

（2）附墙架应与建筑结构可靠连接。

（3）缆风绳设置的数量、位置、角度应符合规范要求，并应与地锚可靠连接。

（4）安装高度超过30m的物料提升机必须使用附墙架。

（5）地锚设置应符合规范要求。

4. 钢丝绳

(1) 钢丝绳磨损、断丝、变形、锈蚀量应在规范允许范围内。

(2) 钢丝绳夹设置应符合规范要求。

(3) 当吊笼处于最低位置时，卷筒上钢丝绳严禁少于 3 圈。

(4) 钢丝绳应设置过路保护措施。

5. 安装、拆卸、验收与使用

(1) 安装、拆卸单位应具有起重设备安装工程专业承包资质和安全生产许可证。

(2) 安装、拆卸作业应制定专项施工方案，并应按规定进行审核、审批。

(3) 安装完毕应履行验收程序，验收表格应由责任人签字确认。

(4) 安装、拆卸作业人员及司机应持证上岗。

(5) 物料提升机作业前应按规定进行例行检查，并应填写检查记录。

(6) 实行多班作业，应按规定填写交接班记录。

二、物料提升机一般项目的检查评定

1. 基础与导轨架

(1) 基础的承载力和平整度应符合规范要求。

(2) 基础周边应设置排水设施。

(3) 导轨架垂直度偏差不应大于导轨架高度的 0.15%。

(4) 井架停层平台通道处的结构应采取加强措施。

2. 动力与传动

(1) 卷扬机曳引机应安装牢固，当卷扬机卷筒与导轨底部导向轮的距离小于 20 倍卷筒宽度时，应设置排绳器。

(2) 钢丝绳应在卷筒上排列整齐。

(3) 滑轮与导轨架、吊笼应采用刚性连接，并应与钢丝绳相匹配。

(4) 卷筒、滑轮应设置防止钢丝绳脱出装置。

(5) 当曳引钢丝绳为 2 根及以上时，应设置曳引力平衡装置。

3. 通信装置

(1) 应按规范要求设置通信装置。

(2) 通信装置应具有语音和影像显示功能。

4. 卷扬机操作棚

(1) 应按规范要求设置卷扬机操作棚。

(2) 卷扬机操作棚强度、操作空间应符合规范要求。

5. 避雷装置

(1) 当物料提升机未在其他防雷保护范围内时，应设置避雷装置。

(2) 避雷装置设置应符合现行行业标准《施工现场临时用电安全技术规范》(JGJ 46—2005)的规定。

事故案例

2017 年 7 月 22 日 18 时 07 分，某项目发生建筑工地塔吊坍塌较大事故，造成 7 人死亡、2 人重伤。

一、事故直接原因

部分顶升人员违规饮酒后作业，未佩戴安全带；在塔吊右顶升销轴未插到正常工作位置，并处于非正常受力状态下，顶升人员继续进行塔吊顶升作业，顶升过程中顶升摆梁内外腹板销轴孔发生严重的屈曲变形，右顶升爬梯首先从右顶升销轴端部滑落；右顶升销轴和右换步销轴同时失去对内塔身荷载的支撑作用，塔身荷载连同冲击荷载全部由左爬梯与左顶升销轴和左换步销轴承担，最终导致内塔身滑落，塔臂发生翻转解体，塔吊倾覆坍塌。

二、事故间接原因

顶升施工企业安全责任意识淡薄，隐患排查整改落实不力；涉事企业安全生产工作层层衰减、层层打折；监理单位履行职责不力，安全监理滥竽充数、形同虚设；行业主管部门及属地政府安全生产监管不力。

复习思考题

1. 履带式起重机有什么优缺点？
2. 列举五种施工升降机的安全装置。
3. 塔式起重机的工作机构包括什么？

第十三章　施工机具

本章学习要点

1. 掌握各种施工机具的使用安全规定；
2. 熟悉掌握各种施工机具的使用检查规定。

第一节　桩工机械

一、一般规定

（一）使用安全

（1）桩工机械类型应根据桩的类型、桩长、桩径、地质条件、施工工艺等综合考虑选择。

（2）桩机上的起重部件应执行《建筑机械使用安全技术规程》（JGJ 33—2012）的有关规定。

（3）施工现场应按桩机使用说明书的要求进行整平压实，地基承载力应满足桩机的使用要求。在基坑和围堰内打桩，应配置足够的排水设备。

（4）桩机作业区内不得有妨碍作业的高压线路、地下管道和埋设电缆。作业区应有明显标志或围栏，非工作人员不得进入。

（5）桩机电源供电距离宜在200m以内，工作电源电压的允许偏差为其公称值的±5%。电源容量与导线截面应符合设备施工技术要求。

（6）作业前，应由项目负责人向作业人员做详细的安全技术交底。桩机的安装、试机、拆除应严格按设备使用说明书的要求进行。

（7）安装桩锤时，应将桩锤运到立柱正前方2m以内，并不得斜吊。桩机的立柱导轨应按规定润滑。桩机的垂直度应符合使用说明书的规定。

（8）作业前，应检查并确认桩机各部件连接牢靠，各传动机构、齿轮箱、防护罩、吊具、钢丝绳、制动器等应完好，起重机起升、变幅机构工作正常，润滑油、液压油的油位符合规定，液压系统无泄漏，液压缸动作灵敏，作业范围内不得有非工作人员或障碍物。

（9）水上打桩时，应选择排水量比桩机重量大4倍以上的作业船或安装牢固的排架，桩机与船体或排架应可靠固定，并应采取有效的锚固措施。当打桩船或排架的偏斜度超过3°时，应停止作业。

（10）桩机吊桩、吊锤、回转、行走等动作不应同时进行。吊桩时，应在桩上拴好拉绳，避免桩与桩锤或机架碰撞。桩机吊锤（桩）时，锤（桩）的最高点离立柱顶部的最小距离应确保安全。轨道式桩机吊桩时应夹紧夹轨器。桩机在吊有桩和锤的情况下，操作人员不得离开岗位。

（11）桩机不得侧面吊桩或远距离拖桩。桩机在正前方吊桩时，混凝土预制桩与桩机立柱的水平距离不应大于4m，钢桩不应大于7m，并应防止桩与立柱碰撞。

（12）使用双向立柱时，应在立柱转向到位，并应采用锁销将立柱与基杆锁住后起吊。

（13）施打斜桩时，应先将桩锤提升到预定位置，并将桩吊起，套入桩帽，桩尖插入桩位后再后仰立柱。履带三支点式桩架在后倾打斜桩时，后支撑杆应顶紧；轨道式桩架应在平台后增加支撑，并夹紧夹轨器。立柱后仰时，桩机不得回转及行走。

（14）桩机回转时，制动应缓慢，轨道式和步履式桩架同向连续回转不应大于一周。

（15）桩锤在施打过程中，监视人员应在距离桩锤中心5m以外。

（16）插桩后，应及时校正桩的垂直度。桩入土3m以上时，不得用桩机行走或回转动作来纠正桩的倾斜度。

（17）拔送桩时，不得超过桩机起重能力；拔送载荷应符合下列规定：

① 电动桩机拔送载荷不得超过电动机满载电流时的载荷。

② 内燃机桩机拔送桩时，发现内燃机明显降速，应立即停止作业。

（18）作业过程中，应经常检查设备的运转情况，当发生异响、吊索具破损、紧固螺栓松动、漏气、漏油、停电以及其他不正常情况时，应立即停机检查，排除故障。

（19）桩机作业或行走时，除本机操作人员外，不应搭载其他人员。

（20）桩机行走时，地面的平整度与坚实度应符合要求，并应有专人指挥。走管式桩机横移时，桩机距滚管终端的距离不应小于1m。桩机带锤行走时，应将桩锤放至最低位。履带式桩机行走时，驱动轮应置于尾部位置。

（21）在有坡度的场地上，坡度应符合桩机使用说明书的规定，并应将桩机重心置于斜坡上方，沿纵坡方向作业和行走。桩机在斜坡上不得回转。在场地的软硬边际，桩机不应横跨软硬边际。

（22）遇风速12.0m/s及以上的大风和雷雨、大雾、大雪等恶劣气候时，应停止作业。当风速达到13.9m/s及以上时，应将桩机顺风向停置，并应按使用说明书的要求，增设缆风绳，或将桩架放倒。桩机应有防雷措施，遇雷电时，人员应远离桩机。冬期作业应清除桩机上积雪，工作平台应有防滑措施。

（23）桩孔成型后，当暂不浇注混凝土时，孔口必须及时封盖。

（24）作业中，当停机时间较长时，应将桩锤落下垫稳。检修时，不得悬吊桩锤。

（25）桩机在安装、转移和拆运时，不得强行弯曲液压管路。

（26）作业后，应将桩机停放在坚实平整的地面上，将桩锤落下垫实，并切断动力电源。轨道式桩架应夹紧夹轨器。

（二）使用检查

（1）桩工机械使用的钢丝绳、电缆、夹头、卸扣、螺栓等材料及标准件应有产品合格证，其技术参数应符合使用说明书的规定。

（2）施工现场配置的供电系统功率、电压、电流应符合桩工机械设备的规定要求。

（3）漏电保护器参数应匹配；安装应正确，动作应灵敏可靠。

（4）当桩工机械在靠近架空输电线路附近作业时，与架空高压输电线路之间的距离应符合《施工现场机械设备检查技术规范》（JGJ 160—2016）的规定。

（5）施工现场的地基承载力应满足桩工机械安全作业的要求；打桩机作业时应与基坑、

基槽保持安全距离。

(6) 桩工机械零部件应齐全，各分支系统性能应完好，并应满足使用要求，不应带病作业。

(7) 整机应符合下列规定：

① 打桩机结构件、附属部件应齐全，主要受力构件不应有失稳及明显变形。

② 金属结构件焊缝不应有开焊和焊接缺陷。

③ 金属结构件锈蚀(或腐蚀)的深度不应超过原厚度的10%。

④ 金属结构杆件螺栓连接或铆接不应松动，不应有缺损；关键部件连接螺栓应配有防松、防脱落装置，使用高强度螺栓时应有足够的预紧力矩。

⑤ 钢丝绳的使用应符合《施工现场机械设备检查技术规范》(JGJ 160—2016)的规定。

(8) 传动系统应符合下列规定：

① 离合器接合应平稳，传递和切断动力应有效，不应有异响及打滑。

② 传动机构的齿轮、链轮、链条等部件应能有效传递动力，齿轮啮合应平稳，不应有异响、干磨、过热。

③ 联轴器不应缺损，连接应牢固，橡胶圈不应老化，运转时不应有剧烈撞击声。

④ 传动机构的防护罩、盖板、防护栏杆应齐全，不应有变形、破损。

(9) 吊钩应符合《施工现场机械设备检查技术规范》(JGJ 160—2016)的规定。

(10) 卷筒和滑轮应符合《施工现场机械设备检查技术规范》(JGJ 160—2016)的规定。

(11) 制动系统应符合下列规定：

① 在额定载荷下，桩机常闭式制动器应能有效地制动。

② 制动器的零部件不应有裂纹、过度磨损、塑性变形、开焊、缺件等缺陷。

③ 制动轮与制动摩擦片之间应接触均匀，不应有污垢，制动片磨损不应超过原厚度的50%，且不应露出铆钉，制动轮的凹凸不平度不应大于1.5mm。

④ 制动踏板行程调整应适宜，制动应平稳可靠。

二、静力压桩机

(一) 使用安全

(1) 桩机纵向行走时，不得单向操作一个手柄，应两个手柄一起动作。短船回转或横向行走时，不应碰触长船边缘。

(2) 桩机升降过程中，四个顶升缸中的两个一组，交替动作，每次行程不得超过100mm。当单个顶升缸动作时，行程不得超过50mm。压桩机在顶升过程中，船形轨道不宜压在已入土的单一桩顶上。

(3) 压桩作业时，应有统一指挥，压桩人员和吊桩人员应密切联系，相互配合。

(4) 起重机吊桩进入夹持机构，进行接桩或插桩作业后，操作人员在压桩前应确认吊钩已安全脱离桩体。

(5) 操作人员应按桩机技术性能作业，不得超载运行。操作时动作不应过猛，应避免冲击。

(6) 桩机发生浮机时，严禁起重机作业。如起重机已起吊物体，应立即将起吊物卸下，暂停压桩，在查明原因采取相应措施后，方可继续施工。

（7）压桩时，非工作人员应离机 10m。起重机的起重臂及桩机配重下方严禁站人。

（8）压桩时，操作人员的身体不得进入压桩台与机身的间隙之中。

（9）压桩过程中，桩产生倾斜时，不得采用桩机行走的方法强行纠正，应先将桩拔起，清除地下障碍物后，重新插桩。

（10）在压桩过程中，当夹持的桩出现打滑现象时，应通过提高液压缸压力增加夹持力，不得损坏桩，并应及时找出打滑原因，排除故障。

（11）桩机接桩时，上一节桩应提升 350~400mm，并不得松开夹持板。

（12）当桩的贯入阻力超过设计值时，增加配重应符合使用说明书的规定。

（13）当桩压到设计要求时，不得用桩机行走的方式，将超过规定高度的桩顶部分强行推断。

（14）作业完毕，桩机应停放在平整地面上，短船应运行至中间位置，其余液压缸应缩进回程，起重机吊钩应升至最高位置，各部制动器应制动，外露活塞杆应清理干净。

（15）作业后，应将控制器放在“零位”，并依次切断各部电源，锁闭门窗，冬期应放尽各部积水。

（16）转移工地时，应按规定程序拆卸桩机，所有油管接头处应加保护盖帽。

（二）使用检查

（1）压桩机配置的起重机附属部件应齐全，外观应整洁，不应有明显变形、缺损，起重性能应能达到额定要求。

（2）起重装置配置的柴油机应符合《施工现场机械设备检查技术规范》（JGJ 160—2016）的规定。

（3）配重块安装应稳固，排列应整齐有序。

（4）电机运行应平稳，不得有异响及过热。

（5）液压缸、液压管路、各类控制阀等液压元件不应有泄漏。

（6）压力表应能准确指示数据。

（7）夹持机构应符合下列规定：

① 夹持机构运行应灵活，夹持力应达到额定指标。

② 夹持板不应有变形和裂纹。

（8）电气系统中设置的短路、过载和漏电保护装置应齐全，且应灵敏可靠。

三、螺旋钻孔机

（一）使用安全

（1）安装前，应检查并确认钻杆及各部件不得有变形；安装后，钻杆与动力头中心线的偏斜度不应超过全长的 1%。

（2）安装钻杆时，应从动力头开始，逐节往下安装。不得将所需长度的钻杆在地面上接好后一次起吊安装。

（3）钻机安装后，电源的频率与钻机控制箱的内频率应相同，不同时，应采用频率转换开关予以转换。

（4）钻机应放置在平稳、坚实的场地上。汽车式钻机应将轮胎支起，架好支腿，并应采用自动微调或线锤调整挺杆，使之保持垂直。

（5）启动前应检查并确认钻机各部件连接应牢固，传动带的松紧度应适当，减速箱内油位应符合规定，钻深限位报警装置应有效。

（6）启动前，应将操纵杆放在空挡位置。启动后，应进行空载运转试验，检查仪表、制动等各项，温度、声响应正常。

（7）钻孔时，应将钻杆缓慢放下，使钻头对准孔位，当电流表指针偏向无负荷状态时即可下钻。在钻孔过程中，当电流表超过额定电流时，应放慢下钻速度。

（8）钻机发出下钻限位报警信号时，应停钻，并将钻杆稍稍提升，在解除报警信号后，方可继续下钻。

（9）卡钻时，应立即停止下钻。查明原因前，不得强行启动。

（10）作业中，当需改变钻杆回转方向时，应在钻杆完全停转后再进行。

（11）作业中，当发现阻力过大、钻进困难、钻头发出异响或机架出现摇晃、移动、偏斜时，应立即停钻，在排除故障后，继续施钻。

（12）钻机运转时，应有专人看护，防止电缆线被缠入钻杆。

（13）钻孔时，不得用手清除螺旋片中的泥土。

（14）钻孔过程中，应经常检查钻头的磨损情况，当钻头磨损量超过使用说明书的允许值时，应予更换。

（15）作业中停电时，应将各控制器放置零位，切断电源，并应及时采取措施，将钻杆从孔内拔出。

（16）作业后，应将钻杆及钻头全部提升至孔外，先清除钻杆和螺旋叶片上的泥土，再将钻头放下接触地面，锁定各部制动，将操纵杆放到空挡位置，切断电源。

（二）使用检查

（1）整机应符合下列规定：

① 钻杆不应有弯曲，钻头和螺旋叶片磨损不应超过20mm。

② 动力箱钻杆中心、中间稳定器和下部导向圈应在同一条轴线上，中心偏差不应超过20mm。

（2）动力箱配置的电机运行应平稳，不应有异响及过热。

（3）动力箱传送动力的三角带松紧应适度，不应打滑、缺损和老化。

四、全套管钻机

（一）使用安全

（1）作业前应检查并确认套管和浇注管内侧不得有损坏和明显变形，不得有混凝土黏结。

（2）安装钻杆时，应从动力头开始，逐节往下安装。不得将所需长度的钻杆在地面上接好后一次起吊安装。

（3）钻机安装后，电源的频率与钻机控制箱的内频率应相同，不同时，应采用频率转换开关予以转换。

（4）钻机应放置在平稳、坚实的场地上。汽车式钻机应将轮胎支起，架好支腿，并应采用自动微调或线锤调整挺杆，使之保持垂直。

（5）启动前应检查并确认钻机各部件连接应牢固，传动带的松紧度应适当，减速箱内油位应符合规定，钻深限位报警装置应有效。

(6) 启动前，应将操纵杆放在空挡位置。启动后，应进行空载运转试验，检查仪表、制动等各项，温度、声响应正常。

(7) 钻孔时，应将钻杆缓慢放下，使钻头对准孔位，当电流表指针偏向无负荷状态时即可下钻。在钻孔过程中，当电流表超过额定电流时，应放慢下钻速度。

(8) 钻机发出下钻限位报警信号时，应停钻，并将钻杆稍稍提升，在解除报警信号后，方可继续下钻。

(9) 卡钻时，应立即停止下钻。查明原因前，不得强行启动。

(10) 作业中，当需改变钻杆回转方向时，应在钻杆完全停转后再进行。

(11) 作业中，当发现阻力过大、钻进困难、钻头发出异响或机架出现摇晃、移动、偏斜时，应立即停钻，在排除故障后，继续施钻。

(二) 使用检查

(1) 作业范围内应无障碍物，施工现场与架空输电线路应保持安全距离。

(2) 钻机安装场地应平整、夯实，能承载钻机的工作压力。

(3) 与钻机相匹配的起重机，应根据成桩时所需的高度和起重量进行选择。当钻机与起重机连接时，各个部位的连接均应牢固可靠。钻机与动力装置的液压油管和电缆线应按使用说明书规定连接。

(4) 整机应符合下列规定：

① 钻机各部位外观应良好，各连接螺栓应无松动。

② 各卷扬机的离合器、制动器应无异常现象，液压装置工作应有效。

③ 各部分钢丝绳应无损坏和锈蚀，连接应正确。

④ 燃油、润滑油、液压油、冷却水等应符合规定，应无渗漏现象。

⑤ 套管和浇筑管内侧应无明显的变形和损伤，不得被混凝土黏结。

第二节　钢筋加工机械

钢筋加工机械是将盘条钢筋和直条钢筋加工成为钢筋工程安装施工所需要的长度尺寸、弯曲形状或者安装组件的设备，主要包括强化、调直、弯箍、切断、弯曲、组件成型和钢筋续接等工艺。钢筋组件有钢筋笼、钢筋桁架(如三角梁、墙板、柱体、大梁等)、钢筋网等，主要包括钢筋笼滚焊机、盘条弯箍机、直条弯箍机、数控钢筋弯曲中心、数控钢筋剪切生产线、数控锯切镦粗套丝打磨生产线、数控调直切断机等钢筋加工设备。

一、一般规定

(一) 使用安全

(1) 机械的安装应坚实稳固。固定式机械应有可靠的基础；移动式机械作业时应楔紧行走轮。

(2) 手持式钢筋加工机械作业时，应佩戴绝缘手套等防护用品。

(3) 加工较长的钢筋时，应有专人帮扶。帮扶人员应听从机械操作人员指挥，不得任意推拉。

（二）使用检查

1. 整机应符合的规定

（1）机械的安装应坚实稳固，应采用防止设备意外移位的措施。

（2）机身不应有破损、断裂及变形。

（3）金属结构不应有开焊、裂纹。

（4）各部位连接应牢固。

（5）零部件应完整，随机附件应齐全。

（6）外观应清洁，不应有油垢和锈蚀。

（7）操作系统应灵敏可靠，各仪表指示数据应准确。

（8）传动系统运转应平稳，不应有异常冲击、振动、爬行、窜动、噪声、超温、超压。

2. 安全防护应符合的规定

（1）安全防护装置应齐全可靠，防护罩或防护板安装应牢固，不应破损。

（2）接零应符合用电规定。

（3）漏电保护器参数应匹配，安装应正确，动作应灵敏可靠；电气保护装置应齐全有效。

（4）机械齿轮、皮带轮等高速运转部分，必须安装防护罩或防护板。

二、钢筋调直切断机

（1）料架、料槽应安装平直，并应与导向筒、调直筒和下切刀孔的中心线一致。

（2）切断机安装后，应用手转动飞轮，检查传动机构和工作装置，并及时调整间隙，紧固螺栓。在检查并确认电气系统正常后，进行空运转。切断机空运转时，齿轮应啮合良好，并不得有异响，确认正常后开始作业。

（3）作业时，应按钢筋的直径，选用适当的调直块、曳引轮槽及传动速度。调直块的孔径应比钢筋直径大2~5mm。曳引轮槽宽应和所需调直钢筋的直径相符合。大直径钢筋宜选用较慢的传动速度。

（4）在调直块未固定或防护罩未盖好前，不得送料。作业中，不得打开防护罩。

（5）送料前，应将弯曲的钢筋端头切除。导向筒前应安装一根长度为1m的钢管。

（6）钢筋送入后，手应与曳轮保持安全距离。

（7）当调直后的钢筋仍有慢弯时，可逐渐加大调直块的偏移量，直到调直为止。

（8）切断3~4根钢筋后，应停机检查钢筋长度，当超过允许偏差时，应及时调整限位开关或定尺板。

三、钢筋切断机

（一）使用安全

（1）接送料的工作台面应和切刀下部保持水平，工作台的长度应根据加工材料长度确定。

（2）启动前，应检查并确认切刀不得有裂纹，刀架螺栓应紧固，防护罩应牢靠。应用手转动皮带轮，检查齿轮啮合间隙，并及时调整。

（3）启动后，应先空运转，检查并确认各传动部分及轴承运转正常后，开始作业。

（4）机械未达到正常转速前，不得切料。操作人员应使用切刀的中、下部位切料，应紧握钢筋对准刃口迅速投入，并应站在固定刀片一侧用力压住钢筋，防止钢筋末端弹出伤人。不得用双手分在刀片两边握住钢筋切料。

（5）操作人员不得剪切超过机械性能规定强度及直径的钢筋或烧红的钢筋。一次切断多根钢筋时，其总截面积应在规定范围内。

（6）剪切低合金钢筋时，应更换高硬度切刀，剪切直径应符合机械性能的规定。

（7）切断短料时，手和切刀之间的距离应大于150mm，并应采用套管或夹具将切断的短料压住或夹牢。

（8）机械运转中，不得用手直接清除切刀附近的断头和杂物。在钢筋摆动范围和机械周围，非操作人员不得停留。

（9）当发现机械有异常响声或切刀歪斜等不正常现象时，应立即停机检修。

（10）液压式切断机启动前，应检查并确认液压油位符合规定。切断机启动后，应空载运转，检查并确认电动机旋转方向应符合规定，并应打开放油阀，在排净液压缸体内的空气后开始作业。

（11）手动液压式切断机使用前，应将放油阀按顺时针方向旋紧，作业完毕后，应立即按逆时针方向旋松。

（二）使用检查

传动及切断系统应符合下列规定：

（1）传动机构应运转平稳，不应有异响，曲轴、连杆不应有裂纹、扭曲。

（2）开式传动齿轮齿面不应有裂纹、点蚀和变形，啮合应良好，磨损量不应超过齿厚的25%；滑动轴承不应有刮伤、烧蚀，径向磨损不应大于0.5mm。

（3）滑块与导轨纵向游动间隙应小于0.5mm，横向间隙应小于0.2mm。

（4）刀具安装牢固不应松动；刀口不应有缺损、裂纹，衬刀和冲切间隙应正常，剪切刀具与被剪材料应匹配。

（5）接送料的工作台面应和切刀下部保持水平。

（6）液压传动式切断机作业前，应检查并确认液压油位及电动机旋转方向符合要求，防护罩应无破损。

四、钢筋弯曲机

（一）使用安全

（1）工作台和弯曲机台面应保持水平。

（2）作业前应准备好各种芯轴及工具，并应按加工钢筋的直径和弯曲半径的要求，装好相应规格的芯轴和成型轴、挡铁轴。

（3）芯轴直径应为钢筋直径的2.5倍。挡铁轴应有轴套。挡铁轴的直径和强度不得小于被弯钢筋的直径和强度。

（4）启动前，应检查并确认芯轴、挡铁轴、转盘等不得有裂纹和损伤，防护罩应有效。在空载运转并确认正常后，开始作业。

（5）作业时，应将需弯曲的一端钢筋插入转盘固定销的间隙内，将另一端紧靠机身固定销，并用手压紧，在检查并确认机身固定销安放在挡住钢筋的一侧后，启动弯曲机。

（6）弯曲作业时，不得更换轴芯、销子和变换角度以及调速，不得进行清扫和加油。

（7）对超过弯曲机铭牌规定直径的钢筋不得进行弯曲。在弯曲未经冷拉或带有锈皮的钢筋时，应戴防护镜。

（8）在弯曲高强度钢筋时，应进行钢筋直径换算，钢筋直径不得超过机械允许的最大弯曲能力，并应及时调换相应的芯轴。

（9）操作人员应站在机身设有固定销的一侧。成品钢筋应堆放整齐，弯钩不得朝上。

（10）转盘换向应在弯曲机停稳后进行。

（二）使用检查

（1）传动系统及工作机构应符合下列规定：

① 工作台和弯曲机台面应保持水平；传动齿轮啮合应良好，位置不应偏移。

② 芯轴、成型轴、挡铁轴和轴套应完整，安装应牢固，工作台转动应灵活，不应有卡阻。

③ 芯轴和成型轴、挡铁轴的规格与加工钢筋的直径和弯曲半径应相适应；芯轴直径应为钢筋直径的 2.5 倍；挡铁轴应有轴套。

（2）芯轴、挡铁轴、转盘等不应有裂纹和损伤，防护罩应坚固可靠。

五、钢筋除锈机

（1）作业前应检查并确认钢丝刷应固定牢靠，传动部分应润滑充分，封闭式防护罩及排尘装置等应完好。

（2）操作人员应束紧袖口，并应佩戴防尘口罩、手套和防护眼镜。

（3）带弯钩的钢筋不得上机除锈。弯度较大的钢筋宜在调直后除锈。

（4）操作时，应将钢筋放平，并侧身送料。不得在除锈机正面站人。较长钢筋除锈时，应有 2 人配合操作。

第三节　木工机械

一、一般规定

（一）使用安全

（1）机械操作人员应穿紧口衣裤，并束紧长发，不得系领带和戴手套。

（2）机械的电源安装和拆除及机械电气故障的排除，应由专业电工进行。机械应使用单向开关，不得使用倒顺双向开关。

（3）机械安全装置应齐全有效，传动部位应安装防护罩，各部件应连接紧固。

（4）机械作业场所应配备齐全可靠的消防器材。在工作场所，不得吸烟和动火，并不得混放其他易燃易爆物品。

（5）工作场所的木料应堆放整齐，道路应畅通。

（6）机械应保持清洁，工作台上不得放置杂物。

（7）机械的皮带轮、锯轮、刀轴、锯片、砂轮等高速转动部件的安装应平衡。

（8）各种刀具破损程度不得超过使用说明书的规定要求。

(9) 加工前，应清除木料中的铁钉、铁丝等金属物。

(10) 装设除尘装置的木工机械作业前，应先启动排尘装置，排尘管道不得变形、漏气。

(11) 机械运行中，不得测量工件尺寸和清理木屑、刨花和杂物。

(12) 机械运行中，不得跨越机械传动部分。排除故障、拆装刀具应在机械停止运转，并切断电源后进行。

(13) 操作时，应根据木材的材质、粗细、湿度等选择合适的切削和进给速度。操作人员与辅助人员应密切配合，并应同步匀速接送料。

(14) 使用多功能机械时，应只使用其中一种功能，其他功能的装置不得妨碍操作。

(15) 作业后，应切断电源，锁好闸箱，并应进行清理、润滑。

(16) 机械噪声不应超过建筑施工场界噪声限值；当机械噪声超过限值时，应采取降噪措施。机械操作人员应按规定佩戴个人防护用品。

(二) 使用检查

1. 整机应符合的规定

(1) 机械安装应坚实稳固，保持水平位置。

(2) 金属结构不应有开焊、裂纹、变形。

(3) 机构应完整，零部件应齐全，连接应可靠。

(4) 机械应保持清洁，安全防护装置应齐全可靠，工作台上不得放置杂物。

(5) 传动系统运转应平稳。

(6) 操作系统应灵敏可靠，配置操作按钮、手轮、手柄应齐全，反应灵敏；各仪表指示数据应准确。

(7) 刀具安装应牢固，定位应准确有效。

2. 安全防护装置应符合的规定

(1) 接零保护设置应正确，接地电阻应符合用电规定。

(2) 短路保护、过载保护、失压保护装置动作应灵敏有效。

(3) 漏电保护器参数应匹配，安装应正确，动作应灵敏可靠。

(4) 外露传动部分防护罩壳应齐全完整，安装应牢靠。

(5) 防护压板、护罩等安全防护装置应齐全、可靠、有效，指示标志应醒目。

3. 其他

不得使用同台电机驱动多种刀具、钻具的多功能木工机具。

二、带锯机

(1) 作业前，应对锯条及锯条安装质量进行检查。锯条齿侧或锯条接头处的裂纹长度超过10mm、连续缺齿两个和接头超过两处的锯条不得使用。当锯条裂纹长度在10mm以下时，应在裂纹终端冲一止裂孔。锯条松紧度应调整适当。带锯机启动后，应空载试运转，并应确认运转正常，无串条现象后，开始作业。

(2) 作业中，操作人员应站在带锯机的两侧，跑车开动后，行程范围内的轨道周围不应站人，不应在运行中跑车。

(3) 原木进锯前，应调好尺寸，进锯后不得调整。进锯速度应均匀。

(4) 倒车应在木材的尾端越过锯条500mm后进行，倒车速度不宜过快。

（5）平台式带锯作业时，送接料应配合一致。送料、接料时不得将手送进台面。锯短料时，应采用推棍送料。回送木料时，应离开锯条 50mm 及以上。

（6）带锯机运转中，当木屑堵塞吸尘管口时，不得清理管口。

（7）作业中，应根据锯条的宽度与厚度及时调节挡位或增减带锯机的压砣（重锤）。当发生锯条口松或串条等现象时，不得用增加压砣（重锤）重量的办法进行调整。

三、平面刨（手压刨）

（1）刨料时，应保持身体平稳，用双手操作。刨大面时，手应按在木料上面；刨小料时，手指不得低于料高一半。手不得在料后推料。

（2）当被刨木料的厚度小于 30mm，或长度小于 400mm 时，应采用压板或推棍推进。厚度小于 15mm，或长度小于 250mm 的木料，不得在平刨上加工。

（3）刨旧料前，应将料上的钉子、泥沙清除干净。被刨木料如有破裂或硬节等缺陷时，应处理后再施刨。遇木槎、节疤应缓慢送料。不得将手按在节疤上强行送料。

（4）刀片、刀片螺钉的厚度和重量应一致，刀架与夹板应吻合贴紧，刀片焊缝超出刀头或有裂缝的刀具不应使用。刀片紧固螺钉应嵌入刀片槽内，并离刀背不得小于 10mm。刀片紧固力应符合使用说明书的规定。

（5）机械运转时，不得将手伸进安全挡板里侧去移动挡板或拆除安全挡板。

四、打眼机

（1）作业前，应调整好机架和卡具，台面应平稳，钻头应垂直，凿心应在凿套中心卡牢，并应与加工的钻孔垂直。

（2）打眼时，应使用夹料器，不得用手直接扶料。遇节疤时，应缓慢压下，不得用力过猛。

（3）作业中，当凿心卡阻或冒烟时，应立即抬起手柄。不得用手直接清理钻出的木屑。

（4）更换凿心时，应先停车，切断电源，并应在平台上垫上木板后进行。

第四节 焊接机械

一、一般规定

（一）使用安全

（1）焊接（切割）前，应先进行动火审查，确认焊接（切割）现场防火措施符合要求，并应配备相应的消防器材和安全防护用品，落实监护人员后，开具动火证。

（2）焊接设备应有完整的防护外壳，一、二次接线柱处应有保护罩。

（3）现场使用的电焊机应设有防雨、防潮、防晒、防砸的措施。

（4）焊割现场及高空焊割作业下方，严禁堆放油类、木材、氧气瓶、乙炔瓶、保温材料等易燃、易爆物品。

（5）电焊机绝缘电阻不得小于 0.5MΩ，电焊机导线绝缘电阻不得小于 1MΩ，电焊机接地电阻不得大于 4Ω。

（6）电焊机导线和接地线不得搭在易燃、易爆、带有热源或有油的物品上；不得利用建（构）筑物的金属结构、管道、轨道或其他金属物体，搭接起来，形成焊接回路，并不得将电焊机和工件双重接地；严禁使用氧气、天然气等易燃易爆气体管道作为接地装置。

（7）电焊机的一次侧电源线长度不应大于5m，二次线应采用防水橡皮护套铜芯软电缆，电缆长度不应大于30m，接头不得超过3个，并应双线到位。当需要加长导线时，应相应增加导线的截面积。当导线通过道路时，应架高，或穿入防护管内埋设在地下；当通过轨道时，应从轨道下面通过。当导线绝缘受损或断股时，应立即更换。

（8）电焊钳应有良好的绝缘和隔热能力。电焊钳握柄应绝缘良好，握柄与导线连接应牢靠，连接处应采用绝缘布包好。操作人员不得用胳膊夹持电焊钳，并不得在水中冷却电焊钳。

（9）对承压状态的压力容器和装有剧毒、易燃、易爆物品的容器，严禁进行焊接或切割作业。

（10）当需焊割受压容器、密闭容器、粘有可燃气体和溶液的工件时，应先消除容器及管道内压力，清除可燃气体和溶液，并冲洗有毒、有害、易燃物质；对存有残余油脂的容器，宜用蒸汽、碱水冲洗，打开盖口，并确认容器清洗干净后，应灌满清水后进行焊割。

（11）在容器内和管道内焊割时，应采取防止触电、中毒和窒息的措施。焊、割密闭容器时，应留出气孔，必要时应在进、出气口处装设通风设备；容器内照明电压不得超过12V；容器外应有专人监护。

（12）焊割铜、铝、锌、锡等有色金属时，应通风良好，焊割人员应戴防毒面罩或采取其他防毒措施。

（13）当预热焊件温度达150℃以上时，应设挡板隔离焊件发出的辐射热，焊接人员应穿戴隔热的石棉服装和鞋、帽等。

（14）雨雪天不得在露天电焊。在潮湿地带作业时，应铺设绝缘物品，操作人员应穿绝缘鞋。

（15）电焊机应按额定焊接电流和暂载率操作，并应控制电焊机的温升。

（16）当清除焊渣时，应戴防护眼镜，头部应避开焊渣飞溅方向。

（17）交流电焊机应安装防二次侧触电保护装置。

（二）使用检查

（1）现场使用的电焊机，应设有防雨、防潮、防晒、防砸的机棚，并应装设相应的消防器材。

（2）焊接区域及焊渣飞溅范围内不得有易燃易爆物品。

（3）电焊机导线应具有良好的绝缘，绝缘电阻不得小于0.5MΩ，接地线接地电阻不得大于4Ω；接线部分不得有腐蚀和受潮。

（4）电焊钳应有良好的绝缘和隔热性能；电焊钳握柄绝缘应良好，握柄和导线连接应牢靠，接触应良好。

（5）电焊机的二次线应采用防水橡皮护套铜芯软电缆，电缆长度不宜大于30m，一次线长度不宜大于5m，电焊机必须设单独的电源开关和自动断电装置，应配装二次侧空载降压器。两侧接线应压接牢固，必须安装可靠防护罩。

（6）在载荷运行中，电焊机的温升值应在60~80℃范围内。

（7）安全防护装置应齐全有效；漏电保护器参数应匹配，安装应正确，动作应灵敏可靠；接零应良好。

（8）各气体瓶压力表应在有效检定期内。

（9）各类电焊机的整机应符合下列规定：

① 焊机内外应整洁，不应有明显锈蚀。

② 各部件连接螺栓应紧固牢靠，不应有缺损。

③ 机架、机壳、盖罩不应有变形、开焊和开裂。

④ 行走轮及牵引件应完整，行走轮润滑应良好。

⑤ 焊接机械的零部件应完整，不应有缺损。

二、交(直)流焊机

（一）使用安全

（1）使用前，应检查并确认初、次级线接线正确，输入电压符合电焊机的铭牌规定，接线螺母、螺栓及其他部件完好齐全，不得松动或损坏。直流焊机换向器与电刷接触应良好。

（2）当多台焊机在同一场地作业时，相互间距不应小于600mm，应逐台启动，并应使三相负载保持平衡。多台焊机的接地装置不得串联。

（3）移动电焊机或停电时，应切断电源，不得用拖拉电缆的方法移动焊机。

（4）调节焊接电流和极性开关应在卸除负荷后进行。

（5）硅整流直流电焊机主变压器的次级线圈和控制变压器的次级线圈不得用摇表测试。

（6）长期停用的焊机启用时，应空载通电一定时间，进行干燥处理。

（二）交流电焊机使用检查

1. 接线装置应符合的规定

（1）一次线和二次接线保护板应完好，接线柱表面应平整，不应有烧蚀和破裂。

（2）接线柱的螺母、铜垫圈和母线应紧固，螺母不应有破损、烧蚀和松动，接线柱防护罩应无破损。

（3）接线保护应完好。

2. 调节器及防振装置应符合的规定

（1）调节丝杆及螺母应转动灵活，不应有弯曲和卡阻，紧固件不应松动。

（2）防振弹簧弹力应良好有效。

（3）手摇把不应松旷和丢失。

3. 其他

（1）电焊机罩壳应能防雨、防尘、防潮。

（2）一次线长度不得超过5m，应穿管保护。

（3）应设置二次空载降压保护装置，且应灵敏有效。

（三）直流电焊机使用检查

1. 分级变阻器应符合的规定

（1）变阻器各触点不应烧损，接触应良好，滑动触点转动应灵活有效。

（2）输入线和输出线的接线板应完好，接线柱不应烧损和松动，接头垫圈应齐全。

2. 换向器应符合的规定

(1) 刷盒位置调整应适当；不应锈蚀；刷盒应离开换向器表面 2~3mm。

(2) 炭刷与换向器接触应良好，位置调整应适度。

(3) 炭刷滑移应灵活无阻，磨损不应超过原厚度的 2/3。

3. 安全防护应符合的规定

(1) 各线路均应绝缘良好，输入线应符合接电要求，输出线断面应大于输入线断面的 40%以上。

(2) 接地电阻值不应大于 4Ω。

(3) 接线板护罩和开关的消弧罩应完整。

三、氩弧焊机

(1) 作业前，应检查并确认接地装置安全可靠，气管、水管应通畅，不得有外漏。工作场所应有良好的通风措施。

(2) 应先根据焊件的材质、尺寸、形状，确定极性，再选择焊机的电压、电流和氩气的流量。

(3) 安装氩气表、氩气减压阀、管接头等配件时，不得粘有油脂，并应拧紧丝扣(至少 5 扣)。开气时，严禁身体对准氩气表和气瓶节门，应防止氩气表和气瓶节门打开伤人。

(4) 水冷型焊机应保持冷却水清洁。在焊接过程中，冷却水的流量应正常，不得断水施焊。

(5) 焊机的高频防护装置应良好；振荡器电源线路中的联锁开关不得分接。

(6) 使用氩弧焊时，操作人员应戴防毒面罩。应根据焊接厚度确定钨极粗细，更换钨极时，必须切断电源。磨削钨极端头时，应设有通风装置，操作人员应佩戴手套和口罩，磨削下来的粉尘，应及时清除。钍、铈、钨极不得随身携带，应储存在铅盒内。

(7) 焊机附近不宜有振动。焊机上及周围不得放置易燃、易爆或导电物品。

(8) 氮气瓶和氩气瓶与焊接地点应相距 3m 以上，并应直立固定放置。

(9) 作业后，应切断电源，关闭水源和气源。焊接人员应及时脱去工作服，清洗外露的皮肤。

四、二氧化碳气体保护焊机

(一) 使用安全

(1) 作业前，二氧化碳气体应按规定进行预热。开气时，操作人员必须站在瓶嘴的侧面。

(2) 作业前，应检查并确认焊丝的进给机构、电线的连接部分、二氧化碳气体的供应系统及冷却水循环系统符合要求，焊枪冷却水系统不得漏水。

(3) 二氧化碳气瓶宜存放在阴凉处，不得靠近热源，并应放置牢靠。

(4) 二氧化碳气体预热器端的电压，不得大于 36V。

(二) 气体保护焊机使用检查

(1) 整机应具备防尘、防水、防烟雾等功能。气体瓶宜放在阴凉处，并应放置牢靠，不得靠近热源。

(2) 减速机传动应平稳，送丝应匀速，电弧燃烧应稳定。

(3) 电压、电流调节装置、熔滴和熔池短路过渡应良好。

(4) 焊丝的进给机构、电线的连接部分、气体的供应系统及冷却水循环系统符合使用说明书要求，焊枪冷却水系统不得漏水。

五、气焊(割)设备

(一) 使用安全

(1) 气瓶每三年应检验一次，使用期不应超过 20 年。气瓶压力表应灵敏正常。

(2) 操作者不得正对气瓶阀门出气口，不得用明火检验是否漏气。

(3) 现场使用的不同种类气瓶应装有不同的减压器，未安装减压器的氧气瓶不得使用。

(4) 氧气瓶、压力表及其焊割机具上不得沾染油脂。氧气瓶安装减压器时，应先检查阀门接头，并打开氧气瓶阀门吹除污垢，然后安装减压器。

(5) 开启氧气瓶阀门时，应采用专用工具，动作应缓慢。氧气瓶中的氧气不得全部用尽，应留 49kPa 以上的剩余压力。关闭氧气瓶阀门时，应先松开减压器的活门螺栓。

(6) 乙炔钢瓶使用时，应设有防止回火的安全装置；同时使用两种气体作业时，不同气瓶都应安装单向阀，防止气体相互倒灌。

(7) 作业时，乙炔瓶与氧气瓶之间的距离不得少于 5m，气瓶与明火之间的距离不得少于 10m。

(8) 乙炔软管、氧气软管不得错装。乙炔气胶管、防止回火装置及气瓶冻结时，应用 40℃以下热水加热解冻，不得用火烤。

(9) 点火时，焊枪口不得对人。正在燃烧的焊枪不得放在工件或地面上。焊枪带有乙炔和氧气时，不得放在金属容器内，以防止气体逸出，发生爆燃事故。

(10) 点燃焊(割)炬时，应先开乙炔阀点火，再开氧气阀调整火。关闭时，应先关闭乙炔阀，再关闭氧气阀。

氢氧并用时，应先开乙炔气，再开氢气，然后开氧气，最后点燃。灭火时，应先关氧气，再关氢气，最后关乙炔气。

(11) 操作时，氢气瓶、乙炔瓶应直立放置，且应安放稳固。

(12) 作业中，发现氧气瓶阀门失灵或损坏不能关闭时，应让瓶内的氧气自动放尽后，再进行拆卸修理。

(13) 作业中，当氧气软管着火时，不得折弯软管断气，应迅速关闭氧气阀门，停止供氧。当乙炔软管着火时，应先关熄炬火，可弯折前面一段软管将火熄灭。

(14) 工作完毕，应将氧气瓶、乙炔瓶气阀关好，拧上安全罩，检查操作场地，确认无着火危险，方准离开。

(15) 氧气瓶应与其他气瓶、油脂等易燃、易爆物品分开存放，且不得同车运输。氧气瓶不得散装吊运。运输时，氧气瓶应装有防振圈和安全帽。

(二) 使用检查

(1) 空压机、气瓶、焊接架应符合相应的检验技术要求。

(2) 冷却、散热、通风系统应齐全、完整，效果应良好。

(3) 氧气瓶及其附件、胶管工具均不应沾染油污，软管接头不应采用含铜量大于 70%

的铜质材料制造。

（4）气瓶与焊炬相互间的距离不应小于 10m，两瓶间距不应小于 5m。乙炔瓶使用时必须装设专用减压器，减压器与瓶阀的连接应可靠，不得漏气。

（5）严禁使用未安装减压器的氧气瓶，减压器应在检定有限期内。

（6）气瓶防振圈、安全帽应齐全良好。

第五节　其他小型机械

一、一般规定

（1）中小型机械应安装稳固，用电应符合现行行业标准《施工现场临时用电安全技术规范》(JGJ 46—2005)的有关规定。

（2）中小型机械上的外露传动部分和旋转部分应设有防护罩。室外使用的机械应搭设机械防护棚或采取其他防护措施。

二、通风机

（1）通风机应有防雨防潮措施。

（2）通风机和管道安装应牢固。风管接头应严密，口径不同的风管不得混合连接。风管转角处应做成大圆角。风管安装不应妨碍人员行走及车辆通行，风管出风口距工作面宜为6~10m。爆破工作面附近的管道应采取保护措施。

（3）通风机及通风管应装有风压水柱表，并应随时检查通风情况。

（4）启动前应检查并确认主机和管件的连接应符合要求、风扇转动应平稳、电流过载保护装置应齐全有效。

（5）通风机应运行平稳，不得有异响。对无逆止装置的通风机，应在风道回风消失后进行检修。

（6）当电动机温升超过铭牌规定等异常情况时，应停机降温。

（7）不得在通风机和通风管上放置或悬挂任何物件。

三、潜水泵

（1）潜水泵应直立于水中，水深不得小于 0.5m，不宜在含大量泥沙的水中使用。

（2）潜水泵放入水中或提出水面时，不得拉拽电缆或出水管，并应切断电源。

（3）潜水泵应装设保护接零和漏电保护装置，工作时，泵周围 30m 以内水面，不得有人、畜进入。

（4）启动前应进行检查，并应符合下列规定：

① 水管绑扎应牢固。

② 放气、放水、注油等螺塞应旋紧。

③ 叶轮和进水节不得有杂物。

④ 电气绝缘应良好。

（5）接通电源后，应先试运转，检查并确认旋转方向应正确，无水运转时间不得超过使用说明书规定。

（6）应经常观察水位变化，叶轮中心至水平面距离应在 0.5～3.0m，泵体不得陷入污泥或露出水面。电缆不得与井壁、池壁摩擦。

（7）潜水泵的启动电压应符合使用说明书的规定，电动机电流超过铭牌规定的限值时，应停机检查，并不得频繁开关机。

（8）潜水泵不用时，不得长期浸没于水中，应放置在干燥通风处。

（9）电动机定子绕组的绝缘电阻不得低于 0.5MΩ。

四、手持电动工具

（1）使用手持电动工具时，应穿戴劳动防护用品。施工区域光线应充足。

（2）刀具应保持锋利，并应完好无损；砂轮不得受潮、变形、破裂或接触过油、碱类，受潮的砂轮片不得自行烘干，应使用专用机具烘干。手持电动工具的砂轮和刀具的安装应稳固、配套，安装砂轮的螺母不得过紧。

（3）在一般作业场所应使用Ⅰ类电动工具；在潮湿或金属构架等导电性能良好的作业场所应使用Ⅱ类电动工具；在锅炉、金属容器、管道内等作业场所应使用Ⅲ电动工具；Ⅱ、Ⅲ类电动工具开关箱、电源转换器应在作业场所外面；在狭窄作业场所操作时，应有专人监护。

（4）使用Ⅰ类电动工具时，应安装额定漏电动作电流不大于 15mA、额定漏电动作时间不大于 0.1s 的防溅型漏电保护器。

（5）在雨期施工前或电动工具受潮后，必须采用 500V 兆欧表检测电动工具绝缘电阻，且每年不少于 2 次。绝缘电阻不应小于表 13-1 的规定。

表 13-1　绝缘电阻

测量部位	绝缘电阻/MΩ		
	Ⅰ类电动工具	Ⅱ类电动工具	Ⅲ类电动工具
带电零件与外壳之间	2	7	1

（6）非金属壳体的电动机、电气，在存放和使用时不应受压、受潮，并不得接触汽油等溶剂。

（7）手持电动工具的负荷线应采用耐气候型橡胶护套铜芯软电缆，并不得有接头，水平距离不宜大于 3m，负荷线插头插座应具备专用的保护触头。

（8）作业前应重点检查下列项目，并应符合相应要求：

① 外壳、手柄不得裂缝、破损。

② 电缆软线及插头等应完好无损，保护接零连接应牢固可靠，开关动作应正常。

③ 各部防护罩装置应齐全牢固。

（9）机具启动后，应空载运转，检查并确认机具转动灵活无阻。

（10）作业时，加力应平稳，不得超载使用。作业中应注意声响及温升，发现异常应立即停机检查。在作业时间过长、机具温升超过 60℃时，应停机冷却。

（11）作业中，不得用手触摸刃具、模具和砂轮，发现其有磨钝、破损情况时，应立即停机修整或更换。

（12）停止作业时，应关闭电动工具，切断电源，并收好工具。

（13）使用电钻、冲击钻或电锤时，应符合下列规定：

① 机具启动后，应空载运转，应检查并确认机具联动灵活无阻。

② 钻孔时，应先将钻头抵在工作表面，然后开动，用力应适度，不得晃动；转速急剧下降时，应减小用力，防止电机过载；不得用木杠加压钻孔。

③ 电钻和冲击钻或电锤实行40%断续工作制，不得长时间连续使用。

（14）使用角向磨光机时，应符合下列要求：

① 砂轮应选用增强纤维树脂型，其安全线速度不得小于80m/s。配用的电缆与插头应具有加强绝缘性能，并不得任意更换。

② 磨削作业时，应使砂轮与工件面保持15°~30°的倾斜位置；切削作业时，砂轮不得倾斜，并不得横向摆动。

（15）使用电剪时，应符合下列规定：

① 作业前，应先根据钢板厚度调节刀头间隙量，最大剪切厚度不得大于铭牌标定值。

② 作业时，不得用力过猛，当遇阻力、轴往复次数急剧下降时，应立即减少推力。

③ 使用电剪时，不得用手摸刀片和工件边缘。

（16）使用射钉枪时，应符合下列规定：

① 不得用手掌推压钉管和将枪口对准人。

② 击发时，应将射钉枪垂直压紧在工作面上。当两次扣动扳机、子弹不击发时，应保持原射击位置数秒钟后，再退出射钉弹。

③ 在更换零件或断开射钉枪之前，射枪内不得装有射钉弹。

（17）使用拉铆枪时，应符合下列规定：

① 被铆接物体上的铆钉孔应与铆钉相配合，过盈量不得太大。

② 铆接时，可重复扣动扳机，直到铆钉被拉断为止，不得强行扭断或撬断。

③ 作业中，当接铆头子或柄帽有松动时，应立即拧紧。

（18）使用云(切)石机时，应符合下列规定：

① 作业时应防止杂物、泥尘混入电动机内，并应随时观察机壳温度，当机壳温度过高及电刷产生火花时，应立即停机检查处理。

② 切割过程中用力应均匀适当，推进刀片时不得用力过猛。当发生刀片卡死时，应立即停机，慢慢退出刀片，重新对正后再切割。

复习思考题

1. 气焊(割)作业中，当氧气软管着火时，如何操作？
2. 静力压桩机使用中应检查什么？
3. 使用电钻、冲击钻或电锤时，应符合哪些规定？

第十四章　新工艺及新设备

本章学习要点

1. 了解绿色建造可选创新技术；
2. 了解 BIM 技术；
3. 了解虚拟现实技术及人脸识别管理；
4. 了解智能监控设施的使用。

第一节　绿色建造可选创新技术

一、地基基础和地下空间工程技术

（1）采用以成型的预制构件为主体，通过各种技术手段在现场装配形成的装配式支护结构技术，包括预制桩、预制地下连续墙、预应力鱼腹梁支撑结构、工具式组合内支撑。

（2）逆作法施工技术。在基坑开挖前首先沿建筑物地下室外墙施工地下连续墙支护结构，并进行桩基施工、浇筑钢筋混凝土柱、安装与混凝土柱或桩基对接的钢柱，然后施工首层楼板，通过首层楼板将地下连续墙、桩基与柱连在一起，作为施工期间承受上部结构自重和施工荷载的支撑结构。

二、钢筋与混凝土技术

（1）泵送高度在 200m 以上的超高泵送混凝土技术。

（2）自密实混凝土技术，具有高流动性、均匀性和稳定性，浇筑时无须或仅需轻微外力振捣，能够在自重作用下流动并能充满模板空间。

（3）建筑用成型钢筋制品加工与配送技术。

（4）施工现场钢筋智能下料集中加工技术。

三、新型模板脚手架技术

（1）超限高层建筑的结构、装修施工阶段外防护采用集成附着式升降脚手架技术。

（2）建筑剪力墙结构、框架核心筒的现浇钢筋混凝土结构工程采用液压爬升模板技术。

（3）超高层建筑钢筋混凝土结构核心筒工程采用智能控制整体爬升钢平台技术。

（4）模板支撑架采用承插型盘扣式钢管支撑架。

四、装配式混凝土结构技术

（1）钢筋套筒灌浆连接用于各种装配整体式混凝土结构的受力钢筋连接。

（2）密拼式钢筋桁架叠合板当按单向板设计时宜采用密拼式分离接缝，当按双向板设计时应采用密拼式整体接缝。

（3）采用装配式混凝土结构建筑信息模型应用技术实现设计、生产、运输、装配、运维的信息交互和共享，实现装配式建筑全过程一体化协同工作。

五、绿色施工技术

（1）建筑垃圾减量化与资源化利用技术。采用绿色施工新技术、精细化施工和标准化施工等措施，减少建筑垃圾排放；同时将建筑垃圾就近处置、回收直接利用或加工处理后再利用。

（2）施工现场太阳能、空气能利用技术。施工现场太阳能、空气能利用技术主要用于照明、热水。

（3）绿色施工在线监测评价。

（4）垃圾管道垂直运输技术。在建筑物内部或外墙外部设置封闭的大直径管道，将楼层内的建筑垃圾沿着管道靠重力自由下落，通过减速门对垃圾进行减速，最后落入专用垃圾箱内进行处理。

（5）永临结合施工技术。施工现场临时道路采用钢制路面、装配式混凝土路面；临时围墙最大限度利用永久围墙；临时绿化利用原有及永久绿化；垂直运输充分利用正式消防电梯；临时用电根据结构及电气施工图纸，现场优化适用合适的正式配电线路；临时通风利用正式排风机及风管；临时市政管线利用场内政府市政工程管线。

六、抗震与监测技术

1. 消能减震技术

消能减震技术是作为一种结构被动控制措施，从动力学观点看，是通过在建筑物的某些部位（如柱间、剪力墙、节点、连接缝、楼层空间、相邻建筑物间等）设置消能器以增加结构阻尼，从而减少结构在风和地震作用下的反应。

2. 建筑隔震技术

建筑隔震技术用以提高建设工程的抗震设防水平，提高建设工程的抗震能力。

3. 超限复杂结构施工安全性监测技术

监测参数一般包括变形、应力应变、荷载、温度和结构动态参数等。监测系统包括传感器、数据采集传输系统、数据库、状态分析评估与显示软件等。

七、信息化技术

5G+智慧工地："智慧工地"通过工地信息化、智能化建造技术的应用及施工精细化管控，有效降低施工成本，提高施工现场决策能力和管理效率，实现工地数字化、精细化、智慧化管理。

第二节　BIM 技术介绍

BIM（Building Information Modeling，建筑信息模型）技术是通过数字信息仿真模拟建筑物所具有的真实信息，并通过联系基本项目的构建和具体施工方面的特性，进而形成建筑信息模型。收集整理的所有信息存储于数据资料库，通过数据库分析建筑相关的其他元素和实际科学之间的深层关系，并通过互联网等前沿技术，对数据库里整理的建筑工程信息实现共享。

一、BIM 技术在建筑施工中的应用特点

BIM 项目实践应用特点主要有以下几个方面。

（一）深化设计

1. 机电深化设计

在一些大型建筑工程项目中，由于空间布局复杂、系统繁多，对设备管线的布置要求高，设备管线之间或管线与结构构件之间容易发生碰撞，给施工造成困难，无法满足建筑室内净高，造成二次施工，增加项目成本。基于 BIM 技术可将建筑、结构、机电等专业模型整合，再根据各专业要求及净高要求将综合模型导入相关软件进行碰撞检查，根据碰撞报告结果，对管线进行调整、避让，对设备和管线进行综合布置，从而在实际工程开始前发现问题。

2. 钢结构深化设计

在钢结构深化设计中利用 BIM 技术三维建模，对钢结构构件空间立体布置进行可视化模拟，通过提前碰撞校核，可对方案进行优化，有效解决施工图中的设计缺陷，提升施工质量，减少后期修改变更，避免人力、物力浪费，达到降本增效的效果。具体表现为：利用钢结构 BIM 模型，在钢结构加工前对具体钢构件、节点的构造方式、工艺做法和工序安排进行优化调整，有效指导制造厂工人采取合理有效的工艺加工，提高施工质量和效率，降低施工难度和风险。另外在钢构件施工现场安装过程中，通过钢结构 BIM 模型数据，对每个钢构件的起重量、安装操作空间进行精确校核和定位，为在复杂及特殊环境下的吊装施工创造实用价值。

（二）多专业协调

各专业分包之间的组织协调是建筑工程施工顺利实施的关键，是加快施工进度的保障，其重要性毋庸置疑。目前，暖通、给排水、消防、强弱电等各专业由于受施工现场、专业协调、技术差异等因素的影响，缺乏协调配合，不可避免地存在很多局部的、隐性的、难以预见的问题，容易造成各专业在建筑某些平面、立面位置上产生交叉、重叠，无法按施工图作业。通过 BIM 技术的可视化、参数化、智能化特性，进行多专业碰撞检查、净高控制检查和精确预留预埋，或者利用基于 BIM 技术的 4D 施工管理，对施工过程进行预模拟，根据问题进行各专业的事先协调等措施，可以减少因技术错误和沟通错误带来的协调问题，大大减少返工，节约施工成本。

（三）现场布置优化

随着建筑业的发展，对项目的组织协调要求越来越高，项目周边环境的复杂往往会带来场地狭小、基坑深度大、周边建筑物距离近、绿色施工和安全文明施工要求高等问题，并且加上有时施工现场作业面大，各个分区施工存在高低差，现场复杂多变，容易造成现场平面布置不断变化，且变化的频率越来越高，给项目现场合理布置带来困难。BIM 技术的出现给平面布置工作提供了一个很好的方式，通过应用工程现场设备设施资源，在创建好工程场地模型与建筑模型后，将工程周边及现场的实际环境以数据信息的方式挂接到模型中，建立三

维的现场场地平面布置，并通过参照工程进度计划，可以形象直观地模拟各个阶段的现场情况，灵活地进行现场平面布置，实现现场平面布置合理、高效。

（四）进度优化比选

建筑工程项目进度管理在项目管理中占有重要地位，而进度优化是进度控制的关键。基于 BIM 技术可实现进度计划与工程构件的动态链接，可通过甘特图、网络图及三维动画等多种形式直观表达进度计划和施工过程，为工程项目的施工方、监理方与业主等不同参与方直观了解工程项目情况提供便捷的工具。形象直观、动态模拟施工阶段过程和重要环节施工工艺，将多种施工及工艺方案的可实施性进行比较，为最终方案优选决策提供支持。基于 BIM 技术对施工进度可实现精确计划、跟踪和控制，动态地分配各种施工资源和场地，实时跟踪工程项目的实际进度，并通过计划进度与实际进度进行比较，及时分析偏差对工期的影响程度以及产生的原因，采取有效措施，实现对项目进度的控制，保证项目能按时竣工。

（五）工作面管理

在施工现场，不同专业在同一区域、同一楼层交叉施工的情况难以避免，对于一些超高层建筑项目，分包单位众多、专业间频繁交叉工作多，不同专业、资源、分包之间的协同和合理工作搭接显得尤为重要。基于 BIM 技术以工作面为关联对象，自动统计任意时间点各专业在同一工作面的所有施工作业，并依据逻辑规则或时间先后，规范项目每天各专业各部门的工作内容，工作出现超期可及时预警。流水段管理可以结合工作面的概念，将整个工程按照施工工艺或工序要求划分为一个可管理的工作面单元，在工作面之间合理安排施工顺序，在这些工作面内部，合理划分进度计划、资源供给、施工流水等，使得工作面内外工作协调一致。BIM 技术可提高施工组织协调的有效性，BIM 模型是具有参数化的模型，可以集成工程资源、进度、成本等信息，在进行施工过程的模拟中，实现合理的施工流水划分，并基于模型完成施工的分包管理，为各专业施工方建立良好的工作面协调管理而提供支持和依据。

（六）现场质量管理

在施工过程中，现场出现的错误不可避免，如果能够将错误尽早发现并整改，对减少返工、降低成本具有非常大的意义和价值。在现场将 BIM 模型与施工作业结果进行比对验证，可以有效地、及时地避免错误的发生。传统的现场质量检查，质量人员一般采用目测、实测等方法进行，针对那些需要与设计数据校核的内容，经常要去查找相关的图纸或文档资料等，为现场工作带来很多的不便。同时，质量检查记录一般是以表格或文字的方式存在的，也为后续的审核、归档、查找等管理过程带来很大的不便。BIM 技术的出现丰富了项目质量检查和管理方式，将质量信息挂接到 BIM 模型上，通过模型浏览，让质量问题能在各个层面上实现高效流转。这种方式相比传统的文档记录，可以摆脱文字的抽象，促进质量问题协调工作的开展。同时，将 BIM 技术与现代化新技术相结合，可以进一步优化质量检查和控制手段。

（七）图纸及文档管理

在项目管理中，基于 BIM 技术的图档协同平台是图档管理的基础。不同专业的模型通过 BIM 集成技术进行多专业整合，并把不同专业设计图纸、二次深化设计、变更、合同、文档资料等信息与专业模型构件进行关联，能够查询或自动汇总任意时间点的模型状态、模型中各构件对应的图纸和变更信息以及各个施工阶段的文档资料。结合云技术和移动技术，项目人员还可将建筑信息模型及相关图档文件同步保存至云端，并通过精细的权限控制及多种协作功能，确保工程文档快速、安全、便捷、受控地在项目中流通和共享。同时能够通过浏览器和移动设备随时随地浏览工程模型，进行相关图档的查询、审批、标记及沟通，从而为现场办公和跨专业协作提供极大的便利。

（八）工作库建立及应用

企业工作库建立可以为投标报价、成本管理提供计算依据，客观反映企业的技术、管理水平与核心竞争力。打造结合自身企业特点的工作库，是施工企业取得管理改革成果的重要体现。工作库建立思路是适当选取工程样本，再针对样本工程实地测定或测算相应工作库的数据，逐步累积形成庞大的数据集，并通过科学的统计计算，最终形成符合自身特色的企业工作库。

（九）安全文明管理

传统的安全管理、危险源的判断和防护设施的布置都需要依靠管理人员的经验来进行，而 BIM 技术在安全管理方面可以发挥其独特的作用，从场容场貌、安全防护、安全措施、外脚手架、机械设备等方面建立文明管理方案，指导安全文明施工。在项目中利用 BIM 建立三维模型，让各分包管理人员提前对施工面的危险源进行判断，在危险源附近快速地进行防护设施模型的布置，比较直观地将安全死角进行提前排查。将防护设施模型的布置对项目管理人员进行模型和仿真模拟交底，确保现场按照布置模型执行。利用 BIM 及相应灾害分析模拟软件，提前对灾害发生过程进行模拟，分析灾害发生的原因，制定相应措施，避免灾害的再次发生，并编制人员疏散、救援的灾害应急预案。基于 BIM 技术，将智能芯片植入项目现场劳务人员安全帽中，对其进出场控制、工作面布置等方面进行动态查询和调整，有利于安全文明管理。总之，安全文明施工是项目管理中的重中之重，结合 BIM 技术可发挥其更大的作用。

（十）资源计划及成本管理

资源及成本计划控制是项目管理中的重要组成部分，基于 BIM 技术的成本控制基础是建立 5D 建筑信息模型，它可以将进度信息和成本信息与三维模型进行关联整合。通过该模型，计算、模拟和优化对应于项目各施工阶段的劳务、材料、设备等的需用量，从而建立劳动力计划、材料需求计划和机械计划等，在此基础上形成项目成本计划，其中材料需求计划的准确性、及时性对于实现精细化成本管理和控制至关重要，它可通过 5D 模型自动提取需求计划，并以此为依据指导采购，避免材料资源堆积和超支。根据形象进度，利用 5D 模型自动计算完成工程量，并向业主报量与分包核算，提高计量工作效率，方便根据总包收入控制支出。在施工过程中，及时将分包结算、材料消耗、机械结算，在施工过程中周期地对施工实际支出进行统计，将实际成本及时统计和归集，与预算成本、合同收入进行三算对比分析，获得项目超支和盈亏情况，对于超支的成本找出原因，采取针对性的成本控制措施，将成本控制在计划成本内，有效实现成本动态分析控制。

二、BIM 技术在企业的实施

随着大数据、数字化时代的到来，施工企业要走出一条管理模式合理、产业不断升级的发展之路，需要结合实际项目，加强 BIM 技术在项目中的应用和推广。企业要结合自身条件和需求，遵循规范，制定合理的实施方法和步骤，做好 BIM 技术的项目实施工作，通过积极的项目实践，建立一批 BIM 技术应用标杆项目，不断积累经验，充分发挥 BIM 技术在项目管理中的价值。

BIM 技术在施工中的应用是应该贯穿于整个施工中的，它的优越性就在于能解决建筑系统工程施工管理难题，BIM 技术在施工管理中的应用前景广阔。但 BIM 技术应用要结合施工项目的具体特点，盲目地在工程施工中引入 BIM 技术系统，反而会增加很多数据不清晰、要求不明确的麻烦，BIM 团队也会失去作用，成为工程上的绊脚石，造成资金浪费。因此，认真分析工程特点，做好技术上的要求和人员的培训工作，才能发挥出这项技术最大的能量，基于 BIM 技术的建筑施工之路才能更加科学、可靠、有价值。

第三节　虚拟现实技术及人脸识别管理

一、虚拟现实技术

虚拟现实，英文名为 Virtual Reality，简称 VR。VR 技术是一种可以创建和体验虚拟世界(Virtual World)的计算机系统。这一名词是由美国 VPL 公司创建人拉尼尔(Jaron Lanier)在 20 世纪 80 年代初提出的，也称灵境技术或人工环境。虚拟环境是由计算机生成的，通过一定的配套设备使得视、听、触觉等感觉作用于用户，使其产生身临其境的感觉的交互式视景仿真。

（一）虚拟现实技术的特点

1. 沉浸性

虚拟现实手艺是按照人类的视觉、听觉、触觉的生理心理特点，由计算机产生真实的可视的三维立体图像，使用者戴上头盔显示器和数据手套等交互装备，甚至将本身置身于虚拟环境中，成为虚拟环境中的一员。在虚拟世界中的体验者与虚拟环境中的各种对象或者场景的相互作用，就会产生相互影响，就如同在现实世界中人与自然相互作用相互影响的一样，一切感觉都是那么逼真，甚至是真实、身临其境的体验。

2. 交互性

虚拟现实系统中的人机交互是人通过使用的设备如键盘、鼠标、模拟显示器、触屏等输入计算机系统，计算机系统通过高速计算和分析做出一种类人为的行为，也就是人工智能的初步体现。体验者通过自身的语言、肢体语言或触摸键盘、界面等自然动作，就能对虚拟环境中的对象进行考察、操作、研究、计算，而且还能使之生成大数据记录存档。

3. 多感知性

在虚拟现实系统安装有视、听、触、动觉的传感及反应的配套装置，就可以让体验者在虚拟环境中体会到“耳听为真、眼见为实”的境界，以及获得视觉、听觉、触觉、动觉等多种感知，使得体验者分不清虚拟与现实。

（二）虚拟现实技术在建筑工程施工过程中的应用

地区区域标志性建筑或者大型建筑工程在建造过程中或者建成后往往会对周围的景观、环境产生较大影响。此类建筑往往建设成本高，对社会造成的影响大，对结构安全性、经济性以及功能合理性的要求更高。目前，这种重大项目建设的初期经济评价一般是建立在高度抽象的模型基础上，项目建设前的功能评价通常也是建立在想象和经验的基础上，出现偏差也是常有的事，而这种偏差造成的功能上的缺陷几乎是无法弥补的。部分功能评价建立在实验室建造的物理模型和计算机仿真模型分析的基础上。但实验室建造的物理模型是缩小比例的，在进行试验和评价时难免出现误差，缩小比例越大，误差越大，而且试验周期长，费用较高。如何利用新技术，在建筑的设计阶段就对方案进行全面、客观的尽可能贴近建成事实的评价，是人们所关心的问题。

1. 目前建筑工程施工的特点分析

（1）建筑施工过程中的主要矛盾是结构空间上的布置与施工工序时间上的排列的矛盾，这主要是由于建筑工程体积大、不易移动等特点与生产流动性之间的矛盾而导致的。

（2）不同的建筑物，自然条件不同，用途不同，工程的结构、造型和材料亦不同，建筑施工生产的周期时长不同、施工工序的繁杂程度不同，施工方法必将随之变化，很难实现标准化。建筑施工主要构成为高空作业和地下作业，基础深度和建筑高度也是决定施工方法的决定性因素。

（3）施工技术复杂。建筑施工常需要根据建筑结构情况进行多工种配合作业，多单位（土石方、土建、吊装、安装、运输等）交叉配合施工，还必须协调专业相异、工种不同的人员之间的交流、合作，再加上各种材料、机械和设施的使用，因而施工组织和施工技术管理的要求较高。建筑施工是复杂的大型的动态系统，土方开挖、基坑支护、基础、结构层包括立模、架设钢筋、浇注、振捣、拆模、养护等多道工序，而这些工序中涉及的因素繁多，其间关系复杂。

2. 虚拟现实技术对施工方案设计的改进

虚拟现实施工方案设计方法的实现过程为：在三维可视化虚拟环境中，设计人员可利用CAD设计软件建立对象结构实体模型，并将模型的几何信息输入有限元分析软件（如ANSYS等）中，建立三维可视化的有限元模型，然后对有限元模型进行计算分析。有限元模型数据和分析结果数据分别存入相应的数据库中，并转化成图形数据文件，表达为图形或图像的形式，使设计人员能沉浸在三维可视化的虚拟环境中观察模型的模拟和计算，并实时地对模拟过程进行修改，直到获得满意的方案。最后将最优施工方案的结果存入数据库。为绘制施工图提供可靠依据。优化施工方案过程主要由计算机完成，并能充分利用设计人员的经验，而不是像传统的施工方案设计只能依靠施工技术人员多年积累的实践经验或习惯做法。

在实际的施工过程中遇到棘手的难题，如复杂结构施工方案设计和复杂施工结构承载力计算，前者难点关键就在于施工现场结构空间上的布置与施工工序时间上的排列上的冲突；后者在于施工结构在永久荷载和可变荷载的作用下达到承载力极限值而变形需要验算。虚拟现实的复杂结构施工方案设计是指利用虚拟现实技术，在虚拟的环境中，建立周围场景、结构构件及机械设备等的三维立体模型（虚拟模型），形成基于计算机的具有一定功能的仿真系统，让系统中的模型具有动态性能，并对系统中的模型进行虚拟装配，根据虚拟装配的结果，在人机交互的可视化环境中对施工方案进行修改。

3. 虚拟现实技术在施工安全中的应用

建筑工程的安全是基础，其中包括对建筑本身的结构和建材的安全，也包括了施工人员的安全。在以往对安全性能的检测上，大多数采取以小见大的建筑模型来模拟其工程结构的荷载能力，但随着建筑项目的扩大化和复杂化，模型很难精准地反映出结构的实际情况。另外，大量事实证明防患意识不强、自救互救知识缺乏是安全事故造成大量人员伤亡的主要原因之一。而VR技术却能排除客观物质所带来的不便，对其进行精准的模拟实践。关于VR技术在教育领域的应用已经有大量的研究。由于人类是视觉动物，相比于平面二维图像，对空间三维图像的反映更好，能更直观地了解事物之间的关系和趋势。通过VR技术对施工人员提供安全知识培训工作，人员身临其境，在虚拟现实中体验防火、防灾、高空坠物、物体打击等安全事故，通过模拟逃生、模拟紧急救助深刻地体验施工中安全工作的重要性。VR技术可以为培训者提供一个交互式、积极的学习过程，比事实上被动接受信息的视频及讲座更具效果。

虚拟现实技术通过模拟和还原建筑工程场所，为施工过程节约了时间和资源的同时，也为其建筑物的安全增添了一份保障。现代土木建筑工程急需科学技术力量的支撑，而虚拟现实技术的出现正是其利用科技手段飞速发展的助推器。也是建筑工程数字化必然经历的一个过程，虚拟技术的精确性和科学性将是建筑工程数字化的基床。

二、人脸识别管理

住建部和人社部联合发布了《关于印发建筑工人实名制管理办法(试行)的通知》，自2019年3月1日起施行，要求建筑企业用人单位应按照相关规定切实落实工地实名制管理工作。

企业需自行购买工地闸机等实名制考勤设备，通过人脸识别技术对建筑工人进行实名认证，收集人脸身份信息，记录每天上下班考勤，形成数据报表，上传到企业工地实名制管理系统，并且对接数据到相应政府管理平台。

未引入人脸识别管理前，建筑工人进入施工场地的常见方案：闸机+刷卡/指纹/身份证/芯片。这种管理方式，相对比较粗放，同时存在一些弊端：比如互借身份证，冒名打卡、代班、工人指纹磨损辨识度低、安全帽(镶有芯片)张冠李戴等。这些方案的共同点就在于不能主动识别建筑工地人员信息的真伪，只是单一的信息输出，中间没有识别、判断信息结果的过程。

通过人脸识别来完成工人实名制登记，工人在进入场地时需通过人脸闸机验证，并以每天人脸进出数据作为考勤依据。系统通过对进出时段的计算，统计每日的工时，为工资清算提供可靠的数据来源。平台以人脸识别验证人员到场真实性，有效避免了传统模式中的代打卡等方式作弊行为而引起的劳务纠纷，同时为监管单位提供了实名制数据。

第四节　智能监控设施的使用

一、建筑施工现场的场景痛点

(1) 建筑工地布线多有不便，进行基础网络架设比较困难。

(2) 工地上的钢筋、钢管、零星材料到处堆放，管理难度大。

(3) 工地进出人员复杂，贵重施工机械被恶意破坏。

(4) 工人们不注意安全细节，稍不留神就可能受伤，各类事故频发。

(5) 担心发生工程事故，如塔吊倒塌、基坑基槽坍塌等，工地缺少监控管理。

(6) 强电设备林立，环境复杂，易破坏高压线路导致高压事故发生。

二、智能监控设施的使用

为了加强建筑工地的安全性能和提高管理效率，预防闲杂人等闯入工地，规避安全事故的发生，为工地人员的生命财产提供保障。很多建筑施工现场引入了智能监控设施。例如，海康威视工地智能方案是主要针对车辆/人员出入口、塔吊、围墙边界、施工区、办工区、工人生活区、材料存放区等重点安防区域，采用不同的摄像机。

智能监控设施的使用前景广阔，未来趋势是通过建设建筑工地安全智能综合管理系统，完善物联网建设，并通过政府统筹规划，协调各业务管理部门，围绕安全监管制度，以物联网技术为技术手段，将科技力量与安全监管制度紧密结合，成立综合性省-地市级应急管理机构，实现体制创新，以统一处置生产安全领域的各类事件。

三、塔吊黑匣子

塔吊黑匣子，是用在吊塔内的实时监控设备，保证塔机的安全使用。

塔吊黑匣子的作用：可全程记录起重机的使用状况并能规范塔式起重机的制造、安拆、使用行为，控制和减少生产安全事故的发生。据介绍，这种塔吊黑匣子可有效避免误操作和超载，如果操作有误或者超过额定载荷时，系统会发出报警或自动切断工作电源，强迫终止违章操作；还可以对机器的工作过程进行全程记录；记录不会被随意更改，通过查阅“黑匣子”的历史记录，即可全面了解到每一台塔机的使用状况。塔吊黑匣子采用蓝色或灰白液晶屏显示，可显示当前质量、幅度、角度、额重、载荷率、工况等参数，并以棒状图形式动态显示当前实重，在参数设置及调试时，每一相应的设置界面均有操作说明以方便用户更轻松地使用本仪表。

附录1 有限空间作业常见有毒气体浓度判定限值

气体名称	评判值	
	mg/m^3	ppm(20℃)
硫化氢	10	7
氯化氢	7.5	4.9
氰化氢	1	0.8
磷化氢	0.3	0.2
溴化氢	10	2.9
氯	1	0.3
一氧化碳	30	25
一氧化氮	10	8
二氧化碳	18000	9834
二氧化氮	10	5.2
二氧化硫	10	3.7
二硫化碳	10	3.1
苯	10	3
甲苯	100	26
二甲苯	100	22
氨	30	42
乙酸	20	8
丙酮	450	186

注：表中数据均为该气体容许浓度的上限值。

数据来源：《工作场所有害因素职业接触限值 第1部分：化学有害因素》(GBZ 2.1—2019)。

附录2 基坑工程周边环境监测预警值

<table>
<tr><th colspan="3">监测对象</th><th>累计值/mm</th><th>变化速率/(mm/d)</th><th>备注</th></tr>
<tr><td colspan="3">地下水位变化</td><td>1000～2000(常年变幅以外)</td><td>500</td><td>—</td></tr>
<tr><td rowspan="3">管线位移</td><td rowspan="2">刚性管道</td><td>压力</td><td>10～20</td><td>2</td><td>—</td></tr>
<tr><td>非压力</td><td>10～30</td><td>2</td><td>直接观察点数据</td></tr>
<tr><td colspan="2">柔性管线</td><td>10～40</td><td>3～5</td><td>—</td></tr>
<tr><td colspan="3">邻近建筑位移</td><td>小于建筑物地基变形允许值</td><td>2～3</td><td>—</td></tr>
<tr><td rowspan="2" colspan="2">邻近道路路基沉降</td><td>高速公路、道路主干</td><td>10～30</td><td>3</td><td>—</td></tr>
<tr><td>一般城市道路</td><td>20～40</td><td>3</td><td>—</td></tr>
<tr><td rowspan="2" colspan="2">裂缝宽度</td><td>建筑结构性裂缝</td><td>1.5～3(既有裂缝)
0.2～0.25(新增裂缝)</td><td>持续发展</td><td>—</td></tr>
<tr><td>地表裂缝</td><td>10～15(既有裂缝)
1～3(新增裂缝)</td><td>持续发展</td><td>—</td></tr>
</table>

注：1. 建筑整体倾斜度累计值达到2/1000或倾斜速度连续3d大于0.0001H/d(H为建筑承重结构高度)时应预警。
2. 建筑物地基变形允许值应按现行国家标准《建筑地基基础设计规范》(GB 50007—2011)的有关规定取值。

附录3 土质基坑及支护结构监测预警值

监测项目	支护类型	基坑设计安全等级								
		一级			二级			三级		
		累计值		变化速率/(mm/d)	累计值		变化速率/(mm/d)	累计值		变化速率/(mm/d)
		绝对值/mm	相对基坑设计深度 H 控制值		绝对值/mm	相对基坑设计深度 H 控制值		绝对值/mm	相对基坑设计深度 H 控制值	
围护墙(边坡)顶部水平位移	土钉墙、复合土钉墙、锚喷支护、水泥土墙	30~40	0.3%~0.4%	3~5	40~50	0.5%~0.8%	4~5	50~60	0.7%~1.0%	5~6
	灌注桩、地下连续墙钢板桩、型钢水泥土墙	20~30	0.2%~0.3%	2~3	30~40	0.3%~0.5%	2~4	40~60	0.6%~0.8%	3~5
围护墙(边坡)顶部竖向位移	土钉墙、复合土钉墙、喷锚支护	20~30	0.2%~0.4%	2~3	30~40	0.4%~0.6%	3~4	40~60	0.6%~0.8%	4~5
	水泥土墙、型钢水泥土墙	—	—	—	30~40	0.6%~0.8%	3~4	40~60	0.8%~1.0%	4~5
	灌注桩、地下连续墙钢板桩	10~20	0.1%~0.2%	2~3	20~30	0.3%~0.5%	2~3	30~40	0.5%~0.6%	3~4
深层水平位移	复合土钉墙	40~60	0.4%~0.6%	3~4	50~70	0.6%~0.8%	4~5	60~80	0.7%~1.0%	5~6
	型钢水泥土墙	—	—	—	50~60	0.6%~0.8%	4~5	60~70	0.7%~1.0%	5~6
	钢板桩	50~60	0.6%~0.7%	2~3	60~80	0.7%~0.8%	3~5	70~90	0.8%~1.0%	4~5
	灌注桩、地下连续墙	30~50	0.3%~0.4%		40~60	0.4%~0.6%		50~70	0.6%~0.8%	

续表

监测项目	支护类型	基坑设计安全等级								
		一级			二级			三级		
		累计值		变化速率/(mm/d)	累计值		变化速率/(mm/d)	累计值		变化速率/(mm/d)
		绝对值/mm	相对基坑设计深度 *H* 控制值		绝对值/mm	相对基坑设计深度 *H* 控制值		绝对值/mm	相对基坑设计深度 *H* 控制值	
立柱竖向位移		20~30	—	2~3	20~30	—	2~3	20~40	—	2~4
地表竖向位移		25~35	—	2~3	35~45	—	3~4	45~55	—	4~5
坑底隆起(回弹)		累计值：30~60mm，变化速率：4~10mm/d								
支撑轴力		最大值：(60%~80%)f_2 最小值：(80%~100%)f_y			最大值：(70%~80%)f_2 最小值：(80%~100%)f_y			最大值：(70%~80%)f_2 最小值：(80%~100%)f_y		
锚杆轴力										
土压力		(60%~70%)f_1			(70%~80%)f_1			(70%~80%)f_1		
孔隙水压力										
围护墙内力		(60%~70%)f_2			(70%~80%)f_2			(70%~80%)f_2		
立柱内力										

附录4 课时安排参照表

初　训

项　目	内　容	学　时
第一部分　基础知识	现场监护人员相关知识	1
	建设工程安全法律法规及制度	4
	建筑施工安全管理	4
	建筑施工双重预防控制机制建设与实施	4
	职业防护与消防设施	4
	有限空间	4
第二部分　专业知识	脚手架	8
	基坑工程	8
	模板支护	8
	高处作业	6
	施工用电	8
	起重机械与吊装	8
	施工机具	2
	新工艺及新设备	1
复习、考试		2
合计		72

复　训

项　目	内　容	学　时
第一部分　基础知识	建设工程安全法律法规及制度	4
	建筑施工安全管理	2
	建筑施工双重预防控制机制建设与实施	4
	职业防护与消防设施	2
	有限空间	2
第二部分　专业知识	脚手架	4
	基坑工程	4
	模板支护	4
	高处作业	4
	施工用电	4
	起重机械与吊装	4
复习、考试		2
合计		40

参 考 文 献

[1] GB 50656—2011 施工企业安全生产管理规范[S]. 北京：中国计划出版社，2011.
[2] JGJ 59—2011 建筑施工安全检查标准[S]. 北京：中国建筑工业出版社，2011.
[3] JGJ 146—2013 建设工程施工现场环境与卫生标准[S]. 北京：中国建筑工业出版社，2013.
[4] GB 50870—2013 建筑施工安全技术统一规范[S]. 北京：中国计划出版社，2013.
[5] JGJ 348—2014 建筑工程施工现场标志设置技术规程[S]. 北京：中国建筑工业出版社，2014.
[6] 常治富，吕栋楠，等．建筑施工企业安全生产管理人员考核指南[M]. 北京：中国建材工业出版社，2021.
[7] 贾联，徐仲秋，等．建筑施工企业安全生产管理[M]. 北京：中国环境出版社，2013.
[8] JGJ/T 77—2010 施工企业安全生产评价标准[S]. 北京：中国建筑工业出版社，2010.
[9] GB 50720—2011 建设工程施工现场消防安全技术规范[S]. 北京：中国计划出版社，2011.
[10] JGJ 184—2009 建筑施工作业劳动防护用品配备及使用标准[S]. 北京：中国建筑工业出版社，2009.
[11] 建筑施工企业安全生产管理机构设置及专职安全生产管理人员配备办法(建质〔2008〕91 号).
[12] 许斌成，等．建筑安全员上岗指南[M]. 北京：中国建材工业出版社，2012.
[13] JGJ 386—2016 组合铝合金模板工程技术规程[S]. 北京：中国建筑工业出版社，2016.
[14] JGJ 162—2008 建筑施工模板安全技术规范[S]. 北京：中国建筑工业出版社，2008.
[15] GB 50666—2011 混凝土结构工程施工规范[S]. 北京：中国建筑工业出版社，2011.
[16] 有限空间作业安全指导手册(应急厅函〔2020〕299 号).
[17] GB/T 3608—2008 高处作业分级[S]. 北京：中国标准出版社，2008.
[18] JGJ 80—2016 建筑施工高处作业安全技术规范[S]. 北京：中国建筑工业出版社，2016.
[19] 胡戈，王贵宝，杨晶．建筑工程安全管理[M]. 北京：北京理工大学出版社，2017.
[20] JGJ 120—2012 建筑基坑支护技术规程[S]. 北京：中国建筑工业出版社，2012.
[21] JGJ 167—2009 湿陷性黄土地区建筑基坑工程安全技术规程[S]. 北京：中国建筑工业出版社，2009.
[22] JGJ 111—2016 建筑与市政工程地下水控制技术规范[S]. 北京：中国建筑工业出版社，2016.
[23] JGJ 180—2009 建筑施工土石方工程安全技术规范[S]. 北京：中国建筑工业出版社，2009.
[24] GB 50007—2011 建筑地基基础设计规范[S]. 北京：中国建筑工业出版社，2011.
[25] GB 50330—2013 建筑边坡工程技术规范[S]. 北京：中国建筑工业出版社，2013.
[26] GB 50497—2019 建筑基坑工程监测技术标准[S]. 北京：中国计划出版社，2019.
[27] JGJ 160—2016 施工现场机械设备检查技术规范[S]. 北京：中国建筑工业出版社，2016.
[28] JGJ 33—2012 建筑机械使用安全技术规程[S]. 北京：中国建筑工业出版社，2012.
[29] 建筑施工手册编写组．建筑施工手册[M]. 4 版．北京：中国建筑工业出版社，2003.
[30] 常志富，吕栋楠，等．建筑施工企业安全生产管理人员考核指南[M]. 北京：中国建材工业出版社，2021.
[31] 胡戈，王贵宝，杨晶，等．建筑工程安全管理[M]. 2 版．北京：北京理工大学出版社，2017.
[32] 金德钧．建筑工程施工作业技术细则·第十二分册建筑工程项目管理·施工机械设备管理[M]. 中国建材工业出版社，2014.
[33] 吴恩宁，等．建筑起重机械安全技术与管理[M]. 北京：中国建材工业出版社，2015.
[34] 邱济彪，杨碧华，等．建筑塔式起重机操作人员分册[M]. 北京：科学出版社，2010.
[35] 北京土木建筑学会．安全员必读[M]. 北京：中国电力出版社，2013.
[36] 张建东，等．建筑施工安全与事故分析[M]. 北京：中国建筑工业出版社，2008.
[37] 国家安全监督管理总局培训中心．电工作业操作资格培训考核教材[M]. 北京：中国三峡出版社，2013.

[38] 吕方泉．施工临时用电安全便携手册[M]．北京：中国计划出版社，2007.
[39] JGJ 46—2005 施工现场临时用电安全技术规范[S]．北京：中国建筑工业出版社，2005.
[40] GB/T 13861—2009 生产过程危险和有害因素分类与代码[S]．北京：中国标准出版社，2009.
[41] GB 6441—1986 企业职工伤亡事故分类[S]．北京：中国标准出版社，1986.
[42] GB 51210—2016 建筑施工脚手架安全技术统一标准[S]．北京：中国建筑工业出版社，2016.
[43] JGJ 202—2010 建筑施工工具式脚手架安全技术规范[S]．北京：中国建筑工业出版社，2010.
[44] JGJ/T 128—2019 建筑施工门式钢管脚手架安全技术标准[S]．北京：中国建筑工业出版社，2019.
[45] JGJ 166—2016 建筑施工碗扣式钢管脚手架安全技术规范[S]．北京：中国建筑工业出版社，2016.
[46] JGJ/T 231—2021 建筑施工承插型盘扣式钢管脚手架安全技术标准[S]．北京：中国建筑工业出版社，2021.
[47] 那然．建筑施工特种作业安全基础知识[M]．北京：中国建材工业出版社，2019.
[48] GB 6095—2021 坠落防护 安全带[S]．北京：中国标准出版社，2021.
[49] GB/T 50113—2019 滑动模板工程技术标准[S]．北京：中国建筑工业出版社，2019.